高职高专“十一五”规划教材

★ 农林牧渔系列

药用植物栽培技术

YAOYONG ZHIWU
ZAIPEI JISHU

杨志　董晓涛　主编

化学工业出版社
·北京·

内容简介

本书是高职高专“十一五”规划教材★农林牧渔系列之一。教材的编写根据高等职业教育的培养目标，适应高职教育培养人才标准的要求，在体例上打破了以往教材编写的形式，总体上分为“基础篇、栽培技术篇、技能训练篇”三大部分，每个部分又分成几个模块。其中基础篇包括药用植物栽培的基础知识和基本技术；栽培技术篇包括各类药用植物栽培的先进技术和病虫害防治方法；技能训练篇包括十二项技能的训练。教材注重药用植物栽培的基本知识和基本技术技能，以药用植物栽培技术为主体，增加了病虫害防治内容，反映当前药材栽培的先进技术和田间管理方法，同时还设置了如“小知识”、“考考你”、“勤思考”、“健康之窗”等的小栏目，增加了学生学习的积极性和趣味性。

本教材可作为农业种植类、园艺类相关专业的教材使用，也可作为农村实用技术培训教材和农村青年的科普读物，还可供从事农业生产有关行业的技术人员参考。

图书在版编目（CIP）数据

药用植物栽培技术/杨志，董晓涛主编．—北京：化学工业出版社，2009.8（2023.2 重印）

高职高专“十一五”规划教材★农林牧渔系列

ISBN 978-7-122-06020-4

Ⅰ.药… Ⅱ.①杨…②董… Ⅲ.药用植物-栽培-高等学校：技术学院-教材 Ⅳ.S567

中国版本图书馆 CIP 数据核字（2009）第 105228 号

责任编辑：李植峰　梁静丽　郭庆睿　　文字编辑：高　霞
责任校对：陶燕华　　装帧设计：史利平

出版发行：化学工业出版社（北京市东城区青年湖南街 13 号　邮政编码 100011）
印　　装：北京科印技术咨询服务有限公司数码印刷分部
787mm×1092mm　1/16　印张 16　字数 419 千字　2023 年 2 月北京第 1 版第 3 次印刷

购书咨询：010-64518888　　售后服务：010-64518899
网　　址：http://www.cip.com.cn
凡购买本书，如有缺损质量问题，本社销售中心负责调换。

定　　价：48.00 元

“高职高专‘十一五’规划教材★农林牧渔系列”建设单位

（按汉语拼音排列）

安阳工学院
保定职业技术学院
北京城市学院
北京林业大学
北京农业职业学院
本钢工学院
滨州职业学院
长治学院
长治职业技术学院
常德职业技术学院
成都农业科技职业学院
成都市农林科学院园艺研究所
重庆三峡职业学院
重庆水利电力职业技术学院
重庆文理学院
德州职业技术学院
福建农业职业技术学院
抚顺师范高等专科学校
甘肃农业职业技术学院
广东科贸职业学院
广东农工商职业技术学院
广西百色市水产畜牧兽医局
广西大学
广西职业技术学院
广州城市职业学院
海南大学应用科技学院
海南师范大学
海南职业技术学院
杭州万向职业技术学院
河北北方学院
河北工程大学
河北交通职业技术学院
河北科技师范学院
河北省现代农业高等职业技术学院
河南科技大学林业职业学院
河南农业大学
河南农业职业学院
河西学院
黑龙江农业工程职业学院
黑龙江农业经济职业学院
黑龙江农业职业技术学院
黑龙江生物科技职业学院
黑龙江畜牧兽医职业学院
呼和浩特职业学院
湖北生物科技职业学院
湖南怀化职业技术学院
湖南环境生物职业技术学院
湖南生物机电职业技术学院
吉林农业科技学院
集宁师范高等专科学校
济宁市高新技术开发区农业局
济宁市教育局
济宁职业技术学院
嘉兴职业技术学院
江苏联合职业技术学院
江苏农林职业技术学院
江苏畜牧兽医职业技术学院
金华职业技术学院
晋中职业技术学院
荆楚理工学院
荆州职业技术学院
景德镇高等专科学校
丽水学院
丽水职业技术学院
辽东学院
辽宁科技学院
辽宁农业职业技术学院
辽宁医学院高等职业技术学院
辽宁职业学院
聊城大学
聊城职业技术学院
眉山职业技术学院
南充职业技术学院
盘锦职业技术学院
濮阳职业技术学院
青岛农业大学
青海畜牧兽医职业技术学院
曲靖职业技术学院
日照职业技术学院
三门峡职业技术学院
山东科技职业学院
山东理工职业学院
山东省贸易职工大学
山东省农业管理干部学院
山西林业职业技术学院
商洛学院
商丘师范学院
商丘职业技术学院
深圳职业技术学院
沈阳农业大学
沈阳农业大学高等职业技术学院
苏州农业职业技术学院
温州科技职业学院
乌兰察布职业学院
厦门海洋职业技术学院
仙桃职业技术学院
咸宁学院
咸宁职业技术学院
信阳农业高等专科学校
延安职业技术学院
杨凌职业技术学院
宜宾职业技术学院
永州职业技术学院
玉溪农业职业技术学院
岳阳职业技术学院
云南农业职业技术学院
云南热带作物职业学院
云南省曲靖农业学校
云南省思茅农业学校
张家口教育学院
漳州职业技术学院
郑州牧业工程高等专科学校
郑州师范高等专科学校
中国农业大学

《药用植物栽培技术》编写人员

主　　编　杨　志　（辽宁农业职业技术学院）

　　　　　　董晓涛　（辽宁农业职业技术学院）

副 主 编　申　健　（佳木斯大学）

　　　　　　胡孔峰　（信阳农业高等专科学校）

　　　　　　刘清丽　（辽宁农业职业技术学院）

编写人员（按姓名汉语拼音排序）

　　　　　　董晓涛　（辽宁农业职业技术学院）

　　　　　　胡孔峰　（信阳农业高等专科学校）

　　　　　　江克清　（福建农业职业技术学院）

　　　　　　梁利香　（信阳农业高等专科学校）

　　　　　　刘德江　（佳木斯大学）

　　　　　　刘清丽　（辽宁农业职业技术学院）

　　　　　　宁万光　（信阳农业高等专科学校）

　　　　　　申　健　（佳木斯大学）

　　　　　　杨　志　（辽宁农业职业技术学院）

序

当今，我国高等职业教育作为高等教育的一个类型，已经进入到以加强内涵建设，全面提高人才培养质量为主旋律的发展新阶段。各高职高专院校针对区域经济社会的发展与行业进步，积极开展新一轮的教育教学改革。以服务为宗旨，以就业为导向，在人才培养质量工程建设的各个侧面加大投入，不断改革、创新和实践。尤其是在课程体系与教学内容改革上，许多学校都非常关注利用校内、校外两种资源，积极推动校企合作与工学结合，如邀请行业企业参与制定培养方案，按职业要求设置课程体系；校企合作共同开发课程；根据工作过程设计课程内容和改革教学方式；教学过程突出实践性，加大生产性实训比例等，这些工作主动适应了新形势下高素质技能型人才培养的需要，是落实科学发展观、努力办人民满意的高等职业教育的主要举措。教材建设是课程建设的重要内容，也是教学改革的重要物化成果。教育部《关于全面提高高等职业教育教学质量的若干意见》（教高［2006］16号）指出“课程建设与改革是提高教学质量的核心，也是教学改革的重点和难点”，明确要求要“加强教材建设，重点建设好3000种左右国家规划教材，与行业企业共同开发紧密结合生产实际的实训教材，并确保优质教材进课堂。”目前，在农林牧渔类高职院校中，教材建设还存在一些问题，如行业变革较大与课程内容老化的矛盾、能力本位教育与学科型教材供应的矛盾、教学改革加快推进与教材建设严重滞后的矛盾、教材需求多样化与教材供应形式单一的矛盾等。随着经济发展、科技进步和行业对人才培养要求的不断提高，组织编写一批真正遵循职业教育规律和行业生产经营规律、适应职业岗位群的职业能力要求和高素质技能型人才培养的要求、具有创新性和普适性的教材将具有十分重要的意义。

化学工业出版社为中央级综合科技出版社，是国家规划教材的重要出版基地，为我国高等教育的发展做出了积极贡献，曾被新闻出版总署领导评价为“导向正确、管理规范、特色鲜明、效益良好的模范出版社”，2008年荣获首届中国出版政府奖——先进出版单位奖。近年来，化学工业出版社密切关注我国农林牧渔类职业教育的改革和发展，积极开拓教材的出版工作，2007年底，在原“教育部高等学校高职高专农林牧渔类专业教学指导委员会”有关专家的指导下，化学工业出版社邀请了全国100余所开设农林牧渔类专业的高职高专院校的骨干教师，共同研讨高等职业教育新阶段教学改革中相关专业教材的建设工作，并邀请相关行业企业作为教材建设单位参与建设，共同开发教材。为做好系列教材的组织建设与指导服务工作，化学工业出版社聘请有关专家组建了“高职高专‘十一五’规划教材★农林牧渔系列建设委员会”和“高职高专‘十一五’规划教材★农林牧渔系列编审委员会”，拟在“十一五”期间组织相关院校的一线教师和相关企业的技术人员，在深入调研、整体规划的基础上，编写出版一套适应农林牧渔类相关专业教育的基础课、专业课及相关外延课程教材——“高职高专‘十一五’规划教材★农林牧渔系列”。该套教材将涉及种植、园林园艺、畜牧、兽医、水产、宠物等专业，于2008～2009年陆续出版。

该套教材的建设贯彻了以职业岗位能力培养为中心，以素质教育、创新教育为基础的教育理念，理论知识“必需”、“够用”和“管用”，以常规技术为基础，关键技术为重点，先进技术为导向。此套教材汇集众多农林牧渔类高职高专院校教师的教学经验和教改成果，又得到了相关行业企业专家的指导和积极参与，相信它的出版不仅能较好地满足高职高专农林牧渔类专业的教学需求，而且对促进高职高专专业建设、课程建设与改革、提高教学质量也将起到积极的推动作用。希望有关教师和行业企业技术人员，积极关注并参与教材建设。毕竟，为高职高专农林牧渔类专业教育教学服务，共同开发、建设出一套优质教材是我们共同的责任和义务。

介晓磊

2008年10月

高职高专教育是高等教育的重要组成部分。社会经济发展、科技水平的提高、教育全球化趋势对高等职业教育提出了更新、更高、更加严格的要求。根据《关于全面提高高等职业教育教学质量的若干意见》(教高[2006]16号)的相关精神，吸取其他高职高专教材编写的经验，按照培养高素质技能型人才的要求，按照基础知识够用，重点加强实践动手能力的原则，我们编写了《药用植物栽培技术》这本高职高专教材。

根据高等职业教育的培养目标，适应高职教育培养人才标准的要求，本教材在体例上打破了以往教材的编写形式，总体上分为“基础篇、栽培技术篇、技能训练篇”三大部分。注重药用植物栽培的基本知识和基本技术技能，以药用植物栽培技术为主体，增加了病虫害防治内容，反映当前药材栽培的先进技术和田间管理方法，同时还设置了如“小知识”、“考考你”、“勤思考”、“健康之窗”等的小栏目，增加了学生学习的积极性和趣味性。

本教材共分基础篇、栽培技术篇、技能训练篇三大部分，每部分又分成几个模块，其中基础篇包括药用植物栽培的基础知识和基本技术；栽培技术篇包括各类药用植物栽培的先进技术和病虫害防治方法；技能训练篇包括十二项技能的训练。基础篇模块一的知识点一、二、三和模块二的基本技术一、二由杨志编写，模块一的知识点四、五和模块二的基本技术四由刘清丽编写；栽培技术篇的模块三由胡孔峰、宁万光编写，模块四由申健编写，模块五由刘德江编写，模块六由江克清编写，模块七、八由梁利香编写；基础篇模块二的基本技术三和技能训练篇由董晓涛编写。书稿完成后，由杨志、董晓涛统一定稿。

由于编写人员水平有限，加上编写时间仓促，不足之处在所难免，恳请各校师生和广大读者批评指正，以便今后修改完善。

编者

2009年4月

目
录

基础篇

模块一　药用植物栽培的基础知识

知识点一　药用植物栽培概述

知识点二　药用植物的分类

知识点三　药用植物栽培的特点

知识点四　药用植物栽培的环境条件

知识点五　药用植物的品质

模块二　基本技术

基本技术一　药用植物繁殖

基本技术二　药用植物播种技术

基本技术三　药用植物田间管理技术

基本技术四　药用植物的引种驯化

模块一　药用植物栽培的基础知识

【学习目标】

了解药用植物的定义、药用植物栽培的特点，药用植物商品质量的有关内容及我国药用植物生产的发展现状和前景，掌握药用植物的分类方法、栽培特点和不同环境因素对药用植物生长发育的影响。

知识点一　药用植物栽培概述

一、药用植物栽培的意义、历史与发展

药用植物是指其植株全部、部分或其分泌物可以入药的植物，是天然药物中的植物资源，即含有药用成分，具有医疗用途，可作为植物性药物或制药原料开发利用的一群植物。广义而言，可包括用作营养剂、某些嗜好品、调味品、色素添加剂及农药、兽医用药的植物资源。

1. 药用植物栽培的意义

(1) 满足人民医疗保健的需要　中草药自古以来就是我国各族人民防病治病的主要材料，为中华民族的繁衍昌盛发挥了重要作用。我国中草药栽培历史悠久。中草药使用方便，价格便宜，疗效可靠，除防病治病外，还有滋补强壮、延年益寿之功用，因此深受广大群众欢迎。

(2) 有益于发展经济，参与国际竞争　种植中草药不仅可以满足人民医疗保健需要，而且因药材经济价值高，发展药材生产还对发展经济、开展多种经营、扶贫致富、改变山区面貌具有重要意义。在经济、信息全球化的今天，应抓住机遇，利用我国中草药的传统优势，参与国际竞争。当今世界因环境污染、生态失调等严重问题，“人类要回归大自然”的呼声高涨。中草药没有化学药物那样明显的不良反应，长期服用比较安全，出口量逐年增加，目前出口已达 100 多个国家。在世界医药领域的激烈竞争中，应该发挥我国中草药资源优势，从中草药开发新药，提高国际竞争力。

(3) 丰富祖国及世界医药学宝库　在世界上知名的传统医药体系中，中医药体系经受了时间的考验，前途无限光明。不仅 13 亿中国人民和大批华裔应用中医药受益，而且欧美各国的政府和相关企业都不约而同地把目光投向中国的传统医药，由此可见，中医药正大步走向世界，并逐渐进入医疗主要体系。

2. 药用植物栽培的历史

我国种植中草药历史悠久，积累了丰富的经验。早在 2600 年前，《诗经》即载有枣、桃、梅的栽培，既供食用，又可药用。至 2000 年前的汉武帝时期，药材生产已初具规模，在长安建立了引种园。张骞出使西域，引种红花、安石榴、胡桃、大蒜等有药用价值的植物到内地栽种，丰富了中草药种类和品种。公元 6 世纪 30 年代，贾思勰著的《齐民要术》中，曾记述了地黄、红花、吴茱萸、姜、栀子、桑、胡麻、莲等多种药用植物栽培法。到公元 581～618 年的隋代，在太医署下专设“主药”、“药园师”等职，掌管种药。在《隋书》中

还有《种植药法》、《种神草》等专著。至唐、宋时期，中草药栽培技术有了巨大发展，唐代《千金翼方》中记载了百合、大蒜等药用植物的种植法。宋代韩彦直在《橘录》一书中记述了橘类、枇杷、通脱木、黄精等数十种中草药栽培方法。明代李时珍在其医药巨著《本草纲目》中记述了180多种中草药种植法。有关本草学和农学的名著还有明代王象晋的《群芳谱》，清代徐光启的《农政全书》，陈扶摇的《花镜》，吴其濬的《植物名实图考》等，对多种药用植物栽培均有阐述，至今仍有一定的参考价值。据不完全统计，我国古代劳动人民引种栽培的药用植物有200余种，可以说今天的主栽品种多数是我们的祖先打下的基础。古代的著作为今天的栽培技术提供了宝贵的科学依据。

3. 药用植物种植的发展

新中国成立后，党和政府非常重视中医药的发展，各省、直辖市都有药材公司领导和组织各地药材生产和科研工作。吉林、北京、四川、浙江、广西、云南、海南等地先后成立了代表不同气候类型的中草药引种栽培研究机构及基地，许多中药研究所设有栽培研究室。吉林农业大学、中国药科大学、西北大学、四川省中药学校等院校先后开设药用植物专业，培养了大批专业科技人才。在调查总结和试验研究的基础上，各地先后出版了《中药材生产技术》、《药用植物栽培技术》、《中国药用植物栽培学》等书籍达几十种，这些都对中药材的科研、生产发挥了积极的指导作用。

(1) 在改进栽培技术方面　四川省中药研究所调查并总结出提高石柱黄连产量的6条栽培技术。江苏省昆山市根据南京药学院（现中国药科大学）研究成果，将薏苡由旱生改为湿生，使产量由原来的每亩（1亩≈667m^2）产40kg，增加到300kg。中国医学科学院药用植物研究所掌握了天麻与蜜环菌及其他共生菌关系，天麻大面积人工种植成功，解决了天麻供不应求的问题。人参和西洋参最适宜用森林腐殖质土栽培，由于农田栽培人参和西洋参获得成功，解决了参业发展与林业发展的矛盾。对皮类、树脂类药材的研究近年来也有很大的进展，如杜仲的环状剥皮取代了砍树剥皮，广东进行了天竺黄形成原因及人工栽培青皮竹的研究，使产量提高4～5倍。

(2) 在良种选育方面　江苏省海门市用薄荷的两个品系杂交育成了精油含量高达85%的高产品种“海香1号”。中国医学科学院药用植物研究所用“新状元”和“武陟1号”杂交、小黑英和大青英杂交分别育成了地黄高产新品种“北京1号”和“北京2号”。用野生药用齿瓣延胡索与正品浙江延胡索杂交，育成了综合齿瓣延胡索块茎大、生长旺盛，家栽浙江延胡索有效成分含量高、繁殖快的杂交延胡索新品种“杂交9号”。该品种适宜北方栽种，比引种浙江延胡索产量高50%，填补了北方无栽培延胡索良种的空白。用系统育种法，经20年努力，育成了高产优质的人参新品种“边条1号”。吉林左家特产研究所育成了有效成分含量较高的黄果人参新品种。浙江鄞县农业局、杭州药物所分别育成了能增产10%左右的浙贝新品种“梅园1号”、“新岭1号”。宁夏农业科学院育成了果大质优的枸杞新品种“宁杞1号”。四川省中药研究所育成了高产的附子、薏苡等新品种，全国各地育成的4倍体药材新品种有牛膝、党参、板蓝根、薄荷、大蒜、丹参等。

(3) 在引种方面　野生药材先后引为家种的有天麻、黄羊、细辛、甘草、五味子、桔梗、半夏、百合、何首乌、山茱萸、栀子、绞股蓝、石斛、防风、龙胆、肉苁蓉、知母、冬虫夏草、猪苓、川贝母、紫草、柴胡、天冬、薤白等。

新中国成立60年来，对治疗严重疾病的一些新药材进行了野生变家栽的驯化工作，如抗癌药材喜树、美登木、长春花等；治疗心血管病药材月见草、黄草、小叶洋地黄等；抗衰老药材小蔓长春花、白首乌；对肺脓疡有特效的金荞麦；对疟疾的治疗有特效的青蒿等。

从国外引种名贵药材方面也做了大量工作，已引种成功的有颠茄、洋地黄、蛔蒿、番红花、水飞蓟、西洋参等。特别是很多南药如金鸡纳、白豆蔻、丁香、马钱、安息香、古柯、儿茶、番泻叶、胖大海、澳洲茄、印度罗芙木等，这些药材过去依赖进口，不能满足需要，现在很多已引种成功，逐步做到自给。

总之，我国药用植物栽培无论是品种数量，还是种植规模均处在世界领先地位。在引种驯化、种植技术、品种选育等方面都积累了丰富经验，取得了许多新成果，为人民的医疗保健、国家的经济建设作出了贡献，既为实现我国中医药产业现代化打下了基础，也是对祖国和世界医药学的贡献。

二、药用植物的分布

我国幅员辽阔，地形、气候极为复杂，绝大部分地区处于温带及亚热带，一部分接近寒带，一部分还延伸到热带。所有这些条件，构成了我国盛产多种多样中草药的优越环境。现将我国常用中草药的主要分布区域简介如下。

1. 辽宁、吉林、黑龙江三省

年平均温度2～8℃，日平均气温≥10℃的积温为2000～3000℃；无霜期为110～180天；年降雨量500～900mm。主产药材有：辽宁的五味子、木通、细辛、龙胆、人参等；吉林的人参、平贝母、党参、细辛、黄芪等；黑龙江的党参、细辛、平贝母、人参、龙胆、刺五加等。

2. 内蒙古

年平均温度2～4℃；年降雨量为300～500mm；无霜期120～140天。主产药材有：甘草、麻黄、防风、赤芍、升麻、肉苁蓉等。

3. 河北、河南、山东、山西四省

年平均温度8～12℃；日平均气温≥10℃的积温为3400～4500℃；年降水量为600～800mm，无霜期为175～210天。主产药材有：河北的知母、黄芩、紫菀；河南的生地黄、山药、怀牛膝、菊花（称“四大怀药”）等；山西的远志、黄芪、党参、山药、苦杏仁等；山东的北沙参、瓜蒌、金银花、山楂、香附等。

4. 陕西、甘肃、青海、新疆维吾尔自治区

年平均温度5～10℃；年降水量为100～700mm，无霜期150～200天。主产药材有：陕西的党参、甘遂、威灵仙、甘草等；甘肃的大黄、当归、羌活、款冬花、贝母等；青海的大黄、贝母、秦艽；新疆的伊贝母、红花、冬虫夏草、紫草、木香、牛蒡子；宁夏的枸杞子、银柴胡、肉苁蓉等。

5. 长江流域

包括江苏、浙江、安徽、江西、湖南、湖北、四川7个省。年平均温度17～20℃；年降雨量500～1000mm；无霜期210～290天。主产药材有：江苏的苍术、桔梗、夏枯草、薄荷、太子参、明党参等；浙江的延胡索、浙贝母、白术、白芷、玄参、麦冬、温郁金、菊花（号称“浙八味”）等；安徽的白芍、牡丹皮、茯苓、菊花等；江西的枳壳、鸡血藤、荆芥、车前子、茵陈等；湖南的厚朴、木瓜、栀子、黄精、前胡等；湖北的茯苓、黄连、独活、大黄等；四川的黄连、附子、川芎、麦冬、川贝母、川木香、郁金、大黄、银耳等。

6. 广东、海南、广西壮族自治区、福建、台湾五省区

本区年平均温度为20℃以上；无霜期300天以上；年降水量大部分在1500～2000mm。主产药材有：广东和海南的巴戟天、广藿香、桂皮、高良姜、佛手、何首乌、柯子、槟榔、沉香、草豆蔻等；广西的石斛、吴茱萸、橘皮、千年健、千层纸、山豆根等；福建的泽泻、乌梅、青皮、薏苡仁、使君子、莲子等；台湾的通草、槟榔、香樟、胡椒、大风子等。

7. 云南、贵州两省

本区年平均温度为16～20℃，无霜期为300天；年降水量为1000～1500mm。主产药材有：云南的三七、云木香、天麻、贝母、当归、猪苓、茯苓、黄连等；贵州的天冬、白及、杜仲、天麻、黄精、银耳等。

8. 西藏

本区为高原地区，气温低，雨量少，西部年平均温度在－5℃左右；年降水量100mm左右。主产药材有贝母、羌活、大黄、木香、天仙子等。

药用植物的分布，除了取决于气候及地理因素外，人的生产活动起着重要作用。由于人们对自然条件的改造和引种栽培事业的发展，药用植物的自然分布界限正在被打破。例如：生地黄、红花历来是在河南省及少数省份生产，现在全国绝大多数省区都有栽培。东北人参已引种到四川、湖北、陕西、云南等省；云南三七已引种到江西省栽培。这些有力地说明了人的因素在控制自然方面的巨大能动作用。

应该注意的是，从外地引种除了注意生长好坏和产量高低外，更应重视质量优劣，如果试种后经测试质量达不到规定标准，就不能推广，以免造成损失。

知识点二　药用植物的分类

我国地域宽广，幅员辽阔，自然条件优越，分布着极为丰富的传统药物资源。可以确定的中药材已达5000余种，是世界上天然药物资源种类最多、栽培历史最悠久的国家，尤其是植物药种类最多，既有大量的草本植物，又有众多的木本植物、藤本植物、蕨类植物和低等植物藻类，而且种植方式和利用部位各不相同。因此，药用植物的种植分类方法亦多种多样，可依照植物科属、生态习性、自然分布分类，也可按种植方式、利用部位或不同的性能功效分类，了解药用植物的种植分类，有利于掌握其生长发育特性，以便更好地进行科学管理和生产，提高药材产量和品质。目前，药用植物一般按照药用部位或性能功效的不同进行种植分类。

一、古代分类

1. 按《神农本草经》分类

《神农本草经》以养命、养性、治病三种功效将药物归为上、中、下三品，上品药120种，为君，主养命以应天。无毒，多服、久服不伤人。欲轻身益气、不老延年者，本上经；中品药120种，为臣，主养性以应人。无毒有毒斟酌其宜。欲遏病补虚者，本中经；下品药125种，为佐使，主治病以应地。多毒，不可久服。欲除寒热邪气、破积聚愈疾者，本下经。

2. 按《本草纲目》分类

《本草纲目》以药物自然属性与特征，把药物分为水、火、金石、石、土、草、谷、菜、果、木、服器、虫、鳞、介、禽、兽、人17部。

二、按药物名称首字笔画分类

目前中药的代表典籍《中药大辞典》和《中华人民共和国药典》采用这种分类方法。将全部中药按其名称的笔画多少人为地归纳入笔画索引表中，如一品红、一把香等归入一画；丁香、十大功劳等归入二画；三七等归入三画等。这种分类方法易于查阅检索，但不能将形态特征、有效成分相近的药用植物归为一类，不便于资源的开发利用。

三、按药用植物亲缘关系分类

根据药用植物形态、结构上的相近性，即亲缘关系，采用植物分类学的界、门、纲、目、科、属、种的分类系统。这种分类方法有助于了解药用植物在植物界中的位置、形态特征和亲缘关系，便于在同种、同属中研究和寻找具有类似有效成分的新药和新资源，易于分类、便于操作，有利于药用植物资源的开发利用。

四、按药用部位的不同分类

药用植物的营养器官（根、茎、叶）、生殖器官（花、果、种子）以及全株均可加工供药用。按其不同入药部位，可分为下列几类。

1. 根及地下茎类

药用部位为地下的根茎、鳞茎、球茎、块茎和块根，如人参、百合、贝母、山药、延胡索、射干、半夏等。

2. 全草类

药用部位为植物的茎叶或全株，如薄荷、绞股蓝、肾茶（猫须草）、甜叶菊等。

3. 花类

药用部位为植物的花、花蕾、花柱，如菊花、红花、金银花（忍冬）、西红花（番红花）、辛夷等。

4. 果实及种子类

药用部位为植物成熟或未成熟的果皮、果肉、果核，如瓜蒌（栝楼）、山茱萸、木瓜、枸杞子、白扁豆、酸枣仁等。

5. 皮类

药用部位为植物的根皮、树皮，如牡丹皮、地骨皮、杜仲、厚朴、黄柏等。

6. 藤及真菌类

为药用真菌，如茯苓、猪苓、灵芝、猴头菌、冬虫夏草等。

五、按中药性能功效不同分类

中药由于含有很多复杂的有机、无机化学成分，决定了每种中药具有一种或几种性能和功效。在种植上常按其不同的性能、功效分为以下几种。

1. 解表药类

凡能疏解肌表、促进发汗，用以发散表邪、解除表证的中药，称解表药。如麻黄、防风、细辛、薄荷、菊花、柴胡等。

2. 泻下药类

凡是引起腹泻或滑利大肠，促进排便的中药，称泻下药。如大黄、番泻叶、火麻仁、郁李仁等。

3. 清火药类

凡是以清解里热为主要作用的中药，称清热药。如知母、栀子、玄参、黄连、金银花、地骨皮等。

4. 化痰止咳药类

凡是能消除痰涎或减轻和抑止咳嗽、气喘的中药，称化痰止咳药。如半夏、贝母、杏仁、桔梗、枇杷叶、罗汉果等。

5. 利水渗湿药类

凡是以通利水道、渗除水湿为主要功效的中药，称利水渗湿药。如茯苓、泽泻、金钱草、海金沙、石韦、萆薢等。

6. 祛风湿药类

凡是祛除肌肉、经络、筋骨风湿之邪，以解除麻痹为主要作用的中药，称祛风湿药。如木瓜、秦艽、威灵仙、海风藤、昆明山海棠、雷公藤、络石藤、徐长卿等。

7. 安神药类

凡是以镇定安神为主要功效的中药，称安神药。如酸枣仁、柏子仁、首乌藤、远志等。

8. 活血祛瘀药类

凡是以通行血脉、消散瘀血为主要作用的中药，称活血祛瘀药。如鸡血藤、丹参、川芎、牛膝、益母草、红花、西红花等。

9. 止血药类

凡是有制止体内外出血作用的中药，称止血药。如三七、仙鹤草、地榆、小蓟、白茅根、藕节、断血流等。

10. 补益药类

凡是补益人体气血阴阳不足，改善衰弱状态，以治疗各种虚证的中药，称补益药。如人参、西洋参、党参、黄芪、当归、白术、沙参、补骨脂、女贞子、绞股蓝等。

11. 治癌药类

凡是用于治疗各种肿瘤、癌症，并有一定疗效的中药，称治癌药。如长春花、喜树、茜草、白英、白花蛇舌草、半枝莲、龙葵、天葵、藤梨根、黄独、七叶一枝花等。

知识点三　药用植物栽培的特点

一、种类繁多，种植技术复杂

1. 种类繁多

我国是中草药资源最丰富的国家之一，共有12700余种，其中植物来源11100余种，动物来源的1500余种，矿物来源80余种。全国普查统计结果表明，已鉴定的可供药用的植物有9000多种，其中常用的500多种，而需求量大、主要依靠栽培的约有250种。随着国内外对中草药需求量增大，原有品种的扩大栽培及野生中草药变为家栽是必然趋势。

2. 生态条件不同，种植技术各异

(1) 干湿　如麻黄、甘草、黄芪等药用植物分布于干燥地区；泽泻、菖蒲、莲则喜欢低湿地。

(2) 光照　肉苁蓉、北沙参、地黄等为阳性植物，人参、西洋参、细辛、黄连、三七等则喜荫蔽，栽培时应搭设荫棚或利用自然荫蔽条件。一般情况下幼苗较成年植株需要更多的荫蔽，故随着植株长大，荫蔽度应逐渐调小。

(3) 温度　如砂仁喜高温高湿的气候，花期要求气温在22～25℃以上，若低于20℃则花朵不开放，干枯不能授粉，花期气温低，昆虫活动少，结实率也低，故砂仁选地应选冬季最低温度不低于0℃，春季（3～5月份）气温不低于22～25℃的地方。人参种子不经过15～20℃以上高温和0～5℃低温种子不发芽。

(4) 坡向　如广东种植砂仁多选择30°以下三面环山、一面空旷、坡向东南的缓坡地，修成梯田，保持水土，这种条件下砂仁开花多，授粉昆虫多，结实率高。

(5) 海拔高度　当归原产高寒山区，其生长发育对气候有严格要求。甘肃岷县产区都选海拔2400m以上的山地育苗，云南丽江一带则选海拔2800～3200m的山地育苗，海拔低处需较高的温度和充足的阳光，甘肃选海拔2000m以上的平川，云南选海拔2600～2800m的缓坡地栽培，产量和质量较高，往低海拔处引种时产量降低，质量也差，抽薹增多，海拔更低时夏季死亡。可见生态环境是否适宜对中草药非常重要。

3. 药用部位不同，种植技术各异

由于药用植物的药用部位不同，栽培技术也不一样。党参、黄芪、山药等根及根茎类药材，栽培时常需选肥沃深厚、排水良好的沙质壤土，并要求深耕。为了获得根或根状茎的丰产，必须首先长好地上部分，有充足的叶面积，适当施用磷钾肥，摘花疏果，秋季根或根状茎膨大时期适当供给水分，并在根际培土。而栽培洋地黄、颠茄、穿心莲等叶类和全草类药材时，应多施氮肥，适当配合磷钾肥。合理密植，适时采收对产品产量和含量的影响较大。分期采收常能提高质量。而花、果实类药材如辛夷、金银花、山茱萸等，一般要求多施磷钾肥，注意修剪整形。有的品种如砂仁采用人工授粉能大幅度提高产量。

4. 繁殖方法的多样性

药用植物的繁殖方法也多种多样。约有35%的药用植物采用无性繁殖，如分根、分株或用鳞茎、块根、珠芽等繁殖，无性繁殖比用种子繁殖生长快，产量高，生长年限短并能保持母本优良性状，故多采用。但有时长期无性繁殖易引起退化，如地黄、山药等，须注意随时去杂、去劣，适时倒栽，防止退化。

5. 田间管理要求精细

如人参、三七、黄连需搭荫棚调节阳光，忍冬、五味子等需整枝修剪。

6. 栽培季节性强

大多数种类的栽种期只有半个月至1个月左右，川芎、黄连等栽种期只有几天到半个月。

7. 适时采收

如黄连需生长5～6年后采收，草麻黄生长8～9月后采收的有效成分含量高，红花开花时花冠由黄色变红色时采收的质量最佳。此外，药用真菌类植物如银耳、茯苓、灵芝等，还要求特殊的培养方法和操作技术。

二、产量与质量并重

药用植物种植除要求一定产量外，更应重视质量。有效成分的高低是质量优劣的主要指标，因为有效成分是防病治病的物质基础，而有效成分又受植物种类或品种、栽培技术、栽种年限、采收部位、采收期、加工方法及贮藏条件等的影响。因此，在中草药种植的全过程中，每一个环节都应按技术规程进行，不能疏忽。

三、重视中草药的道地性

药用植物在长期的生存竞争及双向选择过程中，与产地生态环境建立了相互适应的紧密联系，如果新引种地区的生态环境与原产地基本相似，植物能很快适应，生长发育正常，反之若差异悬殊则会使品质受到影响。例如金银花在不同产地其有效成分绿原酸含量差异极显著。山东平邑所产绿原酸含量为5.66%，河南新密产绿原酸含量为5.18%，山西太谷产绿原酸含量为3.88%，重庆产绿原酸含量为2.2%，云南大理产绿原酸含量为1.18%；又如不同产地的芍药，不但化学成分种类不同，而且有效成分含量也有差异。宝鸡、兰州、四川垫江所产芍药含芍药苷C，而山东曹县、安徽亳州、浙江东阳所产则不含芍药苷C，各地所产芍药其有效成分均随纬度的降低而下降。所以，发展药材应以道地产区为主，选择与道地产区生态条件相似的地区发展为好。

四、按照药用植物的温、光特性确定种植期

药用植物对温、光的敏感程度是各不相同的。植物的温、光特性，即在生长发育过程中必须经历日照长短和温度高低的变化，方能完成整个生长发育过程。因此植物可分为长日照植物和短日照植物。大部分药用植物对温、光的反应较迟钝，而有一部分药用植物对温、光反应特别敏感。在药用植物栽培中，针对不同药用植物品种对温、光的不同反应调整种植期极为重要。例如十字花科的板蓝根属于长日照植物，其生长发育特性表现为：在营养生长阶

段必须进入5℃以下低温阶段，在生殖生长阶段必须进入日照时数逐步加长的季节。所以，板蓝根的生长发育必须稳定通过冬季低温阶段，到了翌年日照逐步延长的春、夏季节方能完成其开花结实的发育阶段。对于板蓝根应区分种植目的，如果是为了收获大青叶或板蓝根，则采用春播或秋播均可。若目的是为了收获种子，则最好采用秋播，使之营养阶段通过冬季低温，生殖阶段正值翌年春、夏季节长日照期间完成；若采用春播，它依然也要延长至翌年春、夏季节才能收获种子，使生育期大大延长。薏苡属于短日照植物，它的营养生长是在夏季高温下完成的，在秋季日照逐渐变短的条件下完成其生育阶段。薏苡的收获对象是种子，因此，只能采用春播，秋季收获产品。如果采用秋播，在低温的冬季不能顺利完成营养生长，甚至被冻死；即使不冻死；也要到翌年秋季才会完成开花结实的任务。因此薏苡只能春播，不能秋播。根据以上的道理，对不同药用植物，选定特有的播期是十分重要的，千万不能违背这一规律而自行其是。

五、应用高产、优质、性状优良的品种

选用良种也是药用植物栽培中的重要增产措施之一。应用良种发展药材生产，是获取高产优质药材的重要条件。药用植物的良种，必须是质量一流和性状优良的标准药材品种，而绝不是单一追求高产的同科属的其他代用品种。我国劳动人民和科技人员在长期生产实践中创造了很多优良的品种。例如地黄的优良品种金状元、十里英、北京1号、北京2号比劣种产量高1～3倍；薄荷新品种海香1号含薄荷脑85%以上，比上海531高出5倍。又如东北人参中有大马牙、二马牙，四川附子中的南瓜叶，黄连中的纸质叶，天麻中的乌杆、水红杆以及中引86-1薏苡等，都是得到公认的高产优质良种，在国内药材生产中发挥了重要作用。

另外，选种目标要根据需要来确定。例如，用于提取有效成分含量的药用植物，应选择高含量的优良品系，如洋地黄和青蒿等；多年生药用植物应选择高产早熟品种，如黄连、人参、细辛等；利用地上部分的药用植物，应选择枝叶繁茂的品种，如紫苏、穿心莲、大青叶、益母草等；利用花、果实和种子的药用植物，应选择药用部位和采收期集中、不易倒伏的品种，以便于集中采收或机械化采收作业。

此外，要选择抗逆性强、抗病虫害的品种，这对发展药材生产也尤为重要。良种在长期栽培过程中还存在着退化的问题。除推行良种良法的技术措施外，还必须开展品种提纯复壮常规选育工作，以确保品种的优良特性，保持品种生产性能长久不衰。

知识点四　药用植物栽培的环境条件

药用植物类型多种多样，它们都是依靠本身的遗传特性与环境条件的统一来完成生命周期的。只有了解了中草药和环境的相互关系规律，才能选择或改造环境以适应种植药用植物的需要。这里所说的与植物生长发育密不可分的外界环境包括多种因子，主要有气候、土壤、肥料等，这些因子又称环境因子或生态因子。各种生态因子综合在一起，构成了植物生活所需的生态环境。

气候因子主要包括光照、温度、降水等。

一、光照

1. 光对药用植物的生态作用

由于各种药用植物在其系统发育过程中长期处在不同的光照条件下，而形成对各种不同光照强度的适应性。根据不同种类的药用植物对光照强度的要求不同，将药用植物分为三类。

（1）喜光植物（阳性植物） 要求阳光充足的环境，若缺乏光照，则植物细弱，生长不良，产量很低。如：地黄、黄芪、红花、决明、北沙参、芍药等中草药是喜光植物。

（2）喜阴植物（阴性植物） 喜欢有遮阴的环境，不能忍受强烈的日光照射。如人参、西洋参、黄连、细辛等。栽培这类中草药需要人工搭棚遮阴或种在林下荫蔽处。

（3）耐阴植物 在光照良好或稍有荫蔽的条件下都可生长，不至于受到特别损伤，如天冬、款冬、麦冬等。

同种植物在不同的生长发育阶段对光照强度的要求也不相同。如五味子、党参、厚朴等在幼苗期或移栽初期怕强光照射，必须注意短期荫蔽。

2. 药用植物对光照的反应

许多植物的花芽分化、开花结实、地下贮藏器官的发育、休眠与落叶等，对白昼与黑夜持续时间的长短有显著的相关性。这种对光照时间长短的反应，称为光周期现象。由于各种药用植物长期生长在不同的光照条件下，因而它们对光照时间的要求各有不同。只有满足了这种光照条件，它们才能正常生长发育。当然，植物这种对光照时间上不同要求的特性在人为的控制下也是能够改变的。根据各种药用植物对光照时间长短的要求，可以把药用植物分为以下三大类。

（1）长日照药用植物 在长于一定时间日照长度（临界日长）下开花或促进开花，而在较短的日照下不开花或延迟开花，如茴香、栀子、除虫菊等。

（2）短日照药用植物 在短于一定时间日照长度（临界日长）下促进开花，而在较长的日照下不开花，如紫苏、地黄等。

（3）中日照性药用植物 对光照长短没有严格的要求，如掌叶半夏、红花等。这里要指出的是，所谓临界日长不是以12h光暗信号为分界，也不是对日照长短要求的绝对数值，而是决定于每种植物对光照要求一个最低或最高的临界值。如长日照植物天仙子其临界日长为11h，木槿为12h。植物的这些特性在引种栽培中有着重要的意义，如从南方（短日照高温条件）向北方（长日照低温条件）引种，往往出现生育期和成熟期延迟现象，所以应引种早熟品种，反之亦然。

3. 光饱和点与光补偿点

（1）光饱和点 在一定光照强度下植物的光合速度随光照强度的增加而增加。但光照强度超过一定范围以后，光合速度减缓，当达到某一光照强度时，光合速度不随光强的增加而增加，达到一个稳定的值，这时的光照强度称为光饱和点。

（2）光补偿点 如果光强度减弱，光合速度将随之减缓，待到光照强度降到某一程度时，光合强度与呼吸强度相等。光合作用是吸收二氧化碳制造有机物质，而呼吸作用是放出二氧化碳，消耗有机物质。当吸收的二氧化碳与呼出的二氧化碳达到动态平衡时，即制造养料与消耗养料相等，达动态平衡时的光照强度称为光补偿点。植物只有在光补偿点以上时才能积累干物质。在种植中草药时，要根据不同中草药的光照习性合理调光，使之光强不大于光饱和点，不低于光补偿点。

4. 中草药的合理密植与立体栽培

合理密植和立体栽培都是人类为提高光能利用率所采取的重要措施。所谓“光能利用率”是指植物所消耗的光能与照射到叶面的总光能之比。目前在一般情况下，仅能利用单位面积上获得的全年辐射能的0.1%，最多不超过1%～2%，可见，光能的利用还很不充分。

合理密植的要求是既保证植物群体得到最大发展，又使每一单株获得充分光照。由于光合作用主要是通过植物叶片进行，而且在一定范围内，叶面积大小与产量高低呈正相关，因此要使单位面积产量高就应当保证有足够的叶面积，但是叶面积也不宜过大。如果超过一定范围，使叶片互相荫蔽，反而会降低总叶片的平均光合作用率。密植程度可以根据叶面积系数和叶片的角度来决定。

（1）叶面积系数　即田间植物群体总叶面积与土地面积的比值。植物种类和生育期不同，最适宜的叶面积系数也不相同。生产上常根据植物整个生育过程中叶面积系数的动态分析，来决定适宜的播种量和栽植密度。

（2）叶片角度　为了提高作物群体光能利用率，不仅要有一个最适叶面积，而且还要有适宜的叶片角度及方向。如叶子是垂直分布还是水平排列对光合作用有重要关系，因为叶片的配置方式直接影响叶片的受光量，如果只是叶面积虽大，但配置方式不好，彼此荫蔽，也就不能充分利用光能而影响产量。

（3）合理密植　密植不是种植株数越多越好，相反密植超过了限度，反会减产，甚至颗粒无收。不同的植物种植的密度是不同的，体形细长的可适当密一些，如薏苡、荆芥要比芍药密一些。即使同一植物，由于栽培目的不同，密度也应不同。一般收获营养体的要比收获果实、种子的适当密一些。同一植物在不同的地区，由于气候、土壤、水、肥条件不同，栽培的密度也应有差别。如地黄，在河南最高产量为每 $1hm^2$ 90000 株，在北京最高产量为每 $1hm^2$ 150000 株。同一作物，在同一地区相同的条件下，由于采取不同的栽培措施，稀密度也有所不同。如牛膝采用宽行短株距密植，植株个体及整个群体均生长良好，从而达到高产目的。

总之，要因时、因地制宜，根据植物特性和栽培的需要来确定密度。

二、温度

温度指植物生长期间的空气及土壤温度。气温受纬度、海拔高度、季节的影响。一年中最冷月和最热月平均气温变化的相差，称为年较差。把一天中气温变化的相差，称为日温差。一般来说，我国各地的日温差和年较差由南向北增大，由东南沿海向西北内陆增大；由于土壤传热比空气慢，所以地温变化较小。

1. 温度与药用植物生长发育的关系

温度的变化直接影响植物的光合作用和呼吸作用。在一般情况下，随着温度的升高光合作用和呼吸作用都要加强。但它们也都有一个最低温度、最适温度及最高温度，而且不同的植物对这三种温度的要求是不同的。一般植物光合作用的温度以 25～35℃为最适，超过这个温度，光合强度随之下降，到 40～50℃光合作用完全停止。

光合作用是制造（合成）有机物质的，而呼吸作用相反，是分解（消耗）有机物质的。所以，白天温度高晚上温度低（日温差大）有利于有机物质的积累。在冬天，温室里晚上的温度过高会影响植物生长。对于在植物生长发育过程中的最低温度、最适温度、最高温度称为温度三基点。

不同的植物或同一植物的不同发育时期对温度的要求是不同的。如古柯、萝芙木等的早期发育需要 20～40℃的高温期，而人参、北沙参等则需要经 0～20℃的低温阶段，否则植株就不能正常生长发育。温度对各种植物休眠与萌发也有很大的影响，各种植物萌发的温度亦有它的最低、最适与最高的三基点。从植物萌发的适温与基点温度也可以发现植物种与原产地条件的关系。

温度的变化对植物的水分蒸腾与水分吸收也有很大的影响。大气温度的增高会促进植物水分支出，土温降低会减少植物吸水。如果这两个因素结合在一起时即会对植物产生十分不利的影响。

2. 对温度的要求

不同植物种类对温度的要求也不一样。根据植物生长习性及原产地不同，可将植物分为热带植物、亚热带植物、温带植物和寒带植物四大类。

（1）热带植物　我国热带植物分布在台湾、海南及广东、广西、云南的南部热带地区。这些地区最冷月平均气温在 16℃以上，极端最低温度不低于 5℃，全年无霜雪。热带药用植物有：砂仁、肉豆蔻、胖大海、槟榔、古柯、丁香、白花树等。这些药用植物喜高温，当气温降到0℃或0℃以下时，就要遭受冻害，甚至死亡。

（2）亚热带植物　我国的亚热带植物大多分布在华中、东南和西南各省的亚热带地区。这些地区的最冷月平均气温在0～16℃之间，全年霜雪很少。亚热带药用植物如三七、厚朴、柑橘和樟等，喜温暖、能耐轻微的霜冻。

（3）温带植物　我国温带植物多分布在热带、亚热带以北的广大地区。这些地区最冷月平均温度在0℃以上，也有－25℃以下的，如黑龙江地区。这个地区的药用植物种类很多，它们喜温和至冷凉气候，一般能耐霜冻和寒冷。其中如玄参、川芎、红花、地黄、浙贝母和延胡索等喜温和气候；而人参、黄连、大黄、当归等则要求冷凉气候。

（4）寒带植物　我国无寒带地区，仅西部地区有高寒山区，常年积雪，这些地区有雪莲生长。

三、水分

水是植物细胞的重要组成部分，其原生质含水80%以上。嫩茎、幼根等含水量可达90%以上，没有水就没有植物。水是植物合成有机物的重要原料；是植物新陈代谢的重要介质，没有水溶解养料，新陈代谢就不能进行；水是器官运动的调控者。由于水有最高的比热、最大的气化热及较大的热传导率，高热时能降温，冷时降温慢，对抵抗自然灾害能发挥重要作用。

自然界中的植物，对水分条件也有高度的适应能力和多种多样的适应方式，因而形成各种不同的类型。

1. 旱生植物

如仙人掌、沙棘、芦荟、龙舌兰、甘草、麻黄等。这类药用植物具有发达的根系，或有良好的抑制蒸腾的结构、发达的贮水构造和输导组织等“旱生结构”，具有显著的耐旱能力，适应在地势高燥少雨的地区栽培。

2. 水生植物

如睡莲、莲等根系极不发达，没有抑制蒸腾的构造，输导组织衰退，而通气组织特别发达，所以它们一般不能离开水生环境。

3. 湿生植物

如泽泻、慈姑、菖蒲、薏苡等。湿生植物根系浅，侧根少而短，抑制蒸腾的构造和输导组织弱化，而且通气组织发达，适宜在沼泽、河滩、低洼地、山谷林下等环境生长。

4. 中生植物

大多数药用植物都属这一类，如地黄、浙贝母、延胡索等。中生植物的根系、输导组织、机械组织和节制蒸腾作用的各种结构都比湿生植物发达，但不如旱生植物。它们在干旱情况下容易枯萎，在水分太多时又容易发生涝害。因此，在栽培这类植物过程中，注意适当的排灌能有效地提高药材的产量和质量。

四、空气和风

1. 空气与药用植物生长发育的关系

空气中与药用植物生长发育有关系的成分有氧、二氧化碳、水气、尘埃和工厂的废气等。

大气中的二氧化碳是植物进行光合作用的必要原料，其含量随工业的发展逐步在升高，一般在0.03%。土壤里的二氧化碳含量较高，一般在0.15%～0.65%。当含量高到2%～3%时，对根系的呼吸不利，有毒害作用。研究表明，在一般情况下，光合作用二氧化碳的浓度以1%左右最适宜。在塑料薄膜温室内，每天从上午8时到下午5时，向决明和大豆（开花到种子成熟）群体中通入含有二氧化碳800～1200ml/m³的空气，可提高它们种子产量40%～50%。

氧是植物呼吸作用的必要气体，土壤空气中的氧含量很少，同时变化不定，常成为植物地下部分呼吸的限制因素。

水气影响空气的温度，工厂的大量废气（二氧化硫、氟化氢等）、烟雾及尘埃等会严重影响药用植物的生长和发育。某些药用植物可吸收有毒气体，减轻环境污染，如1hm²柳杉一年可吸收720kg二氧化硫，柑橘的吸硫能力也很强，能吸硫达叶重的0.8%。丁香、夹竹桃、八角等药用植物树叶吸硫能力也很强。丁香、柑橘还能吸收有害气体氟及氟化氢等。

2. 风与药用植物生长发育的关系

风是空气的运动形式。风对药用植物生长发育的影响是多方面的。它是决定地面热量（冷、热气团）与水分（干燥与湿润的气团）运转的因素，有的风对植物起着直接的影响，如台风、海陆风、山风与谷风等。

风媒花植物要依靠微风来进行传粉。很多植物的果实和种子依靠风来传播，以达到繁殖后代或扩大繁殖地区。微风对防止轻微的霜冻有利。

风的直接害处是损伤或折断植物的枝叶，造成落花、落果，使植物倒伏。在播种时如风大，种子就不易均匀地撒下，出苗即疏密不匀。风的间接害处是改变空气的温度和湿度，能使土层干燥，地温降低，细土流失等。这些都对药用植物生长不利。控制和防避风的危害对水土保持和创造有利的小气候有重要意义。

五、土壤

土壤是药用植物栽培的基础，植物生长发育所需物质大部分通过土壤供给。选用适宜的土壤，进行合理耕作，不断提高土壤肥力，才能使中草药获得优质、高产。

（一）土壤与肥力

土壤是地壳表面能够生长植物的疏松表层，它是由岩石长期受水、热、空气、生物等自然因素的共同作用，经风化和成土作用逐渐形成的。土壤最基本的特性是具有肥力。土壤肥力可分为自然肥力与人为肥力两种，自然肥力是自然土壤所具有的肥力，这种肥力只有在未开垦的处女地上才能找到。人为肥力是农业土壤所具有的一种肥力，它是在自然土壤的基础上，通过耕作、施肥、种植植物等农业措施，用劳动创造出来的肥力。药用植物产量和质量的高低，是土壤有效肥力高低的重要标志。

（二）土壤影响药用植物生长发育的因素

影响药用植物生长发育的土壤因素很多，主要的有土壤质地、有机物、营养元素、水分及酸碱度等。

1. 土壤质地

土壤由各种矿物颗粒组成。各种大、中、小颗粒在土壤质量中所占的百分数，称为土壤质地。质地不同，土壤的肥力状况、耕作性能就不同。根据土壤中黏粒、沙粒和粉粒所占不同比例，将土壤分为：

（1）沙土　沙粒含量在50%以上，土壤通气、透水良好，但保水肥能力差，土壤温度变化剧烈。此类土壤适宜种植耐旱性药用植物如甘草、麻黄、北沙参等。

（2）黏土　黏粒含量80%～100%，沙粒仅占0～20%，土壤结构致密，保水保肥力强，通气、透水性差，但供给养分慢，土壤耕作阻力大，根系不易穿插，对多种植物生长均不适宜。只能栽种水生药用植物如泽泻、菖蒲等。

(3) 壤土　土壤各颗粒的粗细比例适度，沙粒、黏粒合宜，兼有沙土、黏土的优点，是多数药用植物栽培最理想的土壤，特别是以根、根茎、鳞茎作药的植物最为合适。

2. 土壤有机质

(1) 土壤有机质的主要来源　它们主要来源于动植物残体和人畜粪便等。我国大多数土壤有机质含量在1%～2%、森林腐殖土可达5%～10%。土壤有机质在土壤中需经微生物分解才能为植物所利用，由于分解程度不同分为三类：新鲜有机质（保持了植物残体形态），部分被分解的有机质（已失去解剖学特征，呈暗褐色小块），腐殖质（彻底被微生物改造过的有机质，呈黑色或黑褐色的胶体物质，是有机质的主要类型）。

(2) 有机质在土壤肥力中的作用

① 有机质是植物养料的主要来源。土壤有机质含有植物所需的一切养分，如碳、氢、氧、氮、磷、钾、硫、钙、镁以及多种微量元素。

② 对植物生长有刺激作用。其中可溶性胡敏酸在低浓度下（百万分之几至十万分之几）能刺激根系的生长，高浓度则相反。

③ 改善土壤的物理性状，提高保水、保肥及保温能力。腐殖质是良好的胶结剂，能促进土壤团粒结构的形成，尤其在有钙离子存在的条件下，能形成水稳性团粒，腐殖质是亲水胶体，其吸水力比黏粒大10倍左右；腐殖质有多种功能团如羧基和酚羟基上的H^+（氢离子），可与土壤溶液中的阴离子交换，使阳离子不易流失。因此，可提高土壤保水保肥力。同时腐殖质呈黑色，容易吸收阳光的热量，可提高土壤温度。

④ 促进土壤有益微生物的活动。土壤有机质是微生物营养和能量的主要来源。同时腐殖质能调节土壤的酸碱反应，使之有利于微生物的活动。

总之，土壤有机质对土壤的改良作用使水、肥、气、热得以充分协调，提高了土壤肥力，创造了植物生长的良好条件，因此富含腐殖质的疏松肥沃土壤适合绝大多数药用植物生长发育。有些药用植物如人参、西洋参、细辛、黄连等的生长发育，丰富的有机质是不可缺少的条件之一。

3. 土壤养分

土壤养分的来源：药用植物所需要的营养元素除碳、氢、氧来自大气和水外，其他元素几乎都来自土壤，其来源大致有5个方面：

① 土壤矿物质的风化可以释放出除氮以外的所有营养元素；

② 土壤固氮菌对大气中氮的固定；

③ 土壤中有机质的分解；

④ 降雨（雪）增加土壤中养分；

⑤ 向土壤中施肥。此项是调节土壤供肥能力的主要手段。

4. 土壤水分

(1) 土壤含水量的表示方法　植物对土壤水分有一定要求，过多过少都对植物生长不利，土壤水分在土壤中的量有以下几种表示方法：

① 土壤含水量的质量百分率；

② 土壤含水量的容积百分率；

③ 土壤相对含水量。

(2) 土壤水分分类　根据土壤的持水方式和水分移动的性质，可将土壤水分分为3种类型。

① 束缚水：由分子的吸附力作用而保持在土粒表面的水分。这种水分不能为植物吸收利用。

② 毛管水：由土壤毛细管的毛管力而保持在土中的水分。一般植物正常生长所要求的

水量不低于田间持水量的65%～75%，人参、西洋参等需要田间持水量的70%～80%，若低于此量，就应进行灌水，否则，植物生长发育将受到抑制。

③ 重力水：为毛细管所不能保留的水分，是地下水的来源，一般不能为旱生植物所吸收利用。

毛管水是植物生活中的有效水分，因此，在生产上要尽量减少毛管水的无益消耗。毛管水损失的方式有两种：一是沿毛管间的上下联系，逐渐向表层移动而损失，生产上常采用雨后松土，割断毛管联系以防止和减少这种损失；二是由于土层疏松，孔隙太多，在干燥的气候条件下，毛管水直接向大孔隙补充水汽而造成水分的损失。

5. 土壤酸碱度

土壤酸碱度是土壤重要性质之一，对药用植物的生长发育有密切关系。酸性土壤适于种植肉桂、人参、西洋参、丁香、胖大海、黄连等；碱性土壤适于种植甘草、枸杞等；而中性土壤则适于大多数药用植物的生长。

（三）土壤的改良

1. 盐碱土（又称盐渍土）

主要分布于西北、华北、东北及滨海地区。根据含盐种类和酸碱度的不同，可分为盐土和碱土两大类。所谓盐土，主要含氯化物和硫酸盐，呈中性或弱碱性反应。而碱土，主要含碳酸盐和重碳酸盐，呈碱性或强碱性反应，pH值高达9～10，有机质被碱溶解，常遭淋失，严重破坏土壤肥力。同时，盐碱土的通透性和耕性都很差，耕作十分困难。一般土壤含盐量在0.2%～0.3%以上时，对植物就有不良影响，尤其在幼苗期，对盐分最敏感，植物受盐碱危害后，根的生长明显受到抑制，氮素代谢、叶绿体内蛋白质合成均遭破坏，水分状况恶化，新陈代谢减弱，严重时会造成植株死亡。

改良盐碱土的方法很多，主要采用以水肥为中心，因地制宜，综合治理的办法，主要有以下几种。

① 开沟排水：在田间开挖较深的沟渠，使土壤中的盐碱区随灌溉水或天然雨水的淋溶随沟排走。

② 灌水洗盐：灌溉可使土壤中盐分溶解在水中，随之进入下层。

③ 适当深耕：可疏松耕作层，打破原来的犁底层，切断下层毛管，加速盐碱往下渗透，防止返盐作用。

④ 增施有机肥料、压绿肥：可改善土壤理化性状，加强淋盐作用，减少蒸发，抑制返盐。

⑤ 植树造林或种植耐盐碱中草药：种植枸杞、忍冬等。

2. 红壤

我国红壤主要分布于长江以南地区，其中华南、云南、贵州等省（自治区）分布最广，因地处热带和亚热带，日光充足，雨量充沛，有机质分解快，养分容易随雨水流失，有机质贫乏。同时，由于风化作用强烈，岩石、矿物质大部分分解成很细的黏粒，更使土壤结构不良，当水分充足时，土粒吸水分散成糊状，干旱时水分蒸发散失，土壤紧实坚硬。当地人民称为“天晴一把刀，下雨一包糟。”针对这类土存在的不良性状，可采用增施有机肥、施用磷肥和石灰、选择适宜植物进行轮作等方法治理。

3. 重黏土和重沙土

重黏土的主要特点是土质黏重，结构紧密，耕作困难，缺乏有效养分，尤其缺磷。但土层较厚，保水保肥。针对这类土壤的缺点，可采用深耕、增施有机肥料、种植绿肥、适当施用石灰等措施加以改良，还可掺沙土改良土壤质地。

重沙土的主要特点是松散、瘦、保水保肥力差。对这类土可采取掺黏土、增厚土层、种植绿肥、增施有机肥料等措施，改良土壤结构，提高土壤保水、保肥的能力。

知识点五　药用植物的品质

以植物为原料的药材是将栽培或野生的药用植物的药用部位加工（干燥）后的产品。影响药材品质的因素很多，影响机制也很复杂，药用植物的生长环境、栽培措施及采收加工的各个环节都可能对药材的品质产生影响。

一、影响药材品质的因素

1. 生态条件

立地条件是药用植物赖以生存的基础。各种药用植物因原产地和生长条件不同，形成了各具特色的遗传特点及生物学和生态学特性。栽培地立地条件能否满足其需求，决定其能否生存，能否获得高产和高质量的药材。

（1）光照　不同种类植物对光照的需求也不同。如地黄，用苇帘遮阴后要比在自然光下生长量下降60%左右。浙贝母因光照不足，会出现徒长现象，鲜茎产量也会下降，故上述二者不宜在阳光不足的山区林地栽种。对长日照植物天仙子来说，日照时数要在10h以上才能开花。短日照植物，日照超过15h则不能开花。

（2）温度　当归在西北地区生长正常，在南方由于温度太高，常导致提前抽薹，使根部变空。在平原和海拔较低的地区，因夏季温度过高，会造成三七发病率增高。

（3）水分　白术为陆生中药材，不宜栽培在地下水位过高或土壤湿度过大的沼泽地或河滩地带。夏季高温干旱或湿度过大的地方都不宜栽种三七。

（4）海拔　不同的药用植物对海拔的要求也不同，如三七、党参在平原地区生长不良，宜在丘陵或海拔低于900m的低山区种植。

2. 栽培措施

某一地区适宜栽培的药用植物，从选地、整地、育苗一直到浇水、施肥以及嫁接、修剪等栽培措施都能够影响药材的产量和质量。当然这种影响也是多种栽培措施综合作用的结果。例如茱萸在西安市周至县有200多年的栽培历史，长期以来基本上处于野生自然生长状态，产量低而不稳，平均单株产干肉0.45kg。经过施肥和修剪管理，干肉产量增加了1倍。

3. 生长时间和采收期

任何药用植物都有其特定的生长发育期，在生长发育期内，干物质不断积累，药用成分逐渐增加。如果人为缩短或延长其生长发育期，特别是缩短生长发育期，往往会影响药材的品质，甚至会使生产的药材成为一堆废物。适时采收也是决定药材质量的关键。古代本草有“药物采收不知时节，不知阴干曝干，虽有药名，终无药实，不以时采收，与朽木无殊”的记述。表明古代已经懂得采收期与质量的关系。华北地区药农又有“三月茵陈四月蒿，五月砍了当柴烧”的谚语，说明茵陈只有3月份采收才可以作药材。

二、提高药材品质的措施

影响药材品质的因素主要有栽培品种、栽培地的生态环境以及栽培和加工技术等。人工栽培可使品种形状、生长环境等条件改变，从而导致药材品质的提高或降低。

1. 重视品种的选育工作

选育优良品种是提高药材品质最根本手段。特别是品质育种工作，除了采用常规手段以外，还可借助组织培养等科学方法，培育高有效成分含量的产物。目前依靠此方法培育的药用植物有人参、三七等。

2. 采用合理的种植方式

建立合理的轮作套种等种植方式，可以消除土壤中有毒物质和病虫的危害，提高土壤肥力和光能利用率，达到优质高产的目的。

3. 采用科学的栽培技术

选地、整地、播种、密度、施肥灌水、喷施生长调节剂以及采收时期都可对药材品质产生影响。如人参在沙性床上或深翻作高床的条件下，床土底层温度高，长出的参根长而粗，支根细而少，适合加工优质参。又如红花对播种期敏感，春季早播的红花生长发育健壮，病虫害少，产花、产籽量均高，质量也较好。平贝母适当密植产量最高，但多数药材密植后，因通风透光不良，易感染病害，人参、黄芪密度过大易贪秧。

4. 适时采收

在有效成分含量最高时采收为好，如杜仲叶 6 月份采收，绿原酸、京尼平苷酸、杜仲胶等含量高。

小知识：中国内地的药材之乡

人参之乡——吉林省抚松县。山药之乡——山西省平遥县。三七之乡——云南省文山壮族苗族自治州。黄连之乡——四川省石柱县。党参之乡——山西省长治市。泽泻之乡——福建省建瓯市。当归之乡——甘肃省岷县。甘草之乡——内蒙古自治区杭锦旗。枸杞之乡——宁夏回族自治区中宁县。金银花之乡——山东省平邑县。川贝之乡——四川省松潘县。茯苓之乡——湖北省罗田县。何首乌之乡——广东省德庆县。银耳之乡——四川省通江县。罗汉果之乡——广西壮族自治区永福县。薄荷之乡——江苏省南通市。麦冬之乡——浙江省慈溪市。阿胶之乡——山东省东阿县。白术之乡——浙江省磐安县。天麻之乡——云南省昭通市。

【本章小结】

药用植物是指其植株的全部、部分或其分泌物可以入药的植物，种类和品种繁多，可根据药用部位和性能功效进行分类。栽培上要注重其道地性，把产量和质量并重看待。影响药用植物栽培的环境因素包括温度、光照、水分、空气和风、土壤营养等，不同的环境条件生产出的药材质量和有效成分差异很大，要加强药材的品质。

【复习思考题】

1. 什么是药用植物，药用植物栽培有何特点？
2. 根据药用部位不同，药用植物分哪几类？
3. 药用植物栽培对温度有哪些要求？
4. 影响药材品质的因素有哪些？
5. 为何要重视中草药的道地性？
6. 我国常用药用植物分布如何？

模块二　基本技术

【学习目标】

了解药用植物种子的基本特点，掌握药用植物营养繁殖、种子播种、育苗、移栽和田间管理的基本技术。掌握药用植物引种驯化的关键技术措施。

基本技术一　药用植物繁殖

药用植物的繁殖方法通常可分为两大类：一类是种子繁殖又叫有性繁殖；另一类是利用植物的根、茎、叶等营养器官进行繁殖，叫营养繁殖也称无性繁殖。

一、种子繁殖

药用植物用种子繁殖的最为普遍，因为种子利于运输、贮藏。种子繁殖技术简便，繁殖系数大，利于引种驯化和新品种培育。但是，种子繁殖的后代容易产生变异，开花结实较迟，尤其是木本的药用植物用种子繁殖所需年限很长。

（一）种子的一般特性

1. 种子的概念

在植物学上“种子”是胚受精后发育而成的植物原始体，农业生产上所谓的“种子”却是泛指所有能传种接代和培植的材料，包括3种类型：一是由胚发育成的种子；二是作为播种材料的果实，如毛茛的瘦果，莎草的小坚果，当归的双悬果等；三是作为繁殖用的营养器官。这里的“种子”仅包括前两者，而将后者作为无性繁殖的材料。

2. 种子的形成

种子至少包括胚和种皮，有时还有胚乳，与胚同包藏于种皮之内。胚是由卵细胞受精后发育而成，胚是植物的雏形，犹如一个微型电脑，贮存很多信息，指导种子的生长发育。胚乳是养分的贮藏地，有的植物没有胚乳又无子叶时，需与真菌共生或在培养基上培养，种子才能萌发。

（二）种子的采收和休眠

1. 种子的采收

掌握适宜时间采收十分重要，药用植物因种类、生态环境、花的着生部位等不同，种子成熟很不一致。成熟的种子应具备以下几个特点。

① 内部贮藏的有机物质已达高峰；

② 养分运输已基本停止；

③ 水分含量减少，硬度增加，对环境抵抗能力增强；

④ 种皮呈固有色泽；

⑤ 具有发芽能力。

种子成熟期间，必须注意观察，一经成熟应及时采收。但有时也有例外，如当归、白芷等，应采适度成熟的种子作种，因老熟种子播种后容易提早抽薹，使根失去药用价值。凡成熟后种子不及时脱落者，可缓采，待种子完全成熟后一次采收，否则需分批及时采收，以防止早成熟的种子散落地上。种子脱粒过程中要尽量避免损伤种子，否则易染病。有的植物带果皮比脱粒贮藏种子寿命长，质量好。如栝楼、枸杞等应带果皮贮藏播前才脱粒。

2. 种子的休眠

种子的休眠是植物在其长期演化过程中对不良环境条件的一种适应性。如高寒或干旱地区多以休眠度过不良环境，休眠原因大致可分为三种类型。

（1）种皮障碍　种皮阻碍了水分的透过，降低了气体交换的速度，阻止了种子的吸胀而引起休眠。突出的例子如莲的种皮因特别不透水，种子能保持寿命达千年之久，杜仲种子果皮含有橡胶，去掉果皮后可显著提高发芽率，泽泻果皮有果胶和半纤维素，破伤果皮后23h种子吸水增重180%，对照品为50%。

（2）种胚休眠　这类种子除去种皮，在适宜温湿度条件下也不萌发，又可分两种类型。

① 胚后熟休眠类型：种子收获时，胚尚未形成或处于原胚阶段，尚未分化，需收获后继续发育，形成一个完整的胚，种子才能萌发。如人参、西洋参。

② 生理后熟类型：种胚在种子收时已发育完好，但要求一定条件完成其生理后熟，才能萌发。又分3种情况：一是要求经历干藏期，如黄花秋葵、野茄（红颠茄）、云南芪等。二是要求低温才能通过生理后熟，如猕猴桃、龙胆、忍冬、紫草等。三是要求光照或变温，这类种子在光照变温箱或树荫下比在恒温箱发芽好，如朱砂根、三分三、土牛膝等。

（3）综合休眠　即兼有种皮和种胚休眠的种子，打破这类种子的休眠，既要克服种皮障碍又要克服种胚休眠的障碍，如山茱萸种子经干湿处理10次以后，再在15～25℃变温下104天及3～7℃低温下40天，发芽率达47.8%。

（三）种子的寿命、贮藏和处理

1. 影响种子寿命的因素

（1）种子内含物　一般情况下含淀粉的种子比含油脂的种子耐贮藏，许多休眠种子内含抑制物，寿命较长。

（2）种子成熟度　充分成熟的种子比未成熟的种子寿命长。

（3）种子水分　种子含水量高不易保存，过分干燥的种子易破裂，也不易保存，一般原产寒温带的中草药种子，多数宜贮藏于干燥冷凉条件下，综合许多试验结果，种子水分在5%～14%的范围内每降低1%，可使种子贮藏寿命延长一倍。但有少部分种子如细辛、黄连、太子参等不耐干藏，宜湿藏。属于湿藏型的种子还有槟榔、肉豆蔻、肉桂、丁香、沉香等南药。

（4）温度　一般在1～35℃范围内，每增高10℃，植物生理代谢强度提高2～3倍，代谢强度愈大，种子衰老愈快；在0℃以下，温度每增加5℃，种子寿命减少一半。

2. 种子的贮藏

（1）低温干藏型　要求贮藏在－20～10℃低温，含水量6%～12%的干燥条件下，盛麻袋或开口的容器内即可。如果气候潮湿，则必须把干种子放罐、坛、瓶等密闭容器中保存，放置地方必须通风凉爽。有冰箱冷库更好。

（2）湿藏型　如前所述需湿藏的种子可用沙、腐殖土、蛭石、珍珠岩、苔藓等保湿材料层积放阴凉通风处，经常检查翻动，控制保湿材料的水分，以不干不湿为要。

3. 种子处理

播种前进行种子处理，对防治病虫害，打破休眠提高发芽率、发芽势，使之苗全苗壮具重大作用，处理种子方法如下。

（1）晒种　晒种能促进种子的成熟，增强种子酶的活性，降低种子含水量，提高发芽率和发芽势；同时还可以杀死种子传带的病虫害。晒种时应选晴天，所晒种子要勤翻动，使其受热均匀，加速干燥。

（2）温汤浸种　可使种皮软化，增强种皮透性，促进种子萌发，并杀死种子表面所带病菌。不同的种子，浸种时间和水温有所不同。如颠茄种子在50℃水温中浸12h，才能提高种子发芽率和整齐度。

（3）机械损伤种皮　对于皮厚、坚硬不易透水、透气的种子利用擦伤种皮的方法，可以增强透性，促进种子萌发，如甘草、火炬树种子等。杜仲可剪破翅果，取出种仁播种，但要保持土壤适宜的温度。黄芪、穿心莲等种皮有蜡质的种子，先用细沙摩擦、使其略受损伤，再用35～40℃温水浸种24h，可使发芽率显著提高。

（4）层积处理（又称为沙藏处理）　选择高燥、不积水的地方，挖一个20～30cm深的坑，坑的四周挖好排水沟。防止雨水流入，把调好湿度的沙或腐殖土或干净的沙土，与种子按3∶1的比例拌好，放入坑内，覆土2cm左右，上面盖草，再用防雨材料搭荫棚，半个月左右检查2次，保持土壤湿润，约2～3个月种子裂口，即可播种。如人参、西洋参、黄柏、黄连、芍药、牡丹等都可采用此法处理。

（5）药剂处理　用化学药剂处理种子，必须根据种子的特性选择适宜的药剂和适当的浓度，严格掌握处理时间，才能收到良好的效果。如颠茄种子用浓硫酸浸渍1min，再用清水洗净后播种，可提高种子发芽率和整齐度。明党参种子在0.1%小苏打、0.1%溴化钾溶液中浸30min，捞起立即播种，可提早发芽10～20天，发芽率提高10%左右。

（6）射线处理　应用γ射线、β射线、α射线、X射线等低剂量［0.0258～0.258C/kg(100～1000R)］处理种子，有促进种子发芽、生长旺盛、早熟增产等作用。如党参种子利用^{32}P作为β射线源，以222kBq/ml（6μCi/ml）浸种处理24h，发芽率提高7.4%。延胡索种茎用^{60}Co处理后，产量能显著提高。

（7）超声波处理　超声波是频率高达20000Hz以上的声波。用它对种子进行短暂处理(15s～5min)有促进发芽、加速幼苗生长、提早成熟、增加产量等作用。如桔梗种子用功率250W、频率20kHz的超声波处理13min，发芽率提高2倍，并增强植株的抗旱、耐热性能。

（8）生长激素处理　生长刺激素常用的有2,4-D、吲哚乙酸、α-萘乙酸、赤霉素等。在药用植物种子处理上应用较多的是用赤霉素溶液浸种。如用赤霉素10～20mg/L分别处理牛膝、白芷、桔梗等种子，均能提早1～2天发芽。番红花种茎放在25mg/L赤霉素溶液中浸30min，翌年球茎产量提高3.72%。金莲花采用500mg/L赤霉素溶液浸种12h，可代替低温沙藏，可使种子提早发芽和提高发芽率。

二、营养繁殖

营养繁殖是指利用植物的营养器官脱离母体后，重新分化发育成一个完整的植株，或利用植物器官的再生能力，形成新个体的过程。此方法是母体阶段的延续，能保持母体的优良性状，可提早开花结实。但长期进行无性繁殖，会引起品种退化，如地黄、山药、半夏等。因此，生产上采用有性和无性繁殖交替进行。

生产上，人们常将药物的茎、地下根茎或鳞茎、块根等作为无性繁殖的材料，称种茎、种根、种栽，如白术称"术栽"；人参称"栽子"等。

（一）分离繁殖

分离繁殖是指将植株的萌蘖、球茎、鳞茎、块茎、根茎或株芽等营养器官，自母体上分离出来，繁殖新个体的方法。因种类和气候条件而异，一般在秋末或早春植物休眠期内进行。常用的分离繁殖方法有下列几种。

1. 分株（分割繁殖）

有分离和切割的含意。分离是营养器官自然脱离母体而单独生长形成新的个体。如鳞茎与球茎的繁殖。切割与分离不同的地方是：母体的营养器官供作繁殖材料时，大多是借人力方能与母体分开。

2. 鳞茎繁殖

如贝母、百合等，在其地下茎周围常形成1个大鳞茎或多数小鳞茎。大鳞茎提供商品，小鳞茎可作繁殖材料2～3年可形成而开花。

3. 块茎（根）繁殖

如天南星、地黄、山药（块根）、半夏、白及、何首乌（块茎）等，将地下新生的小块茎挖出，按芽和芽眼位置切割成若干小块，每一小块必须保留一定表皮面积和肉质部分。

4. 根状茎繁殖

款冬、薄荷、甘草等，其横走的根状茎或主根，可按其上的芽数，切成若干小段，进行繁殖，形成新个体。或按一定长度或节数分割为若干小段，每段有3～5个节，作为繁殖材料。

5. 分根繁殖

芍药、牡丹、玄参等多年生宿根草（木）本植物，植株地下部枯死后萌芽前将宿根挖出，分成若干小块作为种栽。

6. 珠芽繁殖

如百合、半夏、黄独、卷丹、小根蒜的叶腋或花序上长的珠芽，取下或落地培土，即可形成新个体。

分离繁殖时间以休眠期到出苗前为好，新切割的繁殖材料以晾1～2天待伤口稍干或拌草木灰后种植为好，可加强伤口愈合，减少腐烂。栽时土壤要适当踩紧，土壤干旱及时浇水。

（二）扦插繁殖

利用药物的植枝（茎）、叶或根等营养器官能产生不定根和不定芽的性能，将其截离母体，插入生根基质中，使之生根或发芽，形成完整植株的繁殖方法。凡容易产生不定根、不定芽的药用植物，如木瓜、木芙蓉、栀子、连翘、丹参、钩藤、五加、肉桂、枸杞、忍冬、菊花等大多数木本和木质藤本药物均可采用此法繁殖。按照插条的种类不同，又分为叶插、根插和枝插。

1. 扦插时期和方法

扦插繁殖最适宜的时期为春季3～5月份及秋季7～10月份，以春季清明、谷雨（4月份）和秋季白露、秋分（9月份）为宜，春季平均气温为14～15℃，秋季为18～23℃。方法有露地扦插和温床扦插，一般较难生根的药材或气温低、空气湿度小的季节和地区多用温床扦插。扦插株行距一般为(16～30)cm×(6～18)cm，也有达到24cm。深度由扦插对象、种类决定，休眠期或成熟枝约12～24cm，软材扦插应浅些，2.5～7cm即可。

2. 促进插条发根的方法

(1) 环状剥皮　取插穗前将母株上准备作扦插的枝条基部，剥去1.5cm左右的一圈皮，以切断韧皮部同化养分的运输，使叶制造的糖和生长素等活性物质蓄积于剥除树皮部分以上的枝条中，成为良好的营养条件，可促进生根。用铁丝或其他材料捆扎、紧扎枝条也有同样作用。

(2) 生长素及其他化学药剂处理　促进生根的生长素有IAA、IBA、NAA、2，4，5-T、NAD、三十烷醇等，其中以IBA效果最好。

（三）压条繁殖

压条繁殖是把连着母枝上的枝条压入土中，形成不定根然后再切离母株成为一个有自己根的新植株，因为生根之前，水分和矿质营养仍然由连接的母株供给，所以压条比扦插更容易成活。常用此方法药材有忍冬、酸枣、山茱萸、罗汉果等。

1. 压条时期

根据药材种类和当地气候条件而定。一般在秋季压条，此时枝条营养物质积累较丰富，能充分满足生根的需要，生长快、新生个体健壮；常绿植物选在多雨时期，这时压条易生根，而有充分的生长时间，但注意枝干汁液流动旺盛时期不宜切破树皮。

2. 压条种类及方法

（1）高空压条法　适用于高大乔木或木质化强的灌木。

（2）曲枝压条法　适用于枝条离地面较近，组织柔软不易折断的植物。

（四）嫁接繁殖

将植物上的枝条或芽等组织（接穗）接到另一株带有根系的植物上（砧木）上，使它们愈合生长而成为一个新个体，称为嫁接繁殖。

1. 影响嫁接成活因素

（1）亲和力　即砧木和接穗嫁接愈合生长的能力。一般亲缘关系起决定性作用。

（2）砧木、接穗的生活力和生理特性　一般生长健壮、营养器官发育充实、个体贮藏的营养物质丰富时嫁接易成活。

（3）内含物　一般植物含有较多的酚类物质（如单宁），嫁接时伤口的单宁物质在多酚氧化酶作用下，形成高分子的黑色浓缩物，使愈伤组织难以形成，造成接口霉烂。

（4）嫁接前后外界环境因子　主要是季节和气候条件。

2. 嫁接方法

主要有枝接法、芽接法和靠接法。

基本技术二　药用植物播种技术

采用播种技术直接进行药材生产的方法，适用于绝大多数草本药用植物。如黄芩、甘草、丹参、桔梗、柴胡、知母等。有些木本药材也需要采用直播繁殖。在自然条件下，绝大部分药用植物能进行有性繁殖，如人参、西洋参、当归；有的却只能进行营养繁殖，如番红花、姜等；有的既能进行营养繁殖，也能进行有性繁殖。药材生产中所说的种子是指能繁殖后代、扩大生产的播种材料。就播种的材料可分为：种子、果实和营养器官。但大多数药用植物是用种子作为播种材料的。

一、播种技术

1. 播前种子处理

播前进行种子处理，可以提高种子品质，防治种子病虫害，打破种子休眠，促进种子萌发和幼苗健壮生长，是一项经济有效的增产措施，生产上已广泛采用。种子处理方法很多(前面章节已讲过)，但应强调以下几方面。

（1）种子消毒　种子消毒处理是预防病虫害的主要技术环节之一。许多药用植物病虫害是由种子传播的，如人参的锈腐病。经过消毒可以把病虫害消灭在播种之前。常用的方法有烫种、药剂浸种或拌种等。

（2）浸种催芽　浸种可以解除种子的休眠，创造适宜的发芽条件，促进种子萌动发芽，以便播种后达到迅速扎根、出苗的效果。

（3）生物因素处理　生产上采用细菌肥料拌种，可增加土壤有益微生物，把土壤和空气中植物不能直接利用的元素变成植物可吸收利用的养料，以促进植物的生长发育。常用的菌肥有根瘤菌剂、固氮菌剂、磷细菌剂和抗生菌剂等。如豆科植物决明、望江南等，用根瘤菌剂拌种后，一般可增产15%以上。

2. 播种期的确定

播种期选定的正确与否，直接关系到药材有无产量以及产量的高低、品质的优劣以及病虫危害的轻重。适期播种，不仅能满足发芽所需的各种条件，而且还能保证植物各个生育期处于最佳的生长季节。应设法避开低温、阴雨、高温、干旱、霜冻及病虫害等不利因素对生长发育的影响。播种通常以春、秋两季为多，例如一般耐寒性差、生长期短的一年生草本植物以及种子没有休眠性的木本植物宜春季晚霜后播种（如薏苡、紫苏、决明、鸡冠花、半枝莲、凤仙花、荆芥等）；而耐寒性较差、生长期较长或有休眠性的药用植物应秋播（如珊瑚菜等）；二年生和多数种皮坚硬且厚或大、中粒种子（如水飞蓟、牛蒡、红花、山茱萸、桃、胡桃等）宜在酷暑过后秋凉时播种；木本植物一般宜春播，但硬粒种子（如乌梅、厚朴、酸枣等）以冬播为好；种子微小和生命力短（如细辛、板蓝根、十大功劳、白英等），宜随采随播。

总之，应根据植物的生物学特性和当地的气候条件而定，春播在不致晚霜危害的前提下，播种期宜早不宜迟；秋播则不宜过早，早播种子发芽早，出土快，易遭冻害，但最迟在土壤封冻前播完。做到不违农时，适时播种，尤其在引种过程中更应注意。

3. 播种方式

大多数种子可直播于大田，但有的种子苗期需要特殊管理或生育期很长，宜先育苗，然后移植大田，如地黄、人参、泽泻、杜仲、穿心莲等。具体播种方法上可分为点播（穴播）、条播和撒播。一般苗床以撒播、条播为好，大田直播以点播或条播为宜。

4. 播种深度

播种深浅和覆土厚薄与种子大小及其生物学特性、土壤状况、气候条件等多种因素有关。播种深度可参考以下原则。

① 种子大的可适当深播，反之宜浅播。

② 在质地疏松的土壤，可适当深播，黏重板结的土壤则要浅播。

③ 气候寒冷、气温变化大、多风干燥的地区，要稍深播，反之则应浅播。

④ 极小粒种子可用筛子将锯末或细沙作为覆土筛入畦面，也可将种子混入覆土中直接筛入畦中。

⑤ 干旱季节宜深播，多雨湿润时宜浅播。

⑥ 难发芽的种子宜深播，易发芽种子宜浅播。

⑦ 催芽籽宜浅播，反之宜深播。

⑧ 大粒种子宜深播，细小种子宜浅播。

⑨ 同样大小种子，单子叶宜深播，双子叶宜浅播。

⑩ 种子播后盖草的宜浅播，否则应深播。

播种时的土壤墒情对出苗影响极大，如果土壤过干应提前灌溉或坐水播种，在无灌溉条件时应雨后再播，播种后要覆盖。

一般覆土厚度为种子直径的2～3倍。

5. 播种密度和播种量

播种量指单位面积上播种时所需的种子或种栽的棵数。应根据播种方式、种植密度、种子千粒重、发芽率等情况而定。一般种植密度大、千粒重高而发芽率低、净度差的种子，播种量大些，否则可少些。

二、移栽技术

移栽是木本药用植物栽培常采用的方法。有些草本植物也常用移栽的方法进行药材生产。移栽时主要包括以下几步。

1. 栽植期的确定

苗木的栽植期应根据各地的气候、土壤、药用植物特性等因素来确定。一般喜冷凉的药用植物，在地面以下10cm的土层温度达到5～10℃时可行定植；喜温热的类型则不低于10～15℃；多年生的草本植物多在进入休眠期或春季萌动前移栽。木本药用植物多在落叶后和春季萌动前栽植；常绿的木本药用植物多在秋季栽植或在新梢停止生长时栽植。在生长季节移植幼苗时，最好选择阴雨天进行，也可选在清晨或傍晚。

2. 栽植密度的确定

合理密度是增产的重要措施之一，栽植密度要根据植物种类、生物学特性、当地气候、土壤肥力和管理水平而定，以达到合理密植的要求。合理的密度具有保墒、抑制杂草生长、改变田间小气候、减轻风霜危害等作用。

3. 栽植方法

按苗木根系状况可分为裸根苗和带土苗两种栽植方法。在灌溉条件方便时，有些对水分要求较高的种类可采用坐水栽植。

三、幼苗管理

种子播后至幼苗出土前，切忌大水漫灌，若土壤干燥，可在傍晚前小水灌溉或喷灌，防止土壤板结。幼苗大部分出土后，有覆盖物的，应及时揭去，以防灼伤幼苗或使幼苗黄化。当幼苗长至3～4片叶时应及时间苗、定苗及栽植。

对于不需要移栽的留床苗，如果出苗后密度过大，应及时间苗，除去过密、长势弱或有病虫害的幼苗。间苗工作应视具体情况分一次或多次进行，宜早不宜迟，最后进行定苗。由于气候条件或病虫害的影响常常造成缺苗，因此在间苗的同时，还应及时把缺苗、死亡或过稀的地方补栽齐全。

基本技术三　药用植物田间管理技术

田间管理是种植中草药获得丰产的有力保证，俗话说“三分种七分管”，说明田间管理的极端重要性。

一、间苗、定苗、补苗

用种子繁殖的中草药，为了防止缺苗，播种量往往较大。为避免幼苗拥挤、遮阴、争夺养分，要拔除一部分幼苗，选留壮苗，使之保持一定的营养面积，这叫间苗。间苗宜早不宜迟。避免幼苗过密生长纤弱，发生倒伏和死亡。

间苗的次数可根据中草药种类而定，播种小粒种子，间苗次数可多些。为防止缺苗，可间苗2～3次后才定苗。播种大粒种子间苗次数可少些，如决明、薏苡等间苗1～2次即可定苗。点播如怀牛膝每穴先留2～3株幼苗，待苗稍大后再进行2次间苗、定苗，每穴留苗1株。

直播或育苗移栽都可能造成缺苗断垄，为保全苗，可选阴雨天挖苗移栽或带土移栽，并进行补苗。应使用同龄幼苗或植株大小一致的苗。

二、中耕、除草、培土与追肥

1. 中耕、除草、培土

疏松土壤的作业称“中耕”。中耕的同时杂草也被消灭。中耕除草是栽培中草药经常性的重要的田间管理工作，它可消灭杂草、减少养分消耗；防止病虫的滋生和蔓延；疏松土壤，流通空气，加强保墒；早春时节还可提高地温等。

中耕除草一般在封行前，宜土壤湿度不大时进行。中耕的深度要看地下部生长情况而定。根群分布于土壤表层的，中耕宜浅；根群深，中耕可适当深些。中耕的次数根据气候、土壤和植物生长情况而定。苗期植株小，杂草易滋生，常灌溉或雨水多，土壤易板结，应勤中耕除草，待植株枝繁叶茂后，中耕除草次数宜少，以免损伤植株。此外，天气干旱或土质黏重板结，应多中耕；雨后或灌水后为避免土壤板结需待土壤稍干后再进行操作为好。

有些药用植物应结合中耕除草进行培土。培土能保护植物越冬过夏（如辽细辛）；避免根部外露（如地黄、玉竹等）；防止倒伏，保护芽苞（如玄参），促进生根（如半夏）；防止根部向上生长（如太白贝母）。对于某些药用植物培土后，在适当时期还要刨土亮蔸，以抑制芽苞的生长，促进根部长大（如黄连、大黄等）。

培土的时间视不同植物而定。一、二年生植物在生长中后期进行，宿根性多年生草本和木本植物一般在入冬前结合越冬防冻进行。培土方式则依种植方式和密度而定，条播及行距较大和株距较小的点播植物，宜培成土埂（垄），株距较大的点播及木本植物则宜培成堆，对行株距均小的植物，将土壅于植株空隙间即可。

2. 追肥

追肥以速效性肥料，且在非雨天施用为好，为了及时而充分地满足植物在生长发育过程中对养分的需要，必须在其生长发育的不同时期分期、分批施用。多年生植物常于返青、分基现青、开花等不同时期施用。以种子和果实为产品的中草药，在蕾期、花期追肥为好；根、根茎、鳞茎类作药的中草药，在地下部膨大期追肥能获高产。一年中收获多次的药用植物应在每次收获后及时追肥。追肥时应注意肥料的种类、浓度和用量，以免引起肥害造成植株徒长和肥料流失。

三、灌溉与排水

水分是中草药生长发育的重要条件之一，水分不足，植物萎蔫，轻则减产，重则死亡；水分过多，茎叶徒长，延迟成熟，甚至使根系窒息而死，故排灌是种植中草药不可忽视的关键环节。

1. 灌溉的一般原则

灌溉需要根据不同中草药的习性区别对待，如甘草、麻黄等性喜干旱应少浇水；泽泻、莲等水生植物则不能缺水。通常一年生中草药从播种到开花，需水量不断增加，开花盛期后需水量开始减少。一般药用植物苗期宜勤灌、浅灌，生长盛期应定期灌透水。花期对水分要求较严，过多常引起落花，过少则影响受精；果期在不造成落果的情况下，可适当偏湿；接近成熟期应停止灌水。夏季灌水，为减少土温与水温的差异，宜在早晚进行。盐碱成分过高和有害废水不能用于灌溉。

2. 灌溉方法

有沟灌、畦灌、淹灌、喷灌、滴灌、渗灌、皮管浇灌等，目前采用较多的是畦灌和沟灌。有条件的地方，应向喷灌和滴灌方向发展，用最少的水量获得最高的产量。

3. 排涝

雨季来临前要挖好排水沟，地下水位高、土壤潮湿，田间有积水时，应及时排出，以免烂根，甚至造成病害蔓延。

4. 微灌技术的应用研究

当今世界淡水资源日益减少，我国是水资源较贫乏的国家，相当于世界人均水量的1/4，如何节约用水，改进灌溉，发展节水栽培，是一个重要课题。

微灌是20世纪80年代才发展起来的灌水新技术，包括微型喷灌、滴灌等，它们的共同特点是能准确地控制水量，要求的工作压力比较低，灌水流量小，省水、节能，土壤不易板结，灌水时间间隔短，使作物经常保持较适土壤环境以保证高产。由于其优点突出，所以近年来全世界的微灌发展迅速。国家已把发展水利、科技兴农作为重点来抓，为此，选择经济效益较高的西洋参、人参、延胡索等重要药用植物为代表进微灌技术的系统研究，以使我国中草药栽培技术向现代化迈进一步，从 1983 年起，经多年努力，主要取得了以下成果。

① 首次将土壤湿度计应用于西洋参、人参、延胡索等重要中草药的水分研究上，并获得成功。用土壤湿度计测定药用植物土壤湿度及控制灌溉，解决了传统的取土烘干法测水既费工又不及时，还破坏药苗的问题。灌溉方式、灌水指标、需水规律、灌溉制度等研究，都得力于这一技术的应用。

② 西洋参微型喷灌与皮管浇灌的比较试验结果表明，微型喷灌比皮管浇灌可增产 24%，只需用增产的 9.5%就可收回设备投资。

人参的滴灌比皮管浇灌可增产 24.2%，只需用增产的 6.2%就可收回滴灌投资。延胡索采用滴灌可比浇灌增产 40%。板蓝根种子产量，滴灌比畦面漫灌增产 34.3%。

③ 西洋参、人参对土壤湿度反应的比较研究表明，两种参对土壤湿度的反应是基本一致的，在土壤相对含水率 80%范围内，两种作物的产量都随土壤湿度的增大而提高，当土壤相对湿度达 86%时，对人参已表现不利，而对西洋参却无不利的影响，说明西洋参比人参耐湿性强。

④ 在不同土壤湿度条件下种植人参、西洋参、延胡索、板蓝根等药用植物，经多次比较，找出了适宜它们生长的土壤湿度及其指示灌水的负压值控制指标是：采用微型喷灌，人参、西洋参为 21.3kPa；采用滴灌，人参、延胡索为 26.7kPa；板蓝根种子为 30.7kPa，上述指标，既为药用植物的科学灌溉获高产提供了依据，又为它们的微灌自动化提供了重要的自控参数。

⑤ 选择经济适用的微喷系统。开始进行微灌试验时使用一种小铜折射喷头，安装于 2.7cm（外径）的镀锌管上，这种系统经久耐用，稳定可靠；但是成本高，一次性投资大，使推广受经济条件限制。为此，在调查研究基础上精心选择、设计和安装了 5 种类型的微喷系统进行应用比较，结果有 4 种各具特色的系统可供不同条件使用，使成本由原来的每 $1hm^2$ 投资需 31550 元分别降为 18210 元、12240 元、6210 元和 5970 元，为推广应用创造了条件。总之，通过多年来对几种重要药用植物在水分及微灌方面的系统研究使药用植物栽培在水分的科学管理上向现代化迈出了可喜的一步。

四、整枝、打顶与摘蕾

1. 整枝

整枝（整形）是通过修剪来控制植物生长的一种管理措施。通过整枝修剪可以培养骨干枝，形成良好的结构；可以改善通风透光条件，加强同化作用；可以减少病虫危害；可以调节养分和水分的运转，减少养分的无益消耗，提高植物体各部分的生理活性；还可以恢复老龄植物的旺盛生活力。修枝主要用于以果实入药的木本植物，但有的草本药用植物也要进行修枝。如栝楼，主蔓开花结果迟，侧蔓开花结果早，所以要摘除主蔓而留侧蔓。不同的药用植物及同一种药用植物的不同年龄，对修枝的要求亦不同。一般对以树皮入药的木本植物应培养直立粗壮的主干，剪除下部过早的分枝；以果实、种子入药的木本植物可适当控制树体高度，注意调整各级主侧枝，促进开花结实。对幼龄树一般宜轻剪，以培育一定的株形，促使早期丰产。对于有些灌木类，如枸杞、玫瑰等幼树则宜重剪。对于成年树的修剪多用疏删或短截，以维持树势健壮和各部分之间的相对平衡，使每年都能抽生强壮充实的营养枝和结果能力强的结果枝。修枝的时间南方一般在冬、夏两季，北方在春、夏、秋三季均可进行，但以秋季为主。秋、冬季修剪主要是修剪主、侧枝和病虫、枯、萎、纤弱及徒长枝等；夏季修剪主要是抹掉赘芽、摘梢、摘心等。修剪时还应考虑综合利用，如安徽将杜仲修剪的时间安排在早春芽快萌动之前进行，剪下的枝条可作插条用，其成活率可达70%以上。修根只在草本植物中采用，如四川的附子、浙江的芍药等。附子修根主要除去过多的侧生块根，使留下的块根生长肥大以利加工；芍药修根主要是除去侧根，保证主根生长肥大，达到增产的目的。

2. 打顶与摘蕾

打顶与摘蕾可使植物各器官布局更合理，有利于药材优质高产的调控措施。

(1) 打顶　摘去顶芽，是破坏顶端优势，抑制主茎生长，促使侧芽发育。如菊花适时摘除顶芽可促进侧枝生长，增加花朵，提高产量；薄荷在分株繁殖时，由于生长慢，植株较稀，去掉顶芽，侧枝很快生长能提早封行，附子适时打顶并不断除去侧芽可抑制地上部生长，促进地下块根膨大，提高附子产量。打顶宜早不宜迟，应选晴天进行，以利伤口愈合。

(2) 摘蕾　植物为了繁殖后代，总是把养分优先供应生殖器官。摘除花蕾抑制了生殖生长，转而促进营养器官的生长凡是不以种子果实作药或不采籽的中草药都可摘蕾提高产量。已报道摘蕾增产的中草药有白术、桔梗、人参、黄连、三七等十几种。

此外，关于化学除花已有报道。例如用乙烯利 1000mg/L 于桔梗盛花期喷施可增产 45%。

五、覆盖、遮阴与支架

1. 覆盖

利用树叶、稻草、土杂肥、厩肥、谷糠、土壤等撒铺在地面上，叫覆盖。覆盖可以防止土壤水分过度蒸发及杂草的滋生，使表上层不易板结，增加土壤内的养分，有利于药用植物的生长。

(1) 生长期覆盖　有些中草药在播种后，由于种子发芽慢、时间长；或因种子细小覆土较薄，土面容易干燥而影响出苗，在这种情况下需要进行覆盖，如党参。有些植物在生长期也需要覆盖，如西洋参、人参、三七等。在北京农田栽培西洋参的试验结果表明，盖草比对照提高产量45%以上。提高皂苷含量10.6%，提高土壤含水率4.7%～7.2%，夏季降低土温2℃。

(2) 休眠期覆盖　有许多中草药，在冬季易发生冻害，需要覆盖越冬。种植人参、西洋参在秋季畦面盖草覆土等，既能保温又能保护安全越冬。

(3) 防霜与防寒　多年生或一年生草本药用植物由于生长期较长，往往到霜期尚未成熟，这时应根据当地气候条件，采取不同的防霜、防寒措施，如熏烟、灌溉、覆盖、培埋、设置风障以及冬季堆雪等。在北方引种、试种南方药用植物时，在越冬前更应注意做好防寒工作。此外，还可以采取选择耐寒品种、适当提早播种期及移栽期、及时摘心、整枝等措施。使植物提早成熟，在霜冻前收获。

地膜覆盖对于干旱冷凉地区的保墒，提高地温，提早出苗，使苗全苗壮，提高产量效果显著，已在华北、东北地区广泛应用。

2. 遮阴与支架

(1) 搭设荫棚　对于阴性中草药如人参、三七、黄连等和苗期喜阴的中草药如肉桂、广藿香等。为避免高温和强光危害，需要搭棚遮阴。由于不同的药用植物种类以及不同的发育时期对光的要求不一，必须根据不同种类和生长发育时期，对棚内透光度进行合理调节。至于荫棚的高度、方向则应根据地形、气候和药用植物生长习性而定。荫棚的材料应就地取材，做到经济耐用。

(2) 搭设支架　藤本中草药一般不能直立，但具有缠绕、攀缘特性，栽培时需搭支架，一般草质藤本植株较小，架设支柱即可，木质藤本植株大，生长期长，宜搭设棚架。

基本技术四　药用植物的引种驯化

一、优良种质资源的选择

药用植物绝大部分野生于山野沟豁的林间、灌丛及草坡之中。随着医疗保健事业的迅速发展，需要有计划地保护野生资源，变野生为家栽，进行大量的人工栽培，以满足日益增长的社会需要。引种驯化已发展为药用植物资源培育工作的一项重要内容。

种质资源的质量是保证药材生产成败的重要条件。选择优良的种质资源是引种驯化的首要任务。种质资源的种类包括本地品种资源、异地品种资源、野生植物资源、人工培育种质资源。种质资源的选定需要进行以下 3 项工作。

1. 资料搜集和整理

根据引种的目标搜集可引种资源的详细技术资料，包括可能引种的种类和品种的分布、生物学特性、生态学特性、栽培技术以及经济产量等。对上述资料进行全面分析，提出拟引种名录。

2. 实地考察

对拟引种类进行实地考察，现场分析引种的可行性和可能性，及其引种成功后可能的效益。

考察可分栽培品种资源考察和野生资源考察两种，其中后者较为复杂，考察的过程可分 4 个阶段。

(1) 准备阶段　首先要成立统一的领导机构，组织考察队，确定考察任务，制订工作计划。其次是各种资料的准备，查阅、收集有关的气候、地质、土壤条件和植物分布等资料。最后是考察过程中需要的工具、仪器及生活保健品的准备。

(2) 普查阶段　在较大范围内，清查不同生态环境的各种野生植物种类、分布及数量。深入到群众中去，了解药用的习惯和历史，为进一步调查打下基础，注意寻找与资料记载有差距的新资源线索。

(3) 详查阶段　在普查的基础上，对稀有珍贵的物种、具有特殊性状的物种以及新种新线索等做进一步调查研究，反复核实，细致分析。

(4) 总结阶段　对自然环境条件、野生植物资源的种类、数量和分布，除文字叙述外，还要有标本图表等。对新品种，具有特殊性状的或经济价值高的野生植物要单独进行详细介绍。提出考察意见，重点是哪些种类应开发利用，哪些应严加保护或应尽快引种驯化等。

3. 确定引进种类计划

对所有收集到的资料进行整理，对比引种区与原产地的条件，并根据引种目标确定引进名录。为此，必须进行以下工作。

(1) 了解所引种类的生物学和生态学特性　每个种在其历史进化过程中，都形成了适于其自身生存发展的特性。因此了解和掌握其生物学特性以及它在生长发育不同阶段对生态环境的要求，了解它对各种生态因子的反应，是保证引种、试种成功的重要条件。以往有的地区引种时，由于对生态学特性不够注意，曾有不少经验教训。如辽宁引种北五味子时，开始进行露天直播，出现不出苗和出苗后死亡的问题。后来，掌握了五味子喜阴湿、小苗需有荫蔽条件的生态学特性和种子发芽的特点，改进了育苗方法，从而获得成功。有些是高山上生长的植物，如云木香等，在原产地区可以露天生长，但是由于植物长期在冷凉、多雾、空气湿润的环境中生活，引种到较干燥、炎热的北京地区，多不能露天生长，需给以一定荫蔽条件才能正常生长。

（2）了解所引种类的自然分布情况　一般自然分布区较广的种类适应性都比较强。如南沙参、苦参、薄荷等，这些种类在相互引种、由野生变家栽时具有较大成功的可能性。而自然分布区较窄的一些种，特别是某些对温度条件要求比较苛刻的种，对引种地区的要求具有较大的局限性。有些种类虽然水平分布范围较广，而垂直分布范围较窄且有明显的分布界限，可适宜引种的范围也较小。由于各地的药材种类繁多，名称混乱，常有同物异名或同名异物等情况。因而要详细调查拟引进的种类，鉴定核实，搞清所栽品种确系所用药材种类。另外，应尽量引用当地常用野生药材种类，这样容易引种成功，可以做到就地引种就地使用。

二、引种驯化的原则

1. 按照药用植物的分布区域以及生态条件引种

我国幅员广阔，地大物博，跨越热带、亚热带、温带、寒温带不同气候区域，每一气候区域都分布有丰富的药用植物资源，这些植物通过大自然的淘汰与选择，生存者已适应于当地的土壤、气候等生态环境，进行代代繁衍生息，形成不同品种优势的植物群落。中药材质量的好坏，主要根据有效成分和有害物质含量的多少去进行评价。有害物质（农药残留与重金属含量等）超标，多由环境条件选择和人工种植方法不当所致，可以控制；有效成分的形成和积累与生长区域的土壤、温度、光照、水分、肥料等环境条件有直接关系，在适宜的条件下有效成分含量高，药材质量好，有的被称为道地药材；如果改变生态环境去种植，有些药用植物则不能生存，有些植物即使能够生存，其产量和质量也会发生变化。如把四川产的川贝母引到东北长白山区种植，鳞茎会受到冻害，不能越冬，必须实行大棚、温室等保护地栽培，但产量低、产品质量差，成本费用高，除育种和保存种质资源外，无生产价值。再如将东北长白山产的人参引到海南地区种植，无低温条件，不能完成种子上胚轴和更新芽低温休眠过程，翌年不能出苗。过去所提倡的南药北移、北药南引是不科学的。引种药用植物要在野生分布区域内进行，按照野生环境条件种植，才能够获得成功，保证产量与质量，达到道地药材标准。

2. 按照药用植物的生态类型及生育规律引种

我国药用植物品种繁多，每种植物在长期的生长发育过程中，选择了自身所需的土壤、水分、温度、光照等环境条件，构成了不同的生态类型。按照不同的生态条件，大体上分为旱生植物、湿生植物、水生植物、阳性植物、阴性植物、中性植物、耐碱植物等不同生态类型。引种每种类型的药用植物，必须首先对它所需的生态条件进行了解和掌握，与引种区域的生态条件加以比较，引种区域的环境条件与原产地相符后方可引种。有了适宜的环境条件，还要了解和掌握所引品种的生长发育规律，如种子特性、从种子萌发出苗至开花结果的生育规律、育苗期和移栽后每一生育阶段的田间管理技术等。只有掌握其生长发育规律，才能满足在生长发育过程中所需的生态条件，保证所引药用植物正常生长，达到引种之目的。

3. 引种优良品种

我国是中药生产大国，对中药材的应用和人工栽培有悠久的历史，特别是进入20世纪60年代以来，一些大宗药材和常用药材大部分靠人工栽培产品供给市场需求。在药用植物引种过程中，要选择适合于本地区栽培的优良品种，如贝母药材，人们在生产中筛选出川贝母、浙贝母、伊贝母等优良品种，其中川贝母在国外久负盛名，用量较大，价格较高，一直成为紧缺药材。但不是全国各地都能种川贝母，它有一定的种植区域，四川、云南、青海、甘肃、西藏等省、自治区为川贝母主产地，这些地方生产出来的川贝母质量好，为道地药材；东北地区应选择平贝母品种；西北地区应选择伊贝母品种；浙江、湖北、湖南、江苏等省应选择浙贝母品种。

同一品种中的不同类型在同一省区内也有它的区域性，如人参品种中的“大马牙”类型适宜于吉林白山地区的长白朝鲜族自治县、抚松县、靖宇县种植，该地区土质肥沃、雨量充沛，适宜该品种生长；“二马牙”适宜于吉林省的通化市、柳河县、辉南县、汪清县、安图县、敦化市、蛟河市、桦甸市、磐石市等地种植，这些市、县土壤质地、空气、温度、湿度、降水量等环境条件适中，适宜于“二马牙”生长；“圆膀圆芦”类型适宜于吉林省的集安市民种植，该地区土壤质地不如上述地区肥沃，降水量较少，无霜期较长，选择“圆膀圆芦”类型，经过2次整形种植，培育出来的“鞭条参”产品驰名中外。相反，把“圆膀圆芦”类型人参引到长白县种植，则培育不出来“鞭条参”产品，因长白县土壤疏松肥沃，生长出来的人参主根短，支根多。土壤湿度大，2次整形后被剪掉须根部位的伤口易感染腐烂，保苗率低。因此，要根据本地区生态条件，选择适宜的优良药用植物品种进行种植。

4. 按照原植物名称进行引种

引种药用植物首先要确定品种，要按照原植物的名称引种，不能按照药材名称引种，因为植物名称是确定每种植物的标志，指的是单一品种；药材名称是一种或多种药材的统称，同一药材名称包括多种植物来源种，每种植物的生态条件和生长发育规律都有所不同，如药材川贝母，包括暗紫贝母、甘肃贝母、川贝母、梭砂贝母及其他一些品种贝母的地下干燥鳞茎，统称为川贝母。细辛、龙胆、甘草等一些药材也是由多个植物来源种构成。因此，在引种过程中首先要确定其品种，再按照其品种种植地的生态条件与所要引种的生态条件作对照，在相似或相近的情况下可以引种，不要笼统地按照药材名称或别名盲目引种。

5. 按照市场发展规律引种

近年来随着我国农村和林业产业结构的调整，一些地区积极种植药用植物，为发展农村和林区经济增添了新的生机和活力。但是，有很多农民对中药材市场的发展规律掌握不准，对大宗常用药用植物野生资源、蕴藏量、人工种植面积、年产量及国内外需求量等方面的信息不了解，因此致使一些农民盲目种植，致使原料药材市场积压滞销，不仅造成很大的经济损失，同时也极大地影响了药农种植药用植物的积极性。为避免和减少这类现象的发生，选准种植品种，迎合市场需求的做法有以下4个方面：一是在选定品种前，通过网络或查阅资料了解该品种的野生资源蕴藏量、全国人工种植面积、年产量、国内外年需求量，一般规律是选择求大于供差额较大的品种；二是正确掌握和运用中药材市场价格变化规律，中药材多数为多年生植物，从播种种子到采收药材产品需要3～5年时间，因此多年生植物药材，按照市场价格高、中、低的变化规律为4～6年1个周期，特殊品种和药食兼用品种除外，1～2年生药材市场价格变化周期相对短些或无规律性，对生态条件要求较强和生长发育速度缓慢的品种，稳定价格持续时间长些，如野山参、川贝母等；三是建立原料药材生产基地，按制药企业要求品种实行订单种植；四是实行规范化种植，生产出绿色中药材是今后中药材生产的发展方向。

三、引种的基本方法

药用植物品种繁多，繁殖器官多样，如种子、种苗、鳞茎、块根、茎、枝条等。每种繁殖材料都有自己的质量标准，在引种过程中掌握好每项标准，方能选购到优良种子。由于每种繁殖器官的生理特性不同，对所要求的运输、贮藏条件也不一样。因此，要根据每种繁殖材料的生育特性，在引种过程中进行妥善的运输与贮藏，保证繁殖器官的良好性状。

（一）种子的选购、运输与贮藏

1. 购种时期

由于药用植物品种不同，种子成熟期也不相同，一般分为春末、夏季、秋季3个季节，以秋季成熟的种子为多。引种之前要掌握所要引种药用植物种子的成熟期，一般以种子成熟后适时购种为宜。适时购种能够为种子发芽率检测、种子处理提供时间保障。不要等到春季播种前急于购种，难以保证种子质量。

2. 品种的选择

选准引种品种后，要对其种子形态特征有所了解和掌握，以免在引种时出现差错。大批量引种，应于种子采收前到售种单位的种源基地实地考查，了解培育的品种和纯度，做到心中有数。除了注重区分同属不同种间的种子外，还要注意同科不同属间种子易混问题，因为同科植物的种子形态都非常相近，所说的种子掺假现象，多数是使用同科不同属植物的种子。如百合科百合的种子与百合科伊犁贝母的种子，从形态、种皮颜色及种子大小都非常相似，很容易掺假。又如有的将伞形科茴香的种子掺到同科不同属植物防风种子中出售，不注意观察很难区分。因此，在引种时要做好品种的选择，避免出现差错，造成时间和经济等方面不应有的损失。

3. 质量的选择

引种时要做好种子质量的选择，主要注意以下几个方面：一是做好新、陈之分，新种子一般都有光泽，手摸有光滑感，用牙咬种子破碎时发脆，要选择当年采收的新种子；二是看其种子成熟度好坏，用手从大堆种子中随意取样，数出瘪粒种子和不饱满的种子，计算占取样的百分数，确定种子的成熟度；三是看种子的纯净度，用手取样称重，挑选出杂物再称重，计算杂物占样重的百分率，确定种子的纯净度。大批量购种，最好随机取样到检疫部门进行检疫，防止病菌及线虫卵等病虫害的传播。

4. 运输与贮藏

运输种子的车辆要清洁无污染，在运输过程中避免种子伤热，尤其对细辛等种子的长途运输要混拌细沙等基质。贮藏方法分为干藏和湿藏。

（1）干藏　种子干燥后装于布袋、纸袋或纸箱中，有条件的放于1～5℃条件下贮藏，没有低温条件的放于通风干燥的仓房内即可，仓房内冬季可达到低温贮藏效果，但要做好防鼠工作。有些种子不宜在室温下贮藏，低温可打破休眠，如龙胆等。

（2）湿藏　有些药用植物种子不耐干燥贮藏，干后丧失发芽率，则适宜随采随播，如细辛、重楼、酸橙、土叶树、罗汉松、类叶牡丹、升麻、天葵、毛当归、天南星、明党参、贝母、杜仲、五味子等。对于随采随播的种子，引种后应及时播种，不能及时播种的种子必须进行湿沙贮藏，先高温后低温，则能完成形态后熟和生理后熟。

（二）种苗的选购、运输与贮藏

1. 种苗的引种时间

引种种苗可分为秋季和春季。秋季一般于9月中下旬至10月上旬；春季于4月上中旬，春季引种的种苗多数是带有茎叶的种苗。

2. 种苗的选择

种苗是利用种子或地上茎扦插培育出的幼苗。有地下根和地上茎；草本种苗于秋季或早春出土前采挖，只具有根和萌发芽，出土后采挖侧根、茎、叶俱备。木本种苗应选择根系发达，地上茎高、茎粗符合本品种规定标准。如二年生枸杞种苗，1级苗高70cm以上，根颈粗0.8cm以上；2级苗高60cm以上，根颈粗0.6～0.8cm。草本种苗秋季引种，应选择根系发达、健壮无病、芽苞完整肥大而新鲜的1～2级种苗；春季出苗后引种，应选择根系发达、茎叶肥大、生长旺盛的1～2级种苗。

3. 种苗的运输与贮藏

异地引种、长途运输要本着随采挖、随运输、随移植的原则，在采挖过程中不宜长时间集中堆放，以免须根和芽苞伤热。要用木箱或硬纸箱包装，装箱时芽苞朝里，根部面向箱壁，有条件的地方可用青苔作隔离层和充填物，避免运输途中损伤芽苞。运输途中避开高温天气，以免种苗伤热腐烂。到达目的地后马上开箱放风降温，并挖浅槽假植暂存，移栽时随取随栽。春季引种带茎叶种苗应就地育苗就近移植，不宜异地长途运输，否则降低成活率。

（三）种鳞茎、块茎、块根的选购、运输与贮藏

1. 种鳞茎、块茎、块根的引种时期

有些药用植物以地下鳞茎、块茎和块根等作繁殖材料，如平贝母、天麻、天南星、薯蓣（山药）等。根的采收时间也不相同。如平贝母于6月上旬采收，天麻、薯蓣于10月上中旬采收，一般于采收季节进行引种。

2. 种鳞茎、块茎、块根的选择

引种种鳞茎、块茎、块根类的药用植物，除选择色泽新鲜、无病斑、无破损的鳞茎、块茎、块根以外，种鳞茎、块茎、块根的大小与生长速度和产量有很大关系。过大，不仅生长缓慢，增重率低，而且种栽投入量大，生产成本高；过小，虽然用种量少，可降低生产成本，但是生长年限长，增加农药、肥料、架材等材料费和管理用工费。例如引种平贝母种鳞茎，选择直径为0.8～1.2cm的比较适宜。引种天麻块茎，应选择大白麻（11～20g）和中白麻（6～10g）作种栽较适宜。

3. 种鳞茎、块茎、块根的运输与贮藏

鳞茎、块茎块根类繁殖器官，都含有较高的水分、淀粉、糖类等，异地引种长途运输应做好包装，最好选择木箱、硬纸箱等硬包装物，避免在运输过程中相互挤压，擦破表皮和潜伏芽，运输途中避开高温天气，以免引起鳞茎呼吸作用加强而产生高温伤热，到达目的地后及时开箱通风降温，并做好贮藏工作。鳞茎、块茎、块根类药用植物由于品种不同和种植区域不同，种鳞茎、块茎、块根的贮藏时间和贮藏方法亦不相同。如鳞茎类药用植物平贝母以东北地区种植为主，6月上中旬起收后将直径1.2cm以上的大鳞茎挑选出来加工商品药材，1.1cm以下的种鳞茎按大、中、小分为3级作为种栽移栽，原则是随起收随分级随移栽。如大量引种不能在短时期移栽完毕，需用通风、干燥、阴凉的仓房或室内短时间贮藏。其方法是先在室内地上铺一薄层湿润细土，然后铺放一层贝母鳞茎，厚10cm左右，贝母上面再铺放一层湿润细土，依此类推，堆放总厚度为60～80cm，上面盖土保湿。移栽时随取随栽，必须在8月上旬移栽完毕，否则影响更新芽和新根的生长发育。块茎类药用植物如天麻，北方箱栽于10月上旬采收，需将挑选好的麻种窖藏越冬，于翌年春季4月份移栽。贮藏方法是先准备好木箱或竹筐、河沙、锯末和深度为2m左右的贮藏窖，10月下旬至11月上旬先将贮藏窖清理干净，随后用硫黄熏蒸1～2h，开窖盖放烟，待硫黄烟雾散发后麻种可装箱入窖。装箱的方法是：取河沙3份，锯末1份，按3∶1的比例将河沙与锯末混拌均匀，先在箱底或筐底铺放一层沙与锯末的混合料，铺平后放一层麻种，麻种上面铺放一层混合料后再放一层麻种，直至接近箱或筐的顶部，再覆盖锯末加沙3～5cm。窖内温度控制在3～4℃，要保持窖内温度恒定，有利于麻种的休眠，同时也要防止鼠害。块根类药用植物如薯蓣，在9～10月份收获时，选择颈短、粗壮、无分枝和无病虫害的薯蓣，将上端有芽的一节切下（长15～20cm）作种栽，贮藏越冬。南方切下种栽后放室内通风处晾6～7天；北方放室外晾4～5天，使表面水分蒸发，断面愈合，然后放入地窖内（北方）或干燥的屋角（南方），一层种栽一层稍湿润的河沙，为2～3层，上面盖草防冻保温。北方窖深以冬季不冻为宜，窖温或室温保持在0～10℃之间。贮藏期间经常检查温、湿度变化情况，河沙过干过湿应及时调节；温度低于0℃易冻坏芽头，高于10℃易萌动发芽，甚至腐烂。贮藏至翌年春季取出栽种。

（四）种根茎的选购、运输和贮藏

有些药用植物地下根茎横向走生，繁殖力很强，靠根状茎上的分芽形成自然群落。这些植物多数是由种子和根茎两种方式繁殖，但种子繁殖生长年限长，生产中多采用根茎繁殖。

如穿龙薯蓣、玉竹、知母、黄精等。

1. 根茎的引种时期

根茎的引种时期分为春季和秋季，春季于3月下旬至4月上旬，更新芽萌动前采挖移栽；秋季于8月下旬至9月中旬，生产上多以秋季引种为宜。

2. 种根茎的选择

生产用种根茎的来源有种子育苗和采挖野生2种途径。如选购穿龙薯蓣种子育苗根茎，选择1～2级种根茎，长8～12cm，直径0.8～1cm，无破损，无病虫害；购野生根茎作种，选择新采挖的当年生长的或1年生长的鲜嫩部位，这一部分长势壮，更新芽多，成活率高；生长多年的老根茎部位更新芽少，移栽后生长势弱，成活率低，不宜作种根茎使用，可加工入药。

3. 种根茎的运输与贮藏

种根茎多选择当年生长的鲜嫩部位，根茎的表皮层较薄，异地引种长途运输应做好包装，最好用软质填充物填充隔离，避免在运输途中颠簸摩擦破坏表皮和更新芽。种根茎应随采挖随挑选随移栽，大批量引种可短时间保鲜存放，但要注意伤热腐烂和受冻害。

（五）枝条繁殖材料的采集、运输与贮藏

有些木本药用植物采用枝条扦插、嫁接繁殖。如银杏、木槿等。

1. 采集时期

硬枝扦插，于秋季落叶后，选取已成熟、节间短而粗壮，无病虫害的1～2年生枝条；软枝扦插，于夏季选择由当年春季生长的健壮、节间短、无病虫害、呈半木质化的。

2. 枝条的运输与贮藏

采用枝条繁殖最好就地取材就近扦插，确需从外地引种，在采集后做好包装保湿，防止枝条皮层干枯。在运输过程中注意不要擦破枝条表皮。软枝插穗即随采随扦插，不需长期贮藏；硬枝插穗多贮藏于窖内，用半干半湿的细沙或木屑将其包埋，温度控制在0～5℃，在初冬插于温室苗床或翌年春转暖时插于露地。

（六）药用真菌菌种的选择、分离、培养与保藏

1. 菌种的分离培养

药用真菌是中药材的重要组成部分。菌类药材主要靠菌种、菌核作繁殖材料进行繁殖。菌种的分离培养方法可分为3种，即组织分离培养、孢子分离培养和寄主分离培养。应用较多的是组织分离培养。组织分离常用的菌材为子实体菌。

（1）子实体培养菌种　如灵芝菌种的培养，首先挑选生长健壮、形态正常、无病虫危害的灵芝子实体，经过无菌室、接种室和培养室，在无杂菌条件下进行组织分离培养而成的第一代菌丝称为母种（或称为1级种），由母种进一步扩大繁殖而成为原种（也称为2级种），再由原种进一步扩大培养而成为栽培种（也称3级种）。3级菌种可作为生产用种。

（2）菌核培养菌种　如猪苓菌种的培养，挑选新鲜、健壮饱满、中等偏小、长5～10cm的成熟猪苓菌核，要求菌核外皮完整、黑亮、无杂色斑点，具一定弹性，切面质地均匀、白色。菌核挑选后进行组织分离和培养，经培养15天后，菌丝一般可长满整个或大部分培养基的表面。此时，应及时将生长在培养基上的气生菌丝和基内菌丝块进行移植驯化，逐渐适应人工培养条件后存入冰箱中备用。

2. 菌核繁殖材料的选择

（1）菌核繁殖　有些药用真菌除用菌种繁殖外，尚可用菌核进行无性繁殖。如猪苓在采挖菌核时，可选择表面粗糙、凸凹不平、多小瘤状物的鲜猪苓作繁殖材料。这样的小猪苓生活力强，出芽快。

(2) 种芽繁殖　在猪苓的黑色菌核的外皮上，常长出一小点绿色或雪白色的点状物，这个芽状部分被称为种芽，可以用来作繁殖材料。

3. 菌种的保藏

在药用真菌引种过程中，无论是自己分离培养的菌种，还是从外地购买的栽培菌种，如不能在生产中及时接种栽培，就必须妥善保藏。常用的菌种保藏方法有斜面菌种保藏法、自然基质保藏法、液体石蜡保藏法、沙土保藏法、真空干燥保藏法、液氮超低温保藏法等。在这些保藏法中，斜面菌种保藏法是最简便、最普通的保藏方法。具体做法是：将菌种在适宜的斜面培养基上培养成熟后，移入4～6℃的冰箱中保藏，每隔2～3个月转管1次。为了防止保藏过程中培养基中水分的蒸发，可将棉塞齐管口剪平，用石蜡封口，也可用橡皮塞代替棉塞，这样可以延长保藏时间。在农村无电冰箱条件，用无菌橡皮塞代替棉塞后，再用石蜡封口，然后装在密闭的广口瓶中，悬在井中保藏。

选用菌核作繁殖材料，若不能及时栽种时，可用消过毒的湿沙低温保藏，防止菌核失水干燥，丧失生活力。

四、引种驯化成功的标准

药用植物引种驯化成功与否可用以下标准来衡量：

① 与原产地比较，植株不需要采取特殊保护措施便能正常生长发育，并获得一定产量；

② 没有降低药效成分和含量以及医疗效果；

③ 能够以常规可行的繁殖方式进行正常生产；

④ 引种后有一定的经济效益和社会效益。

小知识："天然药库"——长白山

长白山是我国五大天然药库之一。野生经济植物达1460余种，其中药用植物800多种。主要药用植物有：人参、草苁蓉、木灵芝、红景天、平贝母、五味子、天麻、细辛等。

【本章小结】

药用植物栽培的种子泛指所有的播种材料。种子播前处理方法包括晒种、浸种、机械损伤种皮、层积处理、药剂处理、射线处理、超声波处理、生长激素处理等措施，要针对不同的药用植物种子采用正确的处理方法。播种的主要方式有撒播、条播、点播，繁殖的方法还有分离繁殖和扦插繁殖、压条繁殖等。田间管理包括间苗、定苗、补苗，中耕、除草、追肥，灌溉、排水，植株调整以及覆盖、遮阴、搭架等技术。引种时要掌握引种的原则和方法，尽量引用优良的道地品种。

【复习思考题】

1. 药用植物种子的含义是什么？
2. 种子播前如何处理？
3. 打破种子休眠的方法有哪些？
4. 药用植物繁殖有哪些方法？
5. 药用植物引种、驯化的原则有哪些？
6. 药用植物播种深度与哪些因素有关？

栽培技术篇

模块三　根及根茎类药用植物栽培技术

【学习目标】

了解主要根与根茎类药用植物的生物学特性和栽培特点，掌握人参、三七、山药、地黄、知母、牛膝、丹参、当归、白芷、黄连、黄芪、甘草、桔梗、乌头（附子）等根与根茎类药用植物的高产、优质栽培技术。

人　参

人参 *Panax ginseng* C. A. Mey. 为五加科多年生宿根性草本植物，干燥的根供药用。生药称人参。人工栽培者为园参，野生者为山参，园参经晒干或烘干称生晒参，蒸制后干燥称红参；山参经晒干称生晒山参。有大补元气、补脾益肺、生津固脱、安神等功能，可调节人体生理功能的平衡，用于体虚欲脱、气短喘促、自汗肢冷、精神倦怠、久咳、津亏口渴、失眠多梦、惊悸健忘、阳痿、尿频及一切气血津液不足的证候。人参是一种名贵的滋补强壮药物，《神农本草经》记载有“补五脏，安精神，定魂魄、止惊悸，除邪气，明目，开心益智，久服轻身延年”的功效。现代医学证明，人参及其制品能加强新陈代谢，调节生理机能，在恢复身体健康及保持体质方面有明显的作用，对治疗心血管疾病、胃和肝脏疾病、糖尿病、不同类型的神经衰弱症等均有较好疗效，有耐低温、耐高温、耐缺氧、抗疲劳、抗衰老等作用。

人参的主要产区是东北三省，其中吉林人参产量高，质量好，畅销国内外。近年山东、山西、北京、河北、湖北、云南、四川、甘肃等地已引种成功。目前，人参生产实施中药材质量管理规范（GAP），使人参药材的质量和产品品质显著提高，人参生产实现规范化、产业化，提高了人参产品在国际中药市场上的地位。

一、种类

目前栽培的人参按茎色、果色分，有紫茎绿叶红果种、紫茎黄叶红果种、青茎黄果种、青茎红果种4个类型。紫茎绿叶红果种，茎紫色，复叶柄下部紫色，果红色，目前国内外栽培的均属此种类型。青茎黄果种，茎及复叶柄均为绿色，果实黄色，数量较少，目前我国已繁育出一定数量。在红果类型中又分出青茎红果和紫茎黄叶红果两个品系，前者青茎，茎色与黄果种相同，但果实仍为红色；后者叶片色发黄，茎色、果色与紫茎红果相同，此两种类型更少，正在分离繁育之中。

二、形态特征

人参植株形态见图3-1。

1. 根

直根系，主根肥大，肉质，黄白色，圆柱形或纺锤形，下部有分枝。根由芽苞、根茎、艼、主根、支根、须根和根毛组成，须根细长，长有多数疣状物，俗称“珍珠疙瘩”。根茎俗称“芦头”，长度随参龄逐年增加，每年增生一节。

2. 茎

茎高 30～60cm，直立，圆柱形，不分枝，光滑无毛，绿色或带紫色。

3. 叶

掌状复叶，具长柄，3～6 枚轮生于茎顶；小叶 3～5 片，中央一片最大，椭圆形或长椭圆形，长 4～15cm，宽 2～6cm，叶端长渐尖，基部楔形，叶缘具细锯齿，叶脉上有少数刚毛，下面无毛，有小叶柄，最外一对侧生小叶较小，无柄。

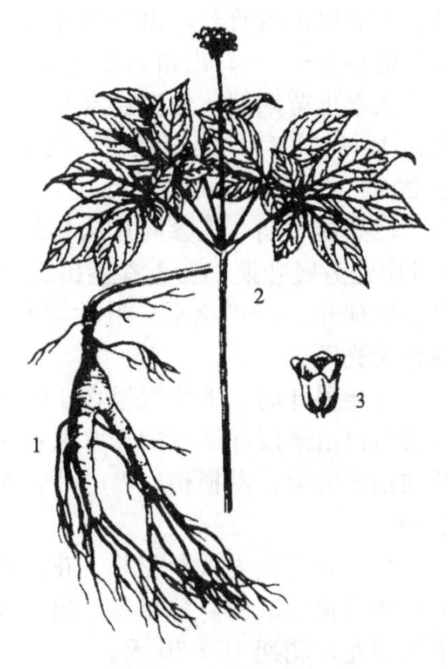

图 3-1 人参植株形态
1—根；2—茎叶；3—花
（仿杨继祥等《药用植物栽培学》，2004）

4. 花

伞形花序，单个顶生，总花梗长达 20～30cm，稍比茎细，上面着生 10 朵至几十朵淡黄绿色小花，小花梗长约 5mm；苞片小，条状披针形；花萼钟状，5 裂，绿色；花瓣 5 片，先端尖，卵形，淡黄绿色；雄蕊 5 枚，花丝短，雌蕊 1 枚，柱头 2 裂，子房下位，2 室。3～4 年开始开花结果。

5. 果实

浆果状核果，肾形或扁球形，直径 5～9mm，成熟时鲜红色。果实由绿变紫，再变成浅红、鲜红约 2 个月，内含种子 2 粒。

6. 种子

扁圆形，乳白色，具坚硬的外表皮，种脐明显。内种皮薄，膜状，内有胚乳种子，胚小，包在胚乳里。种子长 4.8～7.2mm，宽 3.9～5.0mm，厚 2.1～3.4mm。胚长 0.3～0.4mm，宽约 0.25mm。自然结果种子千粒重 26～28g。

三、生物学特性

（一）生长特性

1. 生长发育

人参从播种出苗到开花结实需要 3 年时间，此后年年开花结实。在人参的生长发育过程中，1～9 年低龄阶段，地上植株形态随年龄的增长变化很大。7 年以后，茎叶形态相对稳定，9 年以后，植株高度、花果数目和大小也相对稳定。1 年生植株，茎和叶柄无明显界限，只有一枚由 3 片小叶组成的复叶，俗称“三花”；2 年生植株，茎与叶柄分界明显，茎顶叶柄上着生 1 枚 5 出的掌状复叶，俗称“巴掌”；3 年生植株，茎顶对生 2 枚掌状复叶，称“二甲子”；4 年生植株，茎顶轮生 3 枚掌状复叶和一个伞形花序，俗称“灯台子”；5 年生植株，茎顶轮生 4 枚掌状复叶和一个伞形花序，俗称“四批叶”；6 年生植株，茎顶轮生 4 枚或 5 枚掌状复叶和一个伞状花序，其中 5 枚掌状复叶居多，俗称“五批叶”；7 年生以上的人参，茎顶轮生 5～7 枚掌状复叶，其中以 6 枚复叶居多，俗称“六批叶”，以后不再增加。

2. 生育期

人参生育时期出现的早晚和长短与地理位置、气候变化以及栽培条件密切相关。人参每年从出苗到枯萎可以分为出苗期、展叶期、开花期、结果期、果后参根生长期、枯萎休眠期 6 个阶段，全生育期 120～180 天。

（1）出苗期　通过后熟的种子与越冬芽，遇到适宜条件就开始萌动出苗。人参出苗靠胚乳和贮藏根供给营养，由于营养充足，只要温湿度合适，便迅速生长。人参从萌动到长出地面约需要 5～7 天，出苗后 10～15 天便可长到正常株高的 2/3。

人参出苗期间，地温稳定在 5℃时，开始萌动；地温为 8℃左右时，开始出苗；地温稳定在 10～15℃时，出苗最快。气温低于 10℃，出苗缓慢，已出土的参苗也不展叶；气温高于 30℃，出苗慢，出苗率低。

（2）展叶期　人参叶片从卷曲褶皱状态，逐渐展开呈平展状态的过程称展叶。东北参区 5 月中旬为展叶期。在人参茎出土后逐渐开始伸直的同时，叶片也开始展开。先是皱缩叶片呈条状伸开，4～7 天后，叶片展平，直至叶面上皱纹消失，最后由深绿色有光泽转变成黄绿色无光泽。

开始展叶时，平均气温在 14～18℃，相对湿度 80%～90%时，展叶可持续 10～15 天。人参从出苗至展叶结束的需水量占年生育期总需水量的 20.25%，如遇干旱，茎叶矮小。展叶初期遇大风，易损伤人参叶片。东北产区春旱较重，及时灌水是保证优质高产的重要措施之一。

（3）开花期　人参花萼、花瓣由闭合状态渐渐开放，露出花即为开花。人参的花芽是在上一年分化形成的，每年春季出苗展叶后，发育成完整的花序。在东北产区，6 月上旬至中下旬开花，花期 15～20 天。

人参开花时，气温多在 13～24℃，开花数目约占总数的 86.8%，其中以 15～22℃时开花最多，约占总数的 63.4%。温度低于 12℃或高于 27℃人参不开花。开花期相对湿度多在 35%～99%之间，低于 35%不开花。一般晴天气温高时，小花开得快、数目多，阴雨天，气温低时，小花开得慢而少。

（4）结果期　人参小花开放后 3～4 天凋萎，凋萎时花瓣、花萼脱落，子房明显膨大。果实在初期生长较快，10～15 天就可长到接近成熟时 2/3 大小。人参是浆果状核果，成熟前为绿色，近于成熟时为紫色，成熟时为绛红色，果期 50～60 天。东北产区多在 6 月下旬至 7 月上旬。

结果期平均气温在 20～25℃，空气相对湿度 80%～90%。在此期间如果温度低、湿度大、光照不足，人参易感病。如果温度高（35℃以上）、光照强、湿度小，则果实灌浆不佳，子实不饱满，成熟期滞后。强光易使果实、果柄日灼，形成“吊干籽”。

（5）果后参根生长期　人参果实成熟前，茎叶制造的有机物质优先供给果实的生长，导致参根和芽苞生长速度不快。果实成熟后，茎叶制造的有机物质主要运送到地下贮藏器官。因此，果后参根生长期是人参根增重的重要时期。东北产区参根生长多在 8 月上旬开始，到 9 月下旬为止，持续 40～50 天。

人参进入参根生长期时，平均气温为 20～22℃，以后逐渐降低，当平均气温低于 8℃以下时，人参进入枯萎期。此时期营养、水分充足与否，对参根产量影响很大，此阶段人参需水量占全生育期需水量的 26.4%。营养水分充足，参根生长快；参根长期遇到干旱，会导致参根增重率下降，参根小，并且质地不坚实。

（6）枯萎休眠期　秋末气温逐渐降低，当平均气温降到 10℃以下后，人参光合作用微弱，气温再继续下降时会出现早霜，人参便停止光合作用。此时地上茎叶中的物质继续传送给地下器官，直到枯黄为止。参根进入枯萎期后，根内积累的淀粉等物质开始转化为糖类，准备越冬。枯萎时间越久，转化的糖类越多，此时起收加工，出货率低。当参根冻结后，人参进入冬眠阶段。

3. 人参根的生长特性

人参根的生长大致可分为旺盛生长期、正常生长期和衰老期。1～4 参龄为旺盛生长期，根增长的特点是：2 参龄为 1 参龄的 3～4 倍；3 参龄为 2 参龄的 2 倍；4 参龄为 3 参龄的 1

倍。旺盛生长期主要是根的纵向生长。5～8 参龄为正常生长期，根增长的特点是：5～6 参龄增长率为 4 参龄的 90%～95%；7～8 参龄增长率为 5～6 参龄的 30%～20%。9 龄以上为衰退期，每年只增长 10%左右。从以上参根生长速度来看，人参采收年限多在 6 年前后为宜。

4. 人参种子的特性

人参种子属于胚构造发育不完全类型，新采收种子的胚很小，仅由少数胚原细胞组成，胚呈半月形或锁形，位于胚乳腔中。通常人参种子必须经过后熟过程，才能发芽出苗。后熟过程可分为胚的形态后熟和胚的生理后熟两个阶段。

(1) 胚的形态后熟阶段　又叫形态休眠或胚后熟。胚原细胞在适当的水、温度及氧气条件下，逐渐分化、增大，胚长 1.0～1.3mm 时，种子开始裂口；胚长 3.0～4.5mm 时，分化出具有子叶、胚芽、胚轴和胚根的胚，此时形态后熟阶段基本完成。人参种子完成形态后熟后，即使遇到适宜的发芽条件也不能发芽，必须在低温条件下通过生理后熟阶段。

(2) 胚的生理后熟阶段　在自然条件下，完成形态后熟的人参种子，在 0～10℃条件下，60～70 天才能通过生理后熟。种子后熟过程具有严格的顺序性，前期完不成，后期便不能进行。由于各地低温期的条件不一，人参胚的生理后熟阶段长短也不一样，一般种子结冻前温度低的地方生理后熟时间短，反之则长。完成后熟的种子，一般胚长达 5.0～5.5mm，胚率（胚率＝胚长÷胚乳长×100%）达 100%时，在适宜的条件下，种子才能发芽出苗。

(3) 种胚发育缓慢的原因　人参种子的休眠期比一般的种子长，自然条件下，需要10～22 个月，人工处理种子一般也需要 5～6 个月才能打破休眠。经研究发现种胚发育缓慢的原因主要是：第一，人参种子的休眠属于综合休眠。后熟过程中，一方面需要健全胚的生长发育——形态后熟，另一方面还要满足发芽前的生理准备——生理后熟，前者需要温暖的温度条件，而后者需要 0℃以上的低温条件。第二，胚在生长发育过程中，酶化系统活性弱。有的学者指出，种胚在形态后熟过程中，吸水前未检出过氧化物酶；吸水后，种胚周围有少量过氧化物酶，整个后熟过程中酶的活性比一般植物种子也弱。第三，含有抑制种胚发育的物质，经研究证实，抑制种胚生长发育的物质存在果肉、内果皮和胚乳中。

（二）对环境条件的要求

人参为多年生、长日照、阴性草本植物，生长在海拔 200～900m 的以红松为主的真阔混交林或杂木林中，常在阴坡或半阴坡生长，对环境条件要求较严格。

1. 温度

人参喜凉爽、耐严寒。适宜生长的温度范围是 10～34℃，最适温度 20～25℃，最低可耐受－40℃的低温，年积温 2800℃以上。

2. 湿度

人参喜湿润、怕干旱。适宜的空气相对湿度为 80%左右，土壤湿度 35%～50%（相对含水量 80%左右）。土壤水分要适当，排水良好，旱涝不均或骤然变化容易引起参烂。

3. 光照

人参喜弱光、散射光和斜射光，怕强光和直射光。因此栽培人参需要遮阴管理，选择阳口（即荫棚高檐的朝向）以东北阳、北阳为好，俗称露水阳。但如果遮阴过大，光照过弱，容易造成人参生育不良。

4. 土壤

要求土层深厚，富含腐殖质渗透性强的沙质壤土为宜，适宜微酸性土壤（pH 值 5.8～6.3），碱性土壤不宜栽种。

5. 肥料

人参生长除需要大量元素氮、磷、钾外，还需要微量元素如钙、镁、铁、硼、锰、锌、铜等。人参需钾量较多，钾除了促进人参根、茎、叶的生长和抗病、抗倒伏外，还能促进人参淀粉和糖的积累；人参吸收氮总量的60%用于根的生长和物质积累，40%用于茎叶生长；吸收磷约为氮的1/4，钾的1/6，磷能增强人参的抗旱、抗病能力，促进种子发育。

四、栽培技术

（一）播种

1. 选地整地

选背风向阳、日照时间长、排水良好、土质疏松肥沃的沙质壤土；坡向北或东北，坡度在15°～30°。地势较高、排水良好的平地也可栽植。土壤以表层质地疏松，心土层紧密，底土层为沙砾，微酸性的黄沙土、紫沙土最好。

选地后，在有条件地区可先用柴草、作物秸秆等进行烧地熏土，消灭病虫害，熟化土壤，增加肥力。耕翻土地由浅入深反复4～5次以上，春、夏、秋三季都可进行。施肥主要采用绿肥或腐熟的厩肥、堆肥等，结合翻耕每亩施入5%辛硫磷1kg或50%退菌特3kg对土壤进行消毒处理。

人参忌直射光，坡地畦一般采用东北阳，又称“早阳”、“露水阳”，即上午9～10时前畦内就受到阳光的照射。农田作畦坡度小，一般选择东南阳。

作畦时间：夏播的于7～8月份；秋播和春播的于9～10月份。畦宽1.2m，畦高30cm左右，畦间距1～1.2m，畦长根据地形而定，略呈龟背形，以利排水，同时要挖好排水沟和出水口。

2. 选种和种子处理

人参是种子繁殖植物，种子质量好坏对生产影响很大，在生产实际中发现培育大苗是争取优质高产的主要措施之一，而选育良种和选用大籽又是培育大苗的必备条件。

人参人工栽培历史悠久，经过参农的长期人工选择和自然选择形成一些“农家品种”，如大马牙、二马牙、长脖、圆膀圆芦等，大马牙生长快，产量高，平均根重是长脖类型的6倍多，但是根形差；二马牙次之；长脖和圆膀圆芦根形好，但生长缓慢，产量低。

在生产中选茎秆粗壮、无病虫的4年生、5年生留种采种，因为3年生种子粒小，而且采种量不多，育苗质量太差，6年生、7年生种子虽好，种粒大，但正值采收加工期，留种以后影响母根生育。

由于人参种胚发育缓慢，种子后熟期长，在生产中为了加快种胚发育，缩短后熟期，常常对种子进行处理，又称催芽或发籽。产区一般用层积法处理种子，即选择地势高燥、背风向阳、排水良好的场地，将高40～60cm、宽90～100cm、长度根据种子多少而定的木框安置于地上，框底铺20cm厚的石子，其上铺10cm厚的细沙，种子经筛选、水选后，用清水浸泡24h，浸种后捞出稍晾干（以种子和沙土混拌不黏为度），然后向种子中加入2倍量（以体积计算）的调好湿度的混合土，混匀后装床。装床前先在床底铺垫5cm左右的过筛细沙，铺垫后装种子，厚度20cm左右，装后耧平，其上覆10cm厚的过筛细沙，床上扣盖铁纱网防鼠害。框外围填土踏实，盖上席帘或架设荫棚，以防温度过高。8～9月份，经常检查，温度控制在15～20℃。土壤水分保持在10%～15%。经60～80天种子裂口时，即可播种。如次春播种，可将炸口种子与细沙混合装入罐内，或埋于室外，置冷凉干燥处贮藏。播种前将种子放入冷水中浸泡2天左右，待充分吸水后播种。

3. 播种

可分为春播、夏播（伏播）、秋播。产区多行伏播和秋播。春播在4月中、下旬，多数播种冷冻贮存后的催芽籽［把水籽（从果实搓洗出来的种子）或干籽经人工催芽，完成形态后熟的种子]，播后当年春季就出苗。夏播亦称伏播，采用的是干籽（指将水籽自然风干后的种子），一般要求在 6 月下旬前播完。天气暖和，生育期长的地方（播种后高于 15℃的天数不少于 80 天），可延迟到 7 月中旬或下旬。秋播多在 10 月中、下旬进行，播种当年催芽完成形态后熟的种子，播后第二年春季出苗。

播种方法有条播、撒播和点播 3 种，传统播种都是撒播，目前普及等距点播。条播的行距 6～7cm，每行播 50～60 粒种子。撒播在厢上用手将种子均匀撒下，薄覆细土，轻压，使种子与土壤密接，然后覆盖一层稻草。点播的行株距各 5cm，可用木制点播器。每穴播 1～2 粒种子。播后覆土 5～6cm，畦面用秸秆或草覆盖，以防畦面干燥或水土流失。

4. 移栽

目前多用“二三制”（育苗 2 年移栽 3 年）、“二四制”（育苗 2 年移栽 4 年）和“三三制”（育苗 3 年移栽 3 年）。

（1）移栽时期　人参有春栽和秋栽之别，现多采用秋栽，秋栽一般在 10 月中旬地上茎叶枯黄时进行，至地表结冻前为止。秋季栽参严防过早或过晚，过早移栽，栽后易烂芽苞，一般以栽后床土冷凉，渐渐结冻为佳。秋栽过晚，参根易受冻害。春栽一般在 4 月份参根生长层土壤解冻后进行移栽。

（2）参株的选择及消毒　目前参区多选 2 年生、3 年生参苗，根乳白色，健壮，须芦完整，芽苞肥大，浆液饱满，无病虫害，对从病区收获而选出的参苗应进行消毒处理。一般用 65%代森锰锌可湿性粉剂 100 倍液，浸渍 10min；或用 400 倍液喷洒参栽，以防治病害。

（3）栽植密度　合理密植是获得优质高产的必要条件之一。一般行距不宜过小，过于密植时茎叶之间相互遮光，影响光合作用，减少干物质的积累，同时也不利于参根对水肥的吸收。生产上移栽密度应根据移栽年限和参苗等级而定。年限长、栽子大的行株距要大些，反之则小些。一般栽植密度为行距 20～30cm，株距 8～10cm（“二四制”）。

（4）栽植方法　农田栽参多采用“摆参法”，即在做好的畦上开槽，按规定的行株距，以畦的横向，将参苗的芦头朝上 30°～40°顺次摆开，随摆随盖土、搂平以防位置移动。覆土深度，应根据参苗的大小和土质情况而定。土质沙性大，阳坡易旱地，覆土要厚些；反之应薄些。秋栽后，畦面上应用秸秆或干草等覆盖，保湿防寒，厚 10～15cm。冻害严重的地区，在覆盖物上还要加盖 10～12cm 防寒土。

（二）田间管理

1. 搭设荫棚

人参属于阴性植物，整个生长发育期间需要适宜的水分但不能被伏雨淋渍，需要一定强度的光照但怕强日照暴晒。所以出苗后应立即搭设荫棚。棚架高低视参龄大小而定。一般 1～3 年生，前檐高 100～110cm，后檐高 66～70cm；3 年生以上，前檐高 120～130cm，后檐高 100～110cm。每边立柱间距 170～200cm，前后相对，上绑搭架杆，以便上帘（用芦苇、谷草、苫房草等编帘宽 180cm、厚 3cm、长 400cm 以上）。帘上摆架条，用麻绳、铁丝等把帘子固定在架上。参床上下两头也要用帘子挡住，以免边行人参被强光晒死。特别是夏季阳光强烈，高温多雨，是人参最易发病的季节。为防止盛夏参床温度过高和帘子漏雨烂参，要加盖一层帘子，即上双层帘。8 月份后，雨水减少，可将帘撤去。否则秋后参床地温低，土壤干燥，影响人参生长。

2. 松土除草

松土能使床土疏松，调节水分，提高地温，消灭杂草，清除杂物，促进参根生长。一般 4 月上、中旬，芽苞开始向上生长时，及时撤除覆盖物，并耙松表土，耧平畦面。参苗出土后，5 月中、下旬进行第一次松土除草，以提高地温，促进幼苗生长。第二次松土除草在 6

月中、下旬。以后每隔20天进行一次。全年共进行4～5次松土除草。松土除草时切勿碰伤根部和芽苞，以防缺苗。育苗地因无一定的行株距，松土除草一般可在出苗接近畦面时松松表土，待小苗长出后，见草就拔，做到畦面无杂草。

3. 摘蕾疏花

人参是以根入药为主的药用植物，3年以后年年开花结实。由于花果生长消耗大量营养，从而影响参根的产量和品质，所以，在参业生产中，除留种地块外，都要摘除花蕾。5月中、下旬，花蕾抽出时，对不留种的参株应及时摘除花蕾，使养分集中，从而提高人参的产量和质量。

疏花是培育大籽的重要措施之一，五年生人参留种时，把花序上花蕾疏掉1/3或1/2，可使种子千粒重由23g左右提高到30～35g。疏花在6月上旬把花序中间的1/3到1/2摘掉即可。

4. 水肥管理

不同参龄和不同发育阶段的人参，对水分的要求和反应是不同的。如四年生以下人参因根浅，多喜湿润土壤；而高龄人参对水分要求减少，水分过多时，易发生烂根。因此要根据产地人参具体情况控制水分，做好防旱排涝。

人参在生长发育过程中需要不断吸收各种营养元素来保证良好的生长发育，在施足基肥的基础上，需要合理地补给人参生长发育所欠缺的营养元素种类和数量。产区根侧追肥多在5月下旬至6月初，结合第一次松土开沟施入。一般参地每1m^{2}施150g豆饼粉，或100g豆饼粉加50g炒熟并粉碎的芝麻或苏子。6月下旬或7月初进行根外追肥，追施人参叶面肥。

5. 越冬防寒

人参耐寒性强，但是晚秋和早春，气温在0℃上下剧烈变动，即一冻一化时，常使参根出现“缓阳冻”，因此在10月中、下旬植株黄枯时，将地上部分割掉，烧毁或深埋，以便消灭越冬病原。同时要在畦面上盖防寒土，即先在畦面上盖一层秸秆，上面覆土8～10cm以防寒。第二年春季撤防寒土时，应从秸秆处撤土，以免伤根。

（三）病虫害及防治

1. 立枯病

（1）危害　主要发生在出苗展叶期。由丝核菌侵染罹病，在低温多湿条件下易发生，发病盛期为5～6月份。土壤黏重、排水不良的低洼地发病更严重。1～3年生人参发病重，受害参苗在土表下干湿土交界的茎部呈褐色环状缢缩，幼苗折倒死亡。

（2）防治方法

① 播种前每亩用50%多菌灵3kg处理土壤。

② 发病初期用50%多菌灵1000倍液浇灌病区，浇灌后参叶用清水淋洗。

③ 发现病株立即清除烧毁，病穴用5%石灰乳等消毒。

④ 加强田间管理，保持苗床通风，避免土壤湿度过大。

2. 黑斑病

（1）危害　主要为害叶片，也可为害茎、花梗、果实等部位。在高温高湿条件下侵染致病，发病盛期为6～8月份。叶片上出现黄褐色至黑褐色的近圆形或不规则形病斑。茎上病斑呈黄褐色椭圆形，向上下扩展，中间凹陷变黑，上生黑色霉层，致使茎秆倒伏。果实受害时，表面产生褐色斑点，逐渐干瘪成“吊干籽”。潮湿时病斑上生出的黑色霉层，为病原菌的分生孢子梗和分生孢子。

（2）防治方法

① 建立种子田，选留无病种子。播种前用50%代森锰锌1000倍液浸泡24h，或按种子

质量0.3%～0.5%拌种。

② 秋季清除病残体。早春用稀释100倍的硫酸铜溶液对参畦、作业道及参棚进行全面消毒。

③ 选择地势高、排水性好的地块栽参，床面最好用落叶覆盖，采光要合理。夏季要采取防雨和避强光措施。

④ 人参出苗展叶初期开始喷药防治，可选用50%代森锰锌600倍液或1∶1∶120波尔多液等药剂视病情喷5～8次（7～10天/次），每次大雨后需补喷。

3. 疫病

（1）危害　7～8月份雨季时发生。为害根部及茎叶。叶片呈暗绿色不规则形水浸状病斑，病健交界不明显。茎上出现暗色长条斑，很快腐烂，使茎软化倒伏。根部发病呈水浸状黄褐色软腐，内部组织呈黄褐色花纹，根皮易剥离，并附有白色菌丝黏着的土块，具特殊的腥臭味。

（2）防治方法

① 发现中心病株及时拔除，并移出田外烧掉，用生石灰粉封闭病穴。

② 加强田间管理，保持合理密度，注意松土除草。

③ 严防参棚漏雨，注意排水和通风透光。双透棚栽参，床面必须覆盖落叶。

④ 雨季开始前喷施1次1∶1∶160波尔多液，以后每7～10天喷药1次，可选用50%代森锰锌600倍液、40%乙磷铝300倍液、25%甲霜灵600倍液、58%瑞毒霉锰锌500倍液，视病情喷3～5次。

4. 炭疽病

（1）危害　6～7月份发生，主要为害叶片，也为害茎、花和果实。发病初期叶片上出现暗绿色小圆形或近圆形病斑，逐渐扩大变为褐色，中央黄白色，边缘清楚，有时边缘红褐色，中央淡褐色，并有同心轮纹，上生有黑色小点，干燥时易破碎穿孔，多雨时易腐烂，危害严重的病叶，斑点多而密集，叶片常连叶柄从植株上脱落。

（2）防治方法

① 在春秋两季清洁田园，将病株及病叶集中烧掉，减少越冬初侵染源。

② 选用无病种子，或播种前用75%百菌清500倍液浸种20min对种子进行消毒，用清水洗净后播种。

③ 早春撤去防寒土后，用硫酸铜150倍液或50%多菌灵200倍液进行床面消毒。

（3）参苗展叶后选择50%多菌灵600倍液、65%代森锰锌500倍液、1∶1∶160波尔多液或50%甲基硫菌灵500倍液等药剂交替喷雾。

5. 锈腐病

（1）危害　全年都能发生，6～7月份为发病盛期。主要危害人参的根部，病斑初期为黄白色小点，逐渐扩大融合，呈不规则形的铁锈样黄褐色病斑，边缘稍隆起，中央微陷，病健交界明显，严重时使人参根部腐烂，不能药用或没有产量。参根感病后，地上部表现植株矮小，叶片不展，叶片上出现红褐色或黄褐色斑点，以致全部变红枯萎死亡。

（2）防治方法

① 精细整地做床，清除树根等杂物。

② 精选无病参苗，并用多抗霉素200mg/kg浸喷参根后移植。实行2年制移栽。改秋栽为春栽。注意防旱排涝，保持稳定的土壤湿度。

③ 栽前用多菌灵、速克灵、硫菌灵等药剂进行土壤消毒。

6. 菌核病

（1）危害　5～6月份发生，秋后亦有蔓延。主要为害3年生以上参根，也可为害茎基部和芦头。病部初生水浸状黄褐色斑块，上有白色棉絮状菌丝体，后期组织呈灰褐色软腐，烂根表面及根茎部均有不规则形黑色菌核。芦头受害则春季不能出苗。发病初期地上部分与健株无明显区别，后期地上部萎蔫，易从土中拔出。该病主要分部在东北局部参区，一旦发病可使整畦参根大半烂掉。

(2) 防治方法

① 参床避免选在背阴低洼处；早春注意提前松土，以提高地温、降低湿度。

② 出苗前用1%硫酸铜溶液或1∶1∶120波尔多液床面消毒；发现病株及时拔除，并用生石灰粉对病穴进行土壤消毒。

③ 发病初期用50%速克灵800倍液或40%菌核净500倍液灌根。移栽前用上述药剂处理土壤可起到预防作用。

7. 猝倒病

(1) 危害　主要为害幼苗茎基部。发病初期在近地面处幼苗茎基部出现水浸状暗色病斑，很快缢缩、软腐、倒伏，上生白色棉絮状菌丝体。严重发病，参成片倒伏死亡。

(2) 防治方法

① 床要整平、松细。肥料要充分腐熟，并撒施均匀。播种不宜过密。防止参棚漏雨。

② 发病初期拔除病苗，并及时浇灌65%代森铵500倍液，或40%乙磷铝300倍液、25%甲霜灵800倍液或64%杀毒矾500倍液。

③ 发病后用80%代森锌800～1000倍液喷雾防治。

8. 虫害

(1) 主要害虫

① 东北大黑鳃金龟：属鞘翅目金龟甲科。以幼虫为害，咬断参苗或咬食参根，造成断苗或根部空洞，为害严重。白天常可在被害株根际或附近土下9～18cm找到幼虫。

② 小地老虎：属鳞翅目夜蛾科。以幼虫为害，咬根茎处。白天可在被害株根际或附近表土下潜伏。

③ 蝼蛄：主要有非洲蝼蛄和华北蝼蛄两种。以成虫和幼虫为害，咬断幼苗并在土中掘隧道。被害苗断处常呈麻丝状。

④ 金针虫：主要有细胸金针虫和沟金针虫两种。以幼虫为害幼苗根部。

(2) 防治方法　以上4类地下害虫的防治方法基本相同。

① 施用的粪肥要充分腐熟，最好用高温堆肥。

② 灯光诱杀成虫，即在田间用黑光灯或电灯进行诱杀，灯下放置盛水的容器，内装适量的水，水中滴少许煤油即可。

③ 用75%辛硫磷乳油拌种，为种子量的0.1%。

④ 田间发生期用90%敌百虫1000倍液或75%辛硫磷乳油700倍液浇灌。

⑤ 毒饵诱杀，用50%辛硫磷乳油50g，拌炒香的麦麸5kg加适量水或配成毒饵，在傍晚于田间或畦面诱杀。

五、收获

(一) 采收

参根里皂苷含量是随着人参生长年限的增长而增加，1～2年生参根含量低，3～4年生逐渐增加，5～6年生积累增长速度最快，7年生以后，虽然根体总皂苷含量增多，但积累增长速度逐渐下降。我国人参产区多数在6年生收获参根。一般于9～10月中旬挖取，早收比晚收好。挖时防止创伤，摘去地上茎，装筐运回，并将人参根按不同品种的加工质量要求挑选分类。做到边起、边选、边加工。

（二）加工、分级

人参加工的种类，按其加工方法和产品药效可分为三大类，即红参、生晒参和糖参。

生晒类是鲜参经过洗刷、干燥而成的产品。其商品品种有生晒参（又叫光生晒）、全须生晒、白干参、白直须、白弯须、白混须、皮尾参等。

红参类是将适合加工红参的鲜参经过洗刷、蒸制、干燥而成的产品。商品上的品种有红参、全须红参、红直须、红弯须、红混须等。

糖参类是将鲜参经过洗刷、熏制、炸参、排针、浸糖干燥而成的产品。商品品种有糖棒(糖参)、全须糖参（又叫白人参）、掐皮参、糖直须、糖弯须、糖参芦等。

1. 生晒参

生晒参分下须生晒和全须生晒。下须生晒选体短，无病斑的；全须生晒应选体形好而大，须全的参。下须生晒除保留芦、体和主体粗细匀称的支根的中上部外，其余的艼、须全部下掉。全须生晒则不下须，可用线绳捆住须根防止参根晒干后须根折断。下须后洗净泥土。先晒1天后放熏箱中用硫黄熏10～12h，取出晒干或用40～50℃的文火烘干即可。

主根圆柱形，有芦头、艼帽，表皮土灰或土褐色，有横纹，皱细且深，质充实，根内呈白色，大小支头不分，无杂质、虫蛀和霉变者为佳。

2. 红参

选浆足不软、完整无病斑、体形较大的参根，再把体上、腿上的细须根去掉，然后洗涮干净，分别大小倒立放蒸笼里蒸2～3h，先武火后文火，至参根呈黄色半透明时停火，等冷却后取出晒半天或1天，再放入50～60℃的烤箱里烘烤，当参根发脆时取出烘参，用喷水器向参根喷水打潮，同时剪掉艼和支根的下段。反复晒烘3～5次，剪下的艼和支根捆把晒干成为红参须，主根即成红参。

红参主根圆柱形，有芦头、艼帽，质坚实，无抽皱沟纹，内外呈深红色或黄红色，有光泽，半透明，每1kg不超过160支，无须根、虫蛀和霉变者为一等品。每1kg超过160支的为二等品。

3. 糖参

将缺头少尾、根软、浆液不足的参根，同生晒参的方法下须，然后刷洗干净，放入熏箱内用硫黄熏10～12h，取出后头朝下摆入筐中，放沸水中烫15min，待参根变软、内心微硬时捞出，用冷水冷却后取出晒30min左右。将参根平放于木板上，用排针器在根体从头到尾排一遍，再用骨制顺针顺参体向芦头方向扎几针，但不要穿透。扎后参头向外，尾向内，平摆于缸内，把糖熬到挑起发亮并有丝不断，趁热倒入装好的缸内。浸10～12h出缸，摆到参盘中晾晒到不发黏时进行第2次排针灌糖，依此法灌3次，晒干即可。

糖参根内外呈黄白色，大小支头不分，无反糖、虫蛀和霉变者为佳。

小知识：人参为五加科人参属多年生宿根性双子叶植物，为“东北三宝”之一，是驰名中外的名贵药材。我国古代人参别名很多，据历代医书记载，有人衔、鬼盖、地精、神草、血参、土精、玉精、黄参、黄丝、白物、海腴雏石还丹、百尺杆、金井玉兰、孩儿参等。明清以来有人按产地命名，如紫团参、辽参等。近代通称东北产的为吉林人参。山林里自然生长的称为野山参，人工栽培的称为园参。

三 七

三七 *Panas notoginseng*（Burk.）F. H. Chen 为五加科多年生宿根性草本植物，又名参三七、汉三七、金不换、血参、田七等，以根入药。生药味甘、微苦，性温。有止血化瘀、消肿止痛的功能，治咯血、吐血、胸腹刺痛、崩漏、跌打损伤、外伤出血，是“云南白药”的主要原料。《本草纲目》云：“三七止血，散血，定痛。”《玉楸药解》云：“三七和营止血，通脉行瘀，行瘀血而敛新血。”现代研究表明，三七具有止血、活血化瘀、抗疲劳、抗衰老、耐缺氧、降血糖和提高机体免疫功能等功效。

三七主产于云南、广西、贵州、四川等省，但以云南文山壮族苗族州和广西靖西、那坡县所产的三七质量较好，为道地药材。

一、形态特征

三七植株形态见图 3-2。

1. 根

根茎粗短，称芦头，具有茎痕迹，主根粗壮肉质，倒圆锥形或纺锤形，表面棕黄色或暗褐色，直径 1～3cm，有分枝和多数支根。

2. 茎

茎直立，高 30～60cm，近圆形，绿色或紫红色，光滑无毛。

3. 叶

掌状复叶，1 年生有 1 片掌状复叶，2 年生以上有 2～6 片，对生或轮生于茎顶。叶柄细长，小叶 5～7 片，其中中间的一片较大，椭圆形或长圆披针形，沿叶脉分布有稀疏白色的刺毛，边缘有细锯齿。

图 3-2 三七植株形态

1—根；2—茎叶；3—花

（仿郭巧生《药用植物栽培学》，2004）

4. 花

伞形花序顶生，花序梗从茎顶中央抽出，长 20～30cm。花小，黄绿色；花萼 5 裂；花瓣、雄蕊皆为 6，子房下位，2 室，花柱 2。花期 7～9 月份。

5. 果实

浆果，近肾形或扁球形，熟时红色，俗称“红子”，直径约 8mm。果熟期 10～12 月份。

6. 种子

种子 1～3 粒居多，扁球形，黄白色。

二、生物学特性

（一）生长特性

1 年生三七不开花，从生长的第 2 年开始，每年都可以正常开花结实。三七每年有一个生长周期。通常，2 年生以上的三七在一个生长周期内有两个生长高峰：4～6 月份的营养生长高峰和 8～10 月份的生殖生长高峰。三七种子的发芽温度为 10～30℃，最佳温度为 20℃，种子的休眠期为 45～60 天，寿命为 15 天左右。

在主产区三七 2～3 月份出苗，出苗期 10～15 天，出苗状况与人参、西洋参相似。三七种苗萌发的三基点温度为：最低 10℃、最适 15℃、最高 20℃。种苗在休眠过程中需要经一段时间的低温处理才会萌发，而且对光的反应非常敏感。传统认为需要自然光照 30%才能正常生长发育，故三七荫棚有“三成透光，七成蔽荫”之说。最适合出苗的土壤含水量为 20%～25%。

三七出苗后便进入展叶期，展叶初期茎叶生长较快，通常 15～20 天株高就能达到正常株高的 2/3，其后茎叶生长速度减缓。三七的茎叶是在上年芽苞内分化形成的，随着萌发出苗一次性长出，一旦形成的芽苞或长出的茎叶受损伤，地上就无苗。

4 月下旬，茎叶生长趋于稳定，花芽开始分化，3 年生三七在 5 月中、下旬现蕾，经过 60～70 天左右的现蕾期，于 7 月下旬开花。2 年生三七的现蕾期晚于 3 年生三七 7～8 天，开花盛期也比 3 年生三七晚 10～12 天。三七开花过程中，从始花至开花盛期约需 22 天。

三七田间开花后 15 天左右便进入结果期，结果期 70 天左右，果实 11 月中、下旬成熟，果实成熟不集中，最后采收的种子可在翌年 1 月份。

三七果实成熟后（12 月中旬）便进入休眠期，每年 12 月份至翌年 1 月份为休眠期。进入休眠之前，根茎上的越冬芽已发育健全，此时芽苞内也具有翌年即将出土生长的茎叶雏体。

（二）对环境条件的要求

1. 光照

三七是阴生植物，对光照要求严格，忌直射光，需要在遮阴条件下栽培，要求搭建荫棚栽培。荫棚的透光度应随着季节和栽培地点而不同。研究表明，荫棚透光度不仅影响三七植株的正常生长发育，而且制约着如空气、土壤中温度和湿度等田间小气候因子。因此，荫棚透光度的合理调整是三七栽培中的一项关键技术。

2. 温度

三七属喜阴植物，喜欢冬暖夏凉的环境，畏严寒酷热。夏季气温不超过 35℃，冬季气温不低于－5℃，均能生长，温度在 18～25℃为生长适温。三七在生长时如遇 30℃以上高温，植株易生病，结果期遇 10℃以下低温，则影响种子饱满和成熟。

3. 水分

主要是土壤和空气中湿度，三七的根入土不深，约有半数的须根分布在 5～10cm 的土层中，人工栽培时要注意保持土壤湿度，土壤水分常年保持在 25%～30%之间。如果土壤湿度低于 20%时间过长，则会出现萎蔫或死亡。土壤湿度低于 15%，种子会丧失发芽能力。空气相对湿度要求在 75%～85%之间。

三、栽培技术

（一）播种

1. 选地整地

种栽地选地势高燥、排水良好的壤土或沙质壤土，土层深厚肥沃、富含腐殖质，土壤 pH 值 6～7，向阳的斜坡地（坡度 10°～20°）或生土二荒地，先清除或烧掉地上杂草，在秋季进行多次翻耕（深度 40cm 左右），然后犁耙 3～4 次，使土壤充分风化，在翻地的同时施入基肥，每亩施入腐熟厩肥 1500～2500kg，同时结合整地用 1kg 70%五氯硝基苯或 2%福尔马林对土壤进行消毒。然后再将地耕耙 2 次，整平耙细，拣出树根、杂草和石块等杂物，一般顺坡向作畦，畦高 20～30cm，宽 60～80cm，畦间距离 45～60cm，畦长因地形而异，一般 6m 或 10～12m，畦面做成龟背形。

2. 选种和种子处理

三七没有品种之分，选择生长健壮、无病虫害的 3 年生植株留种。选后做好标记，在现蕾到开花期，增施1次磷钾肥，培育壮苗，摘除花序外围的小花。培育至11～12月份，当大量果实成熟变红时采种，连花梗一同摘下，除去花盘和不成熟果实后即可播种。

采集2～3年生无病虫鲜红熟透的果实，在流水中揉搓，洗去果肉，漂出种子，选择子粒饱满的种子晾干水分后，用1∶1∶200波尔多液浸种10min，或用65%代森锌500倍液浸种20min，也可用大蒜汁水（大蒜汁1kg，加水10kg）浸种2h，浸种后用清水冲洗，晾干水分后与草木灰、骨粉或钙镁磷肥拌种后播种。

3. 播种

三七播种多采用穴播或条播，穴播的行株距为6cm×5cm或6cm×6cm；条播是按6cm的行距开沟，沟深2～3cm，在沟内按5～6cm株距撒种，覆土1.3～2.6cm，然后覆一层稻草（稻草切成6.6～10cm长小段，用石硫合剂消毒），以防止杂草生长和水分蒸发，又可防止荫棚漏雨打烂畦面，影响幼苗生长。

4. 移栽

播种1年后就可移植，一般于11月下旬至次年1月份移栽，在休眠芽萌动前完成，起苗前1～2天先向床面淋水，使表土湿透。然后将种苗小心挖起谨防损伤根。选苗时将好苗分级栽培，有利出苗整齐，而且便于管理。移栽时，将种苗黄叶剪去，用波尔多液或石硫合剂对种苗处理，然后用清水冲洗晾干后移栽，大、中、小分别按行株距18cm×18cm、18cm×15cm、15cm×15cm开穴，穴深3～5cm，将芽头一律朝下摆放于穴内，苗与沟底成20°～30°的角度，边栽边盖土，厚度以不露出芽头为佳；移栽时可用腐熟细碎并经过消毒的有机肥施于畦面和穴内，最后畦面盖草，厚度以不见土肥为佳。

（二）田间管理

1. 搭设荫棚及调节荫棚

三七是阴性植物，对光照要求严格，整地后搭棚，荫棚的透光度应随着季节和栽培地点而不同。搭棚一般立柱为2.3m，横、顺杆根据材料长短而定，棚高1.8～2m，棚长短根据畦向地势决定。

一般早春气温低，园内透光度可调节在60%～70%左右，4月份透光度调节到50%左右；夏季（5～9月份）园内透光度调节在45%～50%；秋分（10月份）后气温逐渐转凉，园内透光度逐渐扩大到50%～60%；到了12月份园内透光度可增加到70%。

2. 松土除草

三七是浅根性药用植物，大部根系集中在表层15cm层中，因此，不宜中耕松土。在除草时，用手握住杂草的根部，轻轻拔除，不要影响三七根系。拔除时若有三七根系裸露时，及时培土覆盖。

3. 摘蕾疏花

为了减少养分的消耗和提高根茎的产量，不留种的田块，在7月份出现花蕾时，要及时摘除整个花蕾，以便提高三七产量；疏花在三七花撒盘时，按花的大小目测，将边花修剪去1～3圈即可。

4. 水肥管理

三七喜阴湿，不耐高温和干旱，高温或干旱季节要勤灌水，畦面始终保持一定的湿度。如遇春旱或秋旱天气，要及时做好浇水工作。雨季要及时疏沟排水，同时畦面撒一层草木灰为好。

三七根入土比较浅，需肥量大，追肥要掌握“少量多次”的原则，主要用有机肥，如猪粪、牛粪、羊粪和堆肥等，堆肥要充分腐熟，可用2%福尔马林浇透，用土覆盖，使充分腐熟发酵后使用。第一次施肥在早春2月份出苗初期，在畦面每亩撒施草木灰25～50kg，共

2～3 次；展叶后期（4～5 月份）每亩追混合肥 1000kg，共 1 次，促进植株生长旺盛；6～8 月份三七进入开花结果时期，应每亩追混合肥 1000～1500kg，共 2～3 次。

5. 冬季护理

为了防止冬季冻坏芽头，霜降后，结合最后一次中耕施肥，将茎苗离畦面 0.6cm 处减掉，清除杂草、田间残叶，并打扫干净，集中到园外深埋或烧毁，用杀虫剂、杀菌剂如波尔多液或石硫合剂对畦面和沟周围进行全面消毒。

（三）病虫害及防治

1. 根腐病

（1）危害　全年均可发生，3～4 月份和 8～10 月份为两个发病高峰期。三七块根、根茎、休眠芽等地下部病害的总称。田间症状表现常有以下两种。

① 地上部初期叶色不正，叶片萎蔫，叶片发黄脱落，地下部腐烂。

② 地下根部局部根系受害，叶片向一边下垂，萎蔫，及时拔除，还可加工利用，否则整个块根腐烂。整地不细、土壤黏重、排水不良和种苗损伤、有病史都可能导致根腐病的发生。

（2）防治方法

① 选用无病健壮的种子或种苗种植。种植地最好选土壤疏松、排水良好的生荒地。

② 老病区应采用 5 年以上的轮作制，可与玉米、烟草轮作。一般三七连栽不宜超过 4 年。

③ 发病初期用 25%代森锌 500 倍液或 70%甲基硫菌灵 1500 倍液浇根，以减轻为害。

2. 立枯病和猝倒病

（1）危害　均为三七苗期的主要病害，两者症状相似，很难区别。

立枯病一般三七播种后即开始发生，发病部位在幼苗茎秆基部，通常在距土表 4～6cm 处发病。幼茎上病斑呈黄褐色凹陷状，长条形。严重时，病斑深入到幼茎内部组织，病部折断，幼苗倒伏死亡。

猝倒病一般在 3～4 月份开始发生，4～5 月份危害加重，7 月份以后病害逐渐减轻。发病初期在近地面处受害部位呈水浸状暗色病斑，茎部收缩变软倒伏死亡；湿度大时，在被害部表面常出现一层灰白色霉状物。

（2）防治方法

① 注意排水，避免苗床湿度过大，尤其是低洼易涝地要注意排水。

② 要选用无病的种子育苗，在播种前用药剂进行消毒处理。

③ 在播种前，用 70%敌克松 500 倍液或 50%多菌灵 500 倍液进行消毒处理。在幼苗出土后，加强检查，发现中心病株立即拔除。并用药剂进行处理。

④ 生育期间喷 70%敌克松 500 倍液或 70%甲基硫菌灵 500 倍液 7～10 天/次，连续 2～3 次，基本可以控制病害蔓延。

3. 黑斑病

（1）危害　三七植株的茎、叶、花、果、根均可被害，但以茎、叶、花轴受害较重。被害部初期呈椭圆形浅褐色病斑，继成黑褐色，病斑向上下扩展、凹陷，且有黑色霉状物产生，最后出现扭折死亡。在温度为 18～25℃、相对湿度 70%以上的条件有利于病菌分生孢子的萌发。

（2）防治方法

① 用代森铵或多菌灵 500 倍液浸种 0.5h，浸种苗 5～10min，可达到消毒种苗的目的。

② 一般宜选用生荒地，忌连作，尤忌与花生连作，可与非寄主作物如玉米等轮作 3 年

以上，以减少田间菌源数量。

③ 及时清除中心病株、病叶、病根与杂草，并一同烧毁作肥料用。合理密植，田间透光度应控制在25%～30%。加强水肥管理，使苗壮抗病力强。除施足基肥外，要适时追肥与浇水，注意氮、磷、钾的适当比例，多施钾肥，控制氮肥。

4. 疫病

（1）危害　于4～5月份发病，7～8月份发病严重。发病初期叶片上出现暗绿色不规则病斑，随后病斑颜色变深，患部变软，叶片似开水烫过一样，呈半透明状干枯或下垂而贴在茎秆上。茎秆发病后亦呈暗绿色水渍状，病部变软、植株倒伏死亡。

（2）防治方法

① 冬、春清除枯枝落叶集中烧毁，并喷施0.8～1.2°Bé的石硫合剂。

② 发病前用1∶1∶(200～300）波尔多液进行预防。

③ 发病后可用70%甲基硫菌灵1000倍液，40%克霉灵300～400倍液和25%瑞毒霉700～1000倍液进行防治。

5. 小地老虎

（1）危害　以老熟幼虫和蛹在土内越冬，年发生4～5代。初孵幼虫在植株叶背取食，把叶片吃成小孔、缺刻或取食叶肉留下网状表皮。3龄以后白天潜入土中，晚上出土为害。一般4月中旬至5月中旬为害严重。

（2）防治方法　人工捕捉；毒饵诱杀，早晚各1次。毒饵配方：鲜蔬菜、冷饭或蒸熟的玉米面、糖、酒、敌百虫按10∶1∶0.5∶0.3∶0.3比例混合而成。

6. 蛞蝓

（1）危害　未出苗前为害休眠芽，致使三七不能出苗。出苗后，食害幼嫩茎叶，重则幼苗被咬断吃光；三七抽薹开花时，食害花序；结果时，食害绿果及红果。一般在傍晚、夜间及早上8时前出来食害三七，阴雨天为害更为严重。白天躲在阴湿处，每年约发生3～4代，一般4月份出土为害。

（2）防治方法　在播种和三七出苗前，结合三七园冬春管理，用1∶2∶200波尔多液均匀喷洒畦土2～3次；或每亩用6%密达颗粒杀螺剂0.5～0.7kg，均匀撒施于三七园中。

四、收获

（一）采收

种植3年以上方可采收，采收每年分两期，在7～8月份采收的三七称“春三七”，其中以7月份摘蕾后采收的三七产品质量好；立冬后11～12月份采收的留种用的三七称“冬三七”。采收多选择晴天进行，将根全部挖出，抖净泥土，运回加工。起收时，要尽量减少损伤。

（二）加工、分级

将采挖的三七去掉茎叶，将根上泥土洗净，摘下须根晒干即成。其中摘下须根尾须叫“剪口”或“羊肠头”，修下支根条叫“筋条”，剪下的须干后称“三七须”。在日晒过程中，要反复揉搓，使其收缩紧实，直至全干，如遇阴天可用火炕（40～50℃）烘烤，烘至六七成时，边烘边揉搓，经3～4次反复揉搓，使其表皮光滑、体形圆整的成品。

春三七以去净粗皮，完整饱满，体坚实，色光润，断面黑绿色或黄绿色，具明显菊花纹者为佳。

冬三七以体质稍轻，外皮有皱纹拉槽，以去净粗皮，断面黑绿色或黄绿色为合格品。

小知识：三七的祛瘀作用是非常强的。传说有一屠工杀猪得一大盆猪血，因手被割伤，急取三七粉敷伤口，匆忙中把一些三七粉撒落于正在凝结的猪血里。不久，猪血尽化为血水。因此，民间鉴别三七真伪时，常用凝血块做试验，能化为血水的是真三七，否则是假三七。

山　药

山药 *Dioscorea opposita* Thunb. 为薯蓣科薯蓣属多年生缠绕草本植物，别名薯蓣、怀山药、淮山药、土薯、山薯、山芋、玉延等。以干燥块根入药，块根肉质细腻，营养丰富，含有大量淀粉、蛋白质、氨基酸、维生素、糖以及多种微量元素等。山药的块根和珠芽（中药称零余子，俗称山药蛋），具有健脾补肺、益胃补肾、固肾益精、聪耳明目、助五脏、强筋骨、定志安神、延年益寿的功效；主治脾胃虚弱、倦怠无力、食欲不振、久泻久痢、肺气虚燥、痰喘咳嗽、肾气亏耗、腰膝酸软、下肢痿弱、消渴尿频、遗精早泄、带下白浊、皮肤赤肿、肥胖等病症。《本草纲目》中概括五大功用“益肾气，健脾胃，止泄痢，化痰涎，润皮”。因其营养丰富，自古以来就被视为物美价廉的补虚佳品，既可作主粮，又可作蔬菜，还可以制成糖葫芦之类的小吃。

中国栽培的山药主要有普通的山药和田薯两大类。主产于河南省博爱、沁阳、武陟、温县等地，河北、山西、山东及中南、西南等地亦有栽培。普通的山药块茎较小，其中尤以河南沁阳所产山药名贵，素有“怀参”之称，为全国之冠。

一、种类

山药栽培类型较多，药用山药品种主要有太谷山药、铁棍山药等。

1. 铁棍山药

该品种植株生长势较弱，产量较低，每亩产量为 700～1000kg，折干率高，达35%～40%。龙头细长。

2. 太谷山药

原为山西省太古县地方品种，以后引种到河南、山东等地。该品种植株生长势强，产量高，鲜山药每亩产量 2500kg，但折干率较低，约为 20%。龙头粗壮。

二、形态特征

山药植株形态见图 3-3。

1. 根

块根肉质肥厚，呈头小尾大的棍棒状，垂直生长，最长可达 1m，表面棕色，折断面白色，具黏液，生有须根。

2. 茎

茎细长，通常带紫色，有棱，光滑无毛，具缠绕性，长 2～3m。

图 3-3　山药植株形态

1—根茎；2—雄枝；3—果枝

（仿杨继祥等《药用植物栽培学》，2004）

3. 叶

叶对生或三叶轮生，长柄细长，叶腋间常生球形珠芽（即零余子），叶片形状多变化，通常三角状卵形或三角状广卵形，基部戟状心形，先端渐尖或急尖，通常耳状3裂，中央裂片先端渐尖，两侧裂片呈圆耳状，两面均光滑无毛；叶脉7～9条基出。

4. 花

花单性，雌雄异株；花小，黄绿色，穗状花序。花被片6，2轮，基部合生；雄蕊6，有时3枚发育、3枚退化；雌花和雄花相似，唯雄蕊退化或缺；子房下位，8室，花柱3，分离，花期7～8月份。

5. 果实

蒴果有3棱，呈翅状，果翅长与宽相近，果期9～10月份。

6. 种子

种子扁卵圆形，有阔翅。

三、生物学特性

（一）生长特性

山药栽子的休眠芽萌发到出苗约35天；而山药根段从不定芽开始形成萌发到出苗则要50天。在抽生芽条的同时，芽基部也向下发块根。同时，芽基内部各个分散的维管束外围细胞产生根原基，继而根原基穿出表皮，成为主要的吸收根系。

从出苗到现蕾，并开始生气生块根零余子为止，约经60天。同时，芽基部的主要吸收根系继续向土壤深处伸展；块根不断向下伸长变粗，发生不定根。

从现蕾到茎叶生长基本稳定，约经60天。此期茎叶及块根的生长皆旺盛，块根的生长量大于茎叶的生长量，重量增加迅速。此期零余子的大小也基本形成。

茎叶生长后期不再生长，地下块根体积虽不再增大，但重量仍在增长，零余子内部的营养物质得到进一步充实。

霜后茎叶渐枯，零余子由下而上渐渐脱落，地下块根和零余子都进入休眠状态，此时收获产量最高，营养物质最丰富，品质最佳。

（二）对环境条件的要求

1. 温度

在影响山药生长发育的环境条件中，以温度最敏感。山药性喜温暖，耐严寒。地下块根适宜生长的温度范围是15～28℃，最适温度为25～28℃，最低可耐受－15℃的低温。幼苗生长期最适温度为15～20℃，茎叶生长最适温度为25～28℃，开花最适宜的温度是20～30℃，根状块茎膨大期最适宜温度为20～25℃。

2. 光照

山药对光照强度要求不严格。即使在弱光条件下，其生长发育也能正常进行，但不利于块根的形成及营养物质的积累。山药属短日照植物，在一定的范围内，日照时间缩短，花期提早，对地下块根的形成和肥大有利，叶腋间零余子也在短日照条件下出现。

3. 水分

山药对水分要求严格，是耐旱怕涝作物，尤其怕涝，具体要求是：播种前要求土壤湿润，以土壤含水量18%为宜；山药苗期及茎叶生长旺期对水分要求略低于出苗期，以土壤含水量18%以下为宜；山药根状块茎进入膨大盛期，由于叶片进入高光效期，光合作用需水参加，对土壤水分要求较高，以土壤含水量18%～20%为宜，但不宜太湿。

4. 土壤

由于山药为深根性植物，要求土层深厚、土质疏松肥沃、排水流畅、地下水位在1m以下、pH值6.0～8.0的沙壤土或轻壤土为宜。而且，表土为沙壤土而1.5m深之内不能有黏土板结层，不能有流沙层、粗沙层、碎石层、硬物等。

四、栽培技术

(一) 播种

1. 选地整地

山药是耐旱怕涝作物，尤其是怕积水水渍，所以应该选择地势干燥、向阳，稍有坡度的地块，做到排溉方便，尤其要排水良好。山药地下块根发达，土地养分消耗大，要选择土层深厚、疏松肥沃的地块为好，要求上下土质一致。

秋季深翻土壤1次，深达50～60cm，经过冬季风化，杀死地下害虫。翌春结冻后，结合整地，每亩施大量厩肥5000～7000kg，再翻耕30cm左右，然后耙细整平，做宽1.3m的高畦（垄），两边开宽30cm的排水沟，以利排水。整地时每亩施入40%辛硫磷15g进行土壤消毒。

2. 播种

大棚山药一般都在元旦前后开始种植，一般要求地表5cm地温稳定，超过9～10℃。播种前把山药苗晾晒一下，这样可以活化种薯，又能起到杀菌、提高出芽率的作用。若用山药茎块切断作种薯，可在切口处及时撒上石灰粉，起到消毒作用。在下种时要做到有芽的一块下、大小相似的一块下，这样芽会出得齐；另外，还要用多菌灵500倍液、粉锈宁1000倍液、72%百菌清1000倍液浸种3～5min，晾干后即可播种。

目前的繁殖方法有3种：采用龙头（块根上端有芽的部位，即芦头）繁殖；采用零余子（即山药蛋）繁殖；采用山药块根憋芽繁殖。主要采用前两种。常用零余子培育1年获得栽子，用大个的栽子作生产上的繁殖材料。但栽子作种的，第1～2年产量最高，以后逐年降低，故生产上亦只能连续使用4～5年。

(二) 田间管理

1. 搭架

山药是攀缘植物，茎蔓长而软细，当幼苗生长30cm时需有支架支撑，因此须搭好人字形支架，支架高度2m左右。正面呈“人”字形，侧面斜向交叉，隔7～8m用粗竹竿或木棒加固。架材入土20～30cm，注意不可扎伤山药根茎。

2. 松土除草

一般进行3次，第1次在4～5月份幼苗出土后浅锄1遍，注意不要损伤芦头或零余子；第2次在6月中、下旬，茎蔓上架前深锄1遍；第3次在7月底至8月初，茎蔓上架后用手拔除，封行后不再除草和松土。

3. 水肥管理

山药叶面角质层较厚，根系深，所以比较耐旱，一般不浇水，过于干旱影响山药块茎的膨大。在4月中旬至5月下旬，这期间一般10天左右浇一次透水，5月下旬以后浇水要根据土壤湿度适当浇水。山药怕涝，夏季多雨季节应及时排水，切勿积水。

山药喜肥，施用有机肥时必须充分腐熟。如果基肥施用较多，则少追肥或者不追肥，为确保山药高产，一般追施2～3次，在地上植株长到1m左右时追施一次高氮复合肥，以后每隔1周左右追施1次，3次即可。山药膨大期以磷、钾含量较高的多元素复合肥为主（山药对氮、磷、钾的需求比例是1.5∶2∶5），每亩30kg左右，最好采取冲施的方法。生长后期可叶面喷施0.2%磷酸二氢钾和1%尿素，防早衰。尤其需要注意的是，山药的吸收根系分布浅，发生早，呈水平方向伸展，施肥时应施入浅土层以供山药根系吸收。

（三）病虫害及防治

1. 炭疽病

（1）危害　6月下旬发生，高温多雨季节严重。主要为害叶片，也为害茎蔓。在叶片的叶脉上，初生褐色凹陷的小斑，后变为黑褐色，扩大后病斑中央褐色，散生黑色小粒点。茎蔓发病多在距地面较近部分，病斑黑褐色，略凹陷，为害严重时叶片早落，茎蔓枯死，导致植株死亡。叶片或茎蔓上的病斑在空气潮湿时常产生淡红色的黏稠物质。

（2）防治方法

① 发病地块实行2年以上的轮作；收获后将留在田间的病残体集中烧毁，并深翻土壤，减少越冬菌源；加强田间管理，适时中耕除草，松土排渍；合理密植，改善通风透光，降低田间湿度；合理施肥，以腐熟的有机肥为主，适当增施磷钾肥，少施氮肥，培育壮苗，增强植株抗病性，氮肥过多会造成植株柔嫩而易感病。

② 播种前用50%多菌灵可湿性粉剂500～600倍液浸种或把山药栽子蘸生石灰。

③ 出苗后，喷洒1∶1∶50的波尔多液预防，每10天1次，连喷2～3次。发病后用58%甲霜灵·锰锌可湿性粉剂500倍液、25%雷多米尔可湿性粉剂800～1000倍液、80%炭疽福美可湿性粉剂800倍液、70%甲基硫菌灵可湿性粉剂1500倍液、50%扑海因1000～1500倍液或77%可杀得500～600倍液，7天1次，连喷2～3次，喷后遇雨及时补喷。

2. 褐斑病

（1）危害　主要为害根状块茎，造成块茎腐烂。其症状早期并不明显，收获时才发现有病。块茎染病时表现为腐烂状的不规则形褐色斑，稍凹陷，病块常畸形，稍有腐烂，病部变软，切开后可见病部变色，受害部分比外部病斑大而深，严重时病部周围全部腐烂。

（2）防治方法

① 收获时彻底清除病残物，集中烧毁，并深翻晒土和薄膜密封进行土壤高温消毒，或实行轮作，可减轻病害发生。

② 选用无病栽子作种，必要时把栽子切面阴干20～25天。

③ 发病初期喷洒70%甲基硫菌灵可湿性粉剂1000倍液加75%百菌清可湿性粉剂1000倍液，或50%甲基硫菌灵·硫黄悬浮剂800倍液，隔10天喷1次，连续防治2～3次。

3. 根茎腐

（1）危害　发病初期是在藤蔓基部形成褐色不规则的斑点，继而斑点扩大形成深褐色的长形病斑，病斑中部凹陷，严重时藤蔓的基部干缩，导致茎蔓枯死。病斑的表面常有不明显的淡褐色丝状霉。块茎发病常在顶芽附近形成褐色不规则形的病斑，若是根系发病，可造成根系死亡。

（2）防治方法

① 收获时彻底收集病残物及早烧毁。

② 实行轮作，避免连作。

③ 发病初期用75%百菌清可湿性粉剂600倍液、53.8%可杀得2000干悬浮剂1000倍液或50%福美双粉剂500～600倍液喷雾防治。隔7～20天喷1次，连续防治2～3次。

4. 褐腐病（腐败病）

（1）危害　主要为害根状块茎，造成块茎腐烂。症状早期并不明显，收获时才发现有病。块茎染病时表现为腐烂状的不规则形褐色斑，稍凹陷，病块常畸形，稍有腐烂，病部变软，切开后可见病部变色，受害部分比外部病斑大而深，严重时病部周围全部腐烂。

（2）防治方法

① 收获时彻底清除病残物，集中烧毁，并深翻晒土和薄膜密封进行土壤高温消毒，或实行轮作，可减轻病害发生。

② 选用无病栽子做种，必要时把栽子切面阴干 20～25 天。

③ 药剂防治：发病初期喷洒 70%甲基硫菌灵可湿性粉剂 1000 倍液加 75%百菌清可湿性粉剂 1000 倍液，或 50%甲基硫菌灵·硫黄悬浮剂 800 倍液，隔 10 天喷 1 次，连续防治 2～3 次。

5. 根结线虫病

（1）危害　多在初秋高温季节发生，主要为害地下块茎部分，地上部一般没有明显的症状，发病严重者，地上部表现叶色淡、生长弱、植株繁茂性差。山药地下块茎感染根结线虫病后，在块茎的表皮上产生大小不等的近似馒头形的瘤状物，瘤状物相互愈合、重叠形成更大的瘤状物，大瘤状物上产生少量粗短的白根。

（2）防治方法

① 有水源的地方实行水旱轮作，改种水稻 3～4 年后再种蔬菜。或与玉米、棉花进行轮作。

② 种植一些易感根结线虫的绿叶速生蔬菜，如小白菜、香菜、生菜、菠菜等，收获时连根拔起，将根部带出田外集中销毁，可减少土壤内的线虫量。

③ 将病残体植株和田间杂草带出田外，集中晒干、烧毁或深埋，减少下茬线虫数量。施用充分腐熟的有机肥作底肥，保证山药生长过程中良好的水肥供应，使其生长健壮。

④ 对留种用的山药栽子或山药段，伤口处（即截面）要用石灰粉消毒灭菌。接着将预留的山药种在太阳光下晾晒，每天翻动 2～3 次，以促进伤口愈合，增强种子的抗病性和发芽势。

⑤ 在山药下种之前，每亩用 10%克线磷颗粒剂 1.5kg 掺细土 30kg 撒施于种植沟内，与土壤掺匀，然后进行开沟、下种。

6. 小地老虎

（1）危害　生长期块茎被咬食，使块茎不能正常生长，严重影响山药的产量和品质。

（2）防治方法　可用 40%辛硫磷颗粒剂在山药移栽前撒入田中，或用 90%的晶体敌百虫 1000～1500 倍液进行浇灌，也可用 2.5%的敌杀死 2000 倍液进行防治。

7. 蛴螬

（1）危害　生长期块茎被咬食，使块茎不能正常生长，严重影响山药的产量和品质。

（2）防治方法　傍晚摆放泡桐叶每亩 60～80 片，且将泡桐叶正面朝下，翌晨进行人工捕杀。也可每亩用 90%的晶体敌百虫 50～100g 加水 1.5～2kg，溶解后拌入棉籽饼 1.5～3kg 制成毒饵。傍晚将毒饵撒在行间，诱杀幼虫。还可用 40%辛硫磷颗粒剂在山药移栽前撒入田中，或用 90%的晶体敌百虫 1000～1500 倍液进行浇灌。

五、收获

（一）采收

山药春栽于当年霜降前后即可收获，9～10 月份地上茎叶枯黄时，先采收珠芽，再拆除支架，割去茎蔓，挖出地下块根，一般先从山药沟的一端挖一段空壕，根据山药块根垂直向地下生长的习性，用窄锹沿着块根先取出前部和两侧的土，直挖到块根最下端，然后用铲切断块根背后侧根，小心取出，尽量保持块根完整。挖取后，先切下芦头贮藏作种栽，块根加工成药材。

(二) 加工、分级

山药收获后要趁鲜加工，否则变软加工率低。加工时洗净泥土，泡在水中用竹刀刮去外皮及根毛使呈白色。然后用硫黄熏 24～48h（每 100kg 鲜山药约用 0.5kg 硫黄）。当山药块根水分渗出、体变软时取出晒干或烘干，然后用木箱或篓包装，存放通风干燥处，严防鼠害和受潮发霉。

山药以色白黄，外皮无黑斑、虫蛀、霉变者为合格品；以条粗、质坚实、粉性足、色白者为佳。

健康之窗：山药适宜糖尿病患者、腹胀、病后虚弱者、慢性肾炎患者、长期腹泻者食用；山药还有收涩的作用，故大便燥结者不宜食用；另外有实邪者忌食山药。山药禁忌与甘遂一同食用；也不可与碱性药物同服。

地　黄

地黄 *Rehmannia glutinosa*（Gaertn）Libosch. 为玄参科多年生草本植物，别名酒壶花、怀地黄等，以干燥块根入药，鲜者入药称“鲜地黄”；干燥者称“生地黄”，俗称“生地”；酒浸拌蒸制后再干燥者称“熟地黄”，俗称“熟地”。鲜地黄有清热、生津、凉血的功效；生地黄有黄滋阴清热、凉血止血的功效，主治热病烦躁、阴虚低热、消渴、斑疹、吐血、尿血、崩漏等；熟地黄则有滋阴补血的功效，主治阴虚血少、目昏耳鸣、腰膝酸软、遗精、经闭、崩漏等。

我国栽培地黄历史至少有 900 年，山东、河南、山西、陕西等地均有大量生产，但以河南的温县、沁阳、武陟、孟县等地的怀庆地黄栽培历史最长，为道地产区，系著名“四大怀药”之一。

一、种类

目前在地黄产区已选育出了一些优良品种，主要品种有金状元、小黑英、北京 1 号、北京 2 号、85-5，钻地龙、红薯王等。

1. 金状元

株形大，生长期长，喜肥，在肥料充足时能高产，可作早地黄栽培。目前该品种在各地栽培较为广泛。

2. 小黑英

株形矮小，生育期较短，根茎开始膨大较早，对环境和肥料要求不严，适应性强，产量稍低但稳定，适于密植，可作晚地黄栽培。栽培也较广泛。

3. 北京 1 号和北京 2 号

均为杂交品种。株形较小，但整齐，适合密植，适应性强，在一般土质上都能得到较高的产量（北京 1 号干品产量为每亩 500～800kg；北京 2 号干品产量为每亩 500～900kg）。

4. 85-5

杂交品种。该品种株形大，出苗早、生长健壮、耐病、耐寒、生长期长，可产鲜地黄每亩 4000～5000kg（折干品 1000kg 以上），适宜壤土和沙壤土种植。

二、形态特征

多年生草本，株高 10～35cm，全株密被灰白色长柔毛和腺毛。地黄植株形态见图 3-4。

1. 根

根状茎肉质肥厚，横生地下，不规则纺锤形或圆柱形，表面橘黄色。

2. 叶

多丛生茎的基部，倒卵状披针形至长椭圆形，基部渐狭成柄，边缘有不整齐钝齿，叶面皱缩，长 3～10cm，宽 1.5～4cm，下面略带紫色。

3. 花

花茎由叶丛抽出，总状花序单生或 2～3 枝，花多毛，花萼钟状，先端 5 裂，裂片三角形；花冠筒稍弯曲，外面暗紫色，内面黄色，有明显紫纹；雄蕊 4，二强；子房上位，卵形，2 室，花后渐变一室，花柱单一，柱头膨大。花期 4～6 月份。

4. 果实、种子

蒴果卵形或卵圆形，具宿萼和花柱。果期5～7 月份。

图 3-4　地黄植株形态

1—根；2—块根；3—植株

（仿郭巧生《药用植物栽培学》，2004）

三、生物学特性

（一）生长特性

地黄为多年生药用植物，实生苗第 2 年开花结实。以后年年开花结实。地黄种子很小，千粒重约 0.19g。地黄种子为光萌发种子，在黑暗条件下，即使温度在 22℃以上，30℃以下，湿度适宜，1 个月也不萌发。在室内散射光条件下只要温度适宜种子都能发芽。播于田间，在 25～28℃条件下，7～15 天即可出苗，8℃以下种子不萌发。根茎播于田间，在湿度适宜、温度大于 20℃时 10 天即可出苗；日平均气温在 20℃以上时发芽快，出苗齐；日平均温度在 11～13℃时出苗需 30～45 天。日平均温度在 8℃以下时，块根不萌发。夏季高温，老叶枯死较快，新叶生长缓慢。全生育期为 140～180 天。

地黄根茎繁殖能力强，但与芽眼分布有关。根茎顶端较细的部位芽眼多，营养少，出苗虽多，但前期生长较慢，根茎小，产量低；根茎上部粗度为 1.5～3cm 部位芽眼较多，营养也丰富，新苗生长较快，发育良好，能长成大根茎，是良好的繁殖材料；根茎中部及中下部（即根茎膨大部分）营养丰富，出苗较快，幼苗健壮，根茎产量较高，但用其作种栽，经济效益不如上段好；根茎尾部芽眼少，营养虽丰富但出苗慢，成苗率低。

地黄前期以地上生长为主，4～7 月份为叶片生长期，7～10 月份为块根迅速生长期，9～10 月份为块根迅速膨大期，10～11 月份地上枯萎，霜后地上部枯萎后，自然越冬，当年不开花。田间越冬植株，第 2 年春天均会开花。

（二）对环境条件的要求

1. 温度

地黄对气候适应性较强，在阳光充足，年平均气温 15℃，最高温度 38℃，最低温度 −7℃，无霜期 150 天左右的地区均可栽培。

2. 光照

地黄是喜光植物，光照条件好、阳光充足时，则生长迅速，因此种植地不宜靠近林缘或与高秆作物间作。

3. 水分

地黄根系少，吸水能力差，潮湿的气候和排水不良的环境都不利于地黄的生长发育，并会引起病害。过分干燥也不利于地黄的生长发育。幼苗期叶片生长速度快，水分蒸腾作用较强，以湿润的土壤条件为佳；生长后期土壤含水量要低，当地黄块根接近成熟时，最忌积水，地面积水 2～3h，就会引起块根腐烂，植株死亡。

4. 土壤

地黄喜肥，喜生于土壤疏松、肥沃、排水良好的条件，沙质壤土、冲积土、油沙土最适宜，产量高，质量好。土壤过黏、过硬、瘠薄，则根茎皮粗、根茎扁圆形或畸形较多。

四、栽培技术

（一）播种

1. 选地整地

选择土层深厚、肥沃疏松、排水良好，向阳的中性或微酸性沙质土壤，周围没有遮阴物并有一定排灌条件的地块。地黄不宜连作，连作植株生长不好，病害多。在头年冬季整地，深翻土壤 30cm，结合深耕每亩施入腐熟的有机肥料 4000kg，翌年 3 月下旬每亩施饼肥约 150kg。灌水后（视土壤水分含量酌情灌水）浅耕（约 15cm），并耙细整平作畦，畦宽 130cm，畦高 15cm，畦间距 30cm，在降水少的地区多做平畦，以利灌水。

2. 播种

地黄栽种期因品种各地的气候条件和种植方法不同而异。广西为 2 月上旬至 3 月中旬，河南为 4 月上旬，北京为 4 月中旬，辽宁为 4 月下旬，在主产区河南还将地黄分为早地黄和晚地黄两种。早地黄以 4 月上旬（清明至谷雨）播种为宜，晚地黄在 5 月下旬至 6 月上旬（小满至芒种）栽种，当地药农有“早地黄要晚，晚地黄要早”的栽培经验。因此栽地黄要因地制宜，灵活掌握，适时栽种。

地黄栽前，挑选新鲜无病者，去掉根茎头尾部（头部出苗差，尾部出苗少），将中间的根茎截成 3～6cm 的小段，每段要有 2～3 个芽眼，切口蘸草木灰晾干后下种。按行距 30～40cm，株距 26～33cm，穴深 3～5cm，每穴横放种栽 1～2 段，铺盖拌有粪水的火土灰 1 把，再盖细土与畦面齐平。一般要求保苗每亩 6000～10000 株，相当于种栽 30～40kg。

（二）田间管理

1. 间苗补苗

在苗高 3～4cm 即长出 2～3 片叶子时，要及时间苗。由于根茎有 3 个芽眼，可长出 2～3 个幼苗，间苗时从中留优去劣，每穴留 1～2 棵苗，如发现缺苗时可进行补栽。补苗最好选阴天进行，移苗时要尽量多带原土，补苗后要及时浇水，以利幼苗成活。

2. 松土除草

由于地黄根茎入土较浅，中耕宜浅。幼苗期浅松土 2 次。出苗后到封垄前应经常松土除草，第 1 次结合间苗除草进行浅中耕，不要松动根茎处，第 2 次在苗高 6～9cm 时可稍深些。地黄茎叶封行（垄）后，只拔草不中耕。

3. 摘花蕾打底叶

为减少开花结实消耗养分，促进根茎生长，当地黄孕蕾开花时，应结合除草及时将花蕾摘除，8 月份当底叶变黄时也要及时摘除黄叶。

4. 除串皮根

地黄除主根外，还能沿地表长出细长的地下茎，称串皮根，需要消耗大量养分，应及时全部铲除。

5. 水肥管理

地黄在生长前期需水量较大，应勤浇水；生长后期为地下根茎膨大期，应节制用水，尤其在多雨季节，田间不能积水，应及时疏沟排水。在生产中视土壤含水量适时适量灌水，且对雨后或灌后的积水，应及时排除。

在产区药农采用“少量多次”的追肥方法。齐苗后到封垄前追肥1～2次，前期以氮肥为主，以促苗壮，一般每亩施入农家肥料1500～2000kg，或硫酸铵7～10kg。生育后期根茎生长较快，适当增加磷、钾肥，生产上多在植株具4～5片叶时每亩追施农家肥料1000kg或硫酸铵10～15kg、饼肥75～100kg。

（三）病虫害及防治

1. 斑枯病

（1）危害　4月份始发，7～8月份多雨时为害严重，为害叶片。叶上病斑呈圆形、近圆形或椭圆形，直径2～12mm，褐色，或中央色稍淡、边缘呈淡绿色；后期病斑上散生小黑点，多排列成轮纹状，病斑不断扩大。发生严重时病斑相互融合成片，引起植株叶片干枯。

（2）防治方法

① 收获后及时清除田间残叶；合理密植，保持植株间通风透光。

② 选栽抗病品种如小黑英、北京2号等，金状元、邢疙瘩抗病力较弱。

③ 发病初期摘除病叶，并选用50%多菌灵600倍液、50%代森锰锌500倍液或1∶1∶150波尔多液等药剂喷雾2～3次，间隔10～15天。

2. 地黄根腐病

（1）危害　又称枯萎病，主要为害根及根茎部。初期在近地面根茎和叶柄处呈水渍状腐烂斑，黄褐色，逐渐向上、向内扩展，叶片萎蔫。远离地面较粗的根茎表现为干腐，严重时仅残存褐色表皮和木质部，细根也腐烂脱落。土壤湿度大时病部可见棉絮状菌丝体。

（2）防治方法

① 选无病和无损伤的根茎作种栽，并用50%多菌灵500倍液浸泡3～5min，置于通风处使切口愈合，或用草木灰涂切口后栽种。

② 选地势高燥地块种植，与禾本科作物轮作，4年左右轮作1次。

③ 选用多菌灵或退菌特等药剂处理土壤，30～40kg/hm^{2}或两种药剂等量混用。

④ 种前每亩用1kg 50%多菌灵可湿性粉剂处理土壤，发病初期用50%退菌特1000～1500倍液或用50%多菌灵1000倍液浇灌，7～10天1次，连续2～3次。7月份以后，可用58%雷多米尔、80%大生M54、58%甲霜灵·锰锌或50%多菌灵等600～800倍液，每隔7～10天轮换进行叶面喷施预防。下雨前后应及时喷药。

3. 胞囊线虫病

（1）危害　5月份始发，6～10月份发病严重，为害根部。主要根部受害，地上部植株生育不良，矮小，茎叶发黄，花器群生，结实少或不结实。拔起病株，可见根系不发达，支根减少，细根增多，根瘤显著减少，根上附有白色的颗粒状物，即病原线虫的雌虫胞囊。

（2）防治方法

① 与禾谷类作物轮作1～2年；增施磷肥，适时灌水。

② 每亩用3%呋喃丹颗粒剂2～4kg，在播种沟内施药，施药后覆土，或每亩用3%甲基异柳磷颗粒剂5～6kg，沟施，施药后覆土。

4. 棉红蜘蛛

（1）危害　红蜘蛛成虫和若虫5月在叶背面吸食汁液，被害处呈黄白色小斑，严重时叶片褐色干枯。

（2）防治方法　喷施48%乐斯本1000～2000倍液或50%辛硫磷800～1000倍液加高效除虫菊酯800倍液，以及20%哒满灵等高效低毒杀虫、杀螨剂，连喷2次即可控制虫害的发生。

5. 地黄拟豹纹蛱蝶

（1）危害　4～5月份始发，以幼虫为害叶片。

（2）防治方法　清洁田园；幼龄期用90%敌百虫800倍液喷杀。

五、收获

（一）采收

根茎繁殖的当年秋季，当地上茎叶逐渐枯黄停止生长后及时采挖，收获时先割去地上植株，在畦的一端开深35cm左右的深沟，顺次小心挖去根茎，注意减少根茎的损伤。

（二）加工、分级

1. 生地黄加工

生地黄加工方法有烘干和晒干两种。

（1）晒干　指块根去泥土后，直接在太阳下晾晒，晒一段时间后堆闷（又称“发汗”）几天，然后再晒，一直晒到质地柔软、干燥为止。由于秋冬阳光弱，干燥慢，不仅费工，而且产品油性小，所以应避免在秋冬季节进行。

（2）烘干　将地黄按大、中、小分等，分别装入焙干槽中（宽80～90cm，高60～70cm），上面盖上席或麻袋等物。开始烘干温度为55℃，两天后升至60℃，后期再降到50℃。在烘干过程中，边烘边翻动，当烘到块根质地柔软无硬芯时，取出堆堆，堆闷至根体发软变潮时，再烘干，直至全干。一般4～5天就能烘干。烘干时，注意温度不要超过70℃。当80%地黄根体全部变软，外表皮呈灰褐色或棕灰色、内部呈黑褐色时，就停止加热。通常4kg鲜地黄加工成1kg干地黄。

生地黄以货干、个大柔实，皮灰黑色或棕灰色，断面油润、乌黑为好。商品规格规定，无芦头、老母、生心、杂质、虫蛀、霉变、焦枯的生地黄为佳品。并按大小分5等。

2. 熟地黄加工

方法为：取干生地黄洗净泥土，并用黄酒浸拌（每10kg生地黄用3kg黄酒），将浸拌好的生地黄置于蒸锅内，加热蒸制，蒸至地黄内外黑润，无生心，有特殊的焦香气味时，停止加热，取出置于竹席或帘子上晒干，即为熟地黄。

健康之窗： 据报道，地黄多糖b能加强正常及S180荷瘤小鼠T淋巴细胞的增殖反应能力，促进白细胞介素2的分泌，显示了明显的免疫调节活性。在对应于其产生明显抑瘤作用的时相里，能相对改善荷瘤小鼠由于肿瘤生长引起的白细胞介素2分泌功能的下降。因此认为地黄多糖b增强CTL（细胞毒性T淋巴细胞）对肿瘤细胞的杀伤效应功能是其中产生抑菌作用的一个重要途径。

知　母

知母 *Anemarrhena asphodeloides* Bunge为百合科植物知母属多年生草本植物，别名肥知母、毛知母、蒜瓣子草、羊胡子根、地参等。以地下的根茎供药用，具有清热、滋阴、润肺、生津的功效，主治烦躁口渴、肺热燥咳、消渴、午后潮热等病症。《本草纲目》中记载“肾苦燥，宜食辛以润之；肺苦逆，宜食苦以泻之。知母之辛苦寒凉，下则润肾燥而滋阴，上则清肺金而泻火，乃二经气分药也；黄柏则是肾经血分药，故二药必相须而行，昔人譬之虾与水母，必相依附。”

知母主产于山西、河北、内蒙古，尤以河北易县知母质量最佳。此外东北、陕西、甘肃、山东等地区也有分布。

一、形态特征

多年生草本。株高 60～130cm。知母植株形态见图 3-5。

1. 根

根状茎肥大，横生，密被黄褐色纤维状的残留叶基，下部长有多数粗长的须根。

2. 叶

叶由基部丛生，细长披针形，质稍硬，先端长尖而细，基部扩大成鞘状，全缘，无毛。长 33～66cm。

3. 花

花茎直立，圆柱形，其上生鳞片状小苞片；总状花序，花 1～3 朵，花被片白色或淡蓝紫色，花被 6；雄蕊 3，着生在花被片中央；子房长卵形，3 室。花期 5～7 月份。

4. 果实、种子

果实长椭圆形，成熟时沿腹缝线 3 裂，各室有 1～2 粒黑色种子，种子新月形或长椭圆形。果期 6～9 月份。

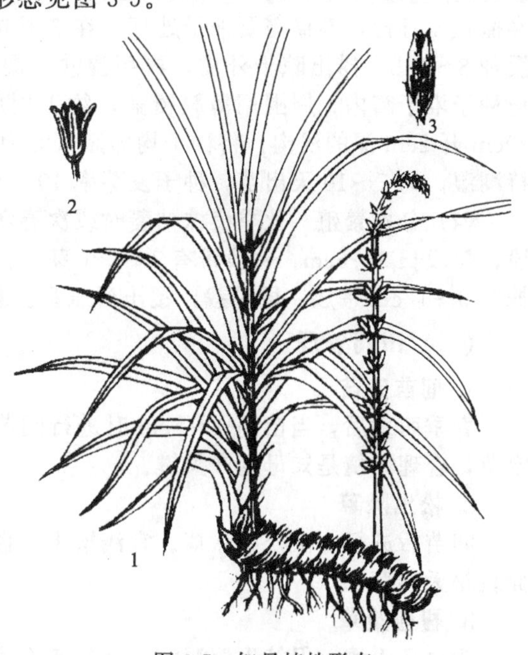

图 3-5 知母植株形态

1—植株；2—花；3—果实

（仿姚宗凡等《常用中草药种植技术》，2001）

二、生物学特性

（一）生长特性

知母为多年生宿根植物，种子容易萌发，发芽适温为 20～30℃，种子寿命为 1～2 年。每年春季日均气温在 10℃以上时萌发出土；4～6 月份为生长旺盛期；8～10 月份为地下根茎膨大充实期，11 月份植株枯萎。生育期约 230 天。

（二）对环境条件的要求

知母性喜温暖气候，能耐寒、耐旱。适应性很强，野生于向阳山坡地边，草原和杂草丛中。土壤以土质疏松、肥沃、排水良好的沙质壤土或腐殖土为好，低洼积水和过劲的土壤均不宜栽种。除幼苗期须适当浇水外，生长期间不宜过多浇水，特别在高温期间，如土壤水分过多则生长不良，且根状茎容易腐烂。

三、栽培技术

（一）播种

1. 选地整地

选向阳排水良好、疏松的腐殖质壤土和沙质壤土种植，选地后每亩施腐熟的厩肥 3000kg，配施氮磷钾复合肥 20kg，如土壤偏酸，撒点石灰粉既可作肥料，又能调节酸度，撒入地内，深翻土壤 25cm，整细整平后，做成宽 130cm 的高畦或平畦，平畦埂宽和高各 10cm，耧平畦面。

2. 选种

选择3年生以上的、无病虫害的健壮植株作采种母株。当8月中旬至9月中旬采集成熟的果实，脱粒，净选，晒干贮藏备用。

3. 播种

(1) 种子繁殖　分春播和秋播，以秋播（10～11月份）为好，翌年4月份出苗，出苗整齐。用于种子直接播种，行距20cm，育苗移栽行距10cm，开沟1.5～2cm，把种子均匀撒沟内，覆土盖平、浇水。出苗前保持湿润，约10～20天出苗，播种量7.5～15kg/hm^2。春播在4月初，春播需要种子处理，在3月中旬前进行种子处理。把种子放在60℃温水中浸种8～12h，捞出晾干外皮，再用湿沙（湿沙：种子为2：1）拌匀。在温暖向阳处挖坑，把种子堆于窝内，周围用薄膜覆盖，约1周后当多数种子芽伸出时即可播入大田。按行距20cm开2cm深的浅沟，将种子均匀撒入沟内，覆土盖平，稍加镇压后浇水，出苗前畦内保持潮湿。约7～10天出苗，种子发芽率40%～50%，寿命2年。

(2) 分株繁殖　秋季植株枯萎时或次春解冻后返青前，结合收获将根茎有芽的一端切成段，每段长3～6cm，每段带有1～2个芽，作为种栽。按行距25～30cm开6cm深的沟，按株距9～12cm平放一段种栽，覆土后压紧。栽后浇水。

（二）田间管理

1. 间苗定苗

春季萌发后，当苗高4～5cm时进行间苗，去弱留强。苗高7～10cm时按株距4～5cm定苗，合理密植是知母增产关键。

2. 松土除草

间苗后进行1次松土除草。宜浅松土，耧松土表即可。定苗后再松土除草1次，保持畦面疏松无杂草。

3. 覆盖柴草

为改良土壤，保持土壤湿润，在每年春季松土除草和追肥后，于畦面覆盖麦秸、麦糠、稻草等，连续覆盖2～3年，中间不需翻动。

4. 摘蕾

知母播后于第2年或分株繁殖当年夏季开始抽薹开花，消耗大量养分，除留种外，一律在开花前摘蕾，促进地下根茎粗壮、充实。

5. 水肥管理

播种后要经常保持畦面湿润，越冬前根据天气和墒情，适时浇好越冬水。翌春发芽后，遇旱适时浇水，雨季注意排水。

（三）病虫害及防治

知母病虫害不太多，虫害主要有蛴螬，可用50%辛硫磷乳油每亩200～250g加水10倍喷于25～30kg细土上，拌匀制成毒土，将该毒土撒于种沟或地面，随即耕翻或混入厩肥中施用；或用2%甲基异柳磷粉每亩2～3kg拌细土25～30kg，制成毒土处理土壤。

四、收获

（一）采收

种子繁殖的第3年、分株繁殖的第2年的春秋季采挖，刨出根状茎抖掉泥土，去净枯叶、须根，晒干或烘干即为毛知母，趁鲜剥去外皮晒干或烘干为光知母，俗称“知母肉”。

（二）加工、分级

(1) 知母肉　于4月下旬抽薹前挖取根茎，趁鲜剥去外皮，不能沾水。然后用硫黄熏

3～4h，切片、干燥即成。

(2) 毛知母　于11月份挖取根茎，去掉芦头，洗净泥土，晒干或烘干，再与细沙放入锅中，用文火炒热，不断翻动，趁热搓去须毛，但要保留黄绒毛，然后洗净、闷润，切片。

知母肉以肥大、坚实、色黄白、嚼之发黏者为佳；毛知母以根条粗、肥大、质坚实、断面黄白色者为佳。

健康之窗： 知母有抗肿瘤作用。知母皂苷对人肝癌移植裸大鼠有抑制肿瘤生长作用，使裸大鼠生存期延长，但无显著统计学差异。另对治疗皮肤鳞癌、宫颈癌等有较好疗效且无不良反应。

牛　膝

牛膝 *Achyranthes bidentata* Bl. 为苋科多年生草本植物，别名怀牛膝、牛髁膝、山苋菜、对节草、红牛膝、杜牛膝、土牛膝（野生品）等。始载于《神农本草经》，列为上品。以干燥肉质根入药，其茎叶亦供药用。牛膝味苦、酸，性平，归肝、肾经，具有补肝肾、强筋骨、逐瘀通经、引血下行功能。生用散瘀血，消痈肿，用于淋病、尿血、经闭、难产、胞衣不下、产后瘀血腹痛、喉痹、痈肿和跌打损伤等；熟用补肝肾，用于腰膝酸痛、四肢拘挛、痿痹等。

牛膝主产于河南武陟、温县、沁阳、博爱等地，河北、山西、山东等省亦有引种栽培。以河南产牛膝质量最佳，产量最大，每亩干货产量可达350～400kg，为著名道地药材“四大怀药”之一。

一、种类

怀牛膝的主要栽培品种有核桃纹、风筝棵、白牛膝等。

1. 核桃纹

为传统的药农当家品种。因其产量高，品质优而大面积种植。特征特性：株型紧凑，主根匀称，芦头细小，中间粗，侧根少，外皮土黄色，肉白色；茎紫色，叶圆形，叶面多皱。

2. 风筝棵

为传统的药农当家品种。特征特性：株型松散，主根细长，芦头细小，中间粗，侧根较多，外皮土黄色，肉白色；茎紫色，叶椭圆形或卵状披针形，叶面较平。

二、形态特征

牛膝植株形态见图3-6。

图3-6　牛膝植株形态
1—植株；2—花
（仿郭巧生《药用植物栽培学》，2004）

1. 根

根粗壮，圆柱形，黄白色或红色，肉质。

2. 茎

茎直立，四棱形或方形，节膨大如牛膝盖，故名“牛膝”，被柔毛，每个节上有对生分枝。

3. 叶

单叶对生，椭圆形或倒卵圆形，长5～12cm，宽2～

6cm，先端渐尖，基部楔形，全缘，两面被柔毛。

4. 花

秋、冬二季开黄绿色花，穗状花序顶生或腋生，花后总梗延长，花序轴密被长柔毛，花开放后平展或下倾；苞片宽卵形，具芒，花后开展或反折；小苞片针刺状，近基部两侧具耳状边缘，花被5，雄蕊5，退化雄蕊舌状，边缘波状，远短于花丝，冠端不撕裂。

5. 果实、种子

胞果矩圆形，长约2.5mm，种子1枚，黄褐色。

三、生物学特性

（一）生长特性

牛膝的适应性强，以温差较大的北方生长较快，根的品质好。年生长期200～300天，人工栽培可控制生长期为130～140天。若生长期太长，植株花果增多，根部纤维多，易木质化而品质差。植株生长不繁茂，当年开花少，则主根粗壮，产量高，品质好。牛膝种子宜选培育2～3年（秋薹籽），主根粗大、上下均匀、侧根少、无病虫害的植株的种子，质量好，发芽率高，根分枝少。当年植株的种子（蔓籽）不饱满，不成熟，出苗率低，根分枝多。播种后，一般4～5天出苗，7～10月份为生长期，10月下旬植株开始枯黄休眠。

（二）对环境条件的要求

1. 温度

牛膝宜生于温暖而干燥的气候环境，最适宜的温度为22～27℃，不耐寒。冬季地温－15℃时，根能越冬，过低则不宜。气温－17℃时，植株被冻死。

2. 水分

牛膝在不同生长期对水分要求不同，幼苗期保持湿润，可加速幼苗的生长发育，中期（生长期）水分不宜过多，否则引起植物地上茎徒长，后期（8月份以后）根生长较快，需较多水分，否则会影响根的产量和质量。

3. 土壤

牛膝为深根性植物，耐肥性强，喜土层深厚而透气性好的沙质壤土，并要求富含腐殖质，土壤肥沃，含水量27%左右，pH值7～8.5。怀牛膝耐连作，而且连作的牛膝地下根部生长较好，根皮光滑，须根和侧根少，主根较长，产量高。

四、栽培技术

（一）播种

1. 选地整地

牛膝是深根植物，宜选疏松肥沃、富含腐殖质、土层深厚、排水良好、地下水位低、向阳的沙质壤土。整地生茬地在前作收后立即深翻地，因牛膝的根可深入土中60～100cm，所以一般宜深翻。河南产区采用“三锹两净地”的方法，即前两锹将土深掘，清出碎土后再将地挖一锹把土弄松即可。一般翻地深1～1.3m。各地应结合具体情况，翻土深度以50～70cm为宜，灌水使表土层沉实，待稍干后每亩施用腐熟厩肥2500～3000kg，拌过磷酸钙40～50kg、尿素3～5kg、充分拌匀，堆沤数日，均匀撒于表土层，然后再耕翻1次，翻入土内作基肥，整平耙细后，作宽1.3m的高畦，畦沟深40cm，四周开好较深的排水沟待播。

2. 选种

收获时选择枝密、叶大，植株高矮适中，根条长、上下均匀，侧根少、芦头不超过3个、无病虫害的为种栽。如主根过长，可剪去部分，只留25～30cm。

3. 播种

播种季节视气候决定，以能满足5个月生长期中无霜冻影响为宜。在夏季播种，以7月上、中旬为播种适期，过早，地上茎叶生长快，花期提早，地下根发岔，药材质量差；过迟，植株生长不良，产量降低。播前一般将种子放入20℃温水中浸泡12h，捞起晾干后，与火土灰150kg、适量的人畜粪水拌匀后撒播于畦面，播后用3～5cm的齿耙轻耧畦面使种子入土，再撒盖一层细土，以不见种子为度。最后畦面在撒盖一层薄谷壳，以利出苗。

（二）田间管理

1. 保苗、间苗、补苗

幼苗时期苗弱根浅，需要适当水分，播后田间要保持一定的湿度，如遇干旱及时浇水，雨季注意排水。当苗高5～7cm时，开始第1次间苗，去弱留强，保持苗距6～7cm。苗高15～20cm时按株行距15cm×15cm定苗。缺苗时，选阴天进行补苗。

2. 水肥管理

幼苗期至8月上旬应控制用水，促使主根下扎，有利根部生长；8月份以后主根不再伸长，灌水量可大些，促使主根发育粗壮。雨季及大雨后注意及时疏沟排水。

根据牛膝前期长苗、后期长根的特点，在生长期需要及时追施足够的肥料。一般在定苗后开始追肥，每亩用尿素4～5kg，拌适量的腐熟厩肥末，在苗上无露水时撒施。9、10月份各施肥1次，每亩用尿素6～8kg，拌过磷酸钙30～40kg及适量厩肥末，堆沤数日后撒施。每次施肥后用竹枝轻扫叶面，使肥料落入土面，以免烧坏叶片。

3. 摘蕾

一般出苗1个月以后，苗高20～30cm，陆续出现花蕾，需及时摘除或用利刀分批割去，使养分集中于根部生长。摘蕾时尽量保留叶片，以免影响生长。

（三）病虫害及防治

1. 白锈病

（1）危害　在春秋低温多雨时容易发生。主要危害叶片，在叶片背面引起白色苞状病斑，少隆起，外表光亮，破裂后散出粉状物。

（2）防治方法

① 收获后清园，集中病株烧毁或深埋，以消灭或减少越冬菌源。

② 发病初期喷1∶1∶120波尔多液或65%代森锌500倍液，10～14天/次，连续2～3次。

2. 叶斑病

（1）危害　7～8月发生。危害叶片，病斑黄色或黄褐色，严重时整个叶片变成灰褐色枯萎死亡。

（2）防治方法　同白锈病防治法。

3. 根腐病

（1）危害　在雨季或低洼积水处易发病。发病后叶片枯黄，生长停止，根部变褐色，水渍状，逐渐腐烂，最后枯死。

（2）防治方法

① 注意排水，选择高燥的地块种植，忌连作。

② 防治可用根腐灵、代森锌或西瓜灵等杀菌剂。

4. 棉红蜘蛛

（1）危害　主要为害叶片。发生初期叶片出现黄色针尖样斑点，引起植株长势衰弱；后期叶片焦枯，似火烧状。俗称“火龙”。

（2）防治方法

① 收获后彻底清除田间枯叶及周围杂草，以减少越冬基数。

② 与棉田相隔较远距离种植。

③ 发生期用10%吡虫啉可湿性粉剂1500～2000倍液或4%杀螨威乳油。

5. 银纹夜蛾

（1）危害　其幼虫咬食叶片，使叶片呈现孔洞或缺刻。

（2）防治方法　捕杀或用90%敌百虫800倍液喷雾。此外，防治可用叶面喷施醚螨、先利、Bt水溶液等高效低毒农药。

五、收获

（一）采收

牛膝收获期以霜降后，封冻前最好。南方在11月下旬至12月中旬收获，北方在10月中旬至11月上旬收获。过早收获则根不壮实，产量低；过晚收获则易木质化或受冻影响质量。收获时先在畦的一端挖宽60～80cm的沟，用铁锹或锄将牛膝整株全部挖起，要做到轻、慢、细，不要将根部损伤，要保持根部完整。

（二）加工、分级

1. 捆把

挖回的牛膝，去净泥土和杂质，按其根条粗细长短分别捆把，每把10余条，捆好后悬挂在太阳下或通风干燥处，晒8～9天至七成干时，取回堆放室内盖席。闷两天后，使其“发汗”，再晒干。切去芦头即成“毛牛膝”。

2. 加工

主要是硫熏、去杂分级、整形干燥。

（1）硫熏　将毛牛膝打捆投入水中，使之沾水，立即拿出，交错分开放入熏炕中，用席覆盖后，以硫黄熏。每100kg毛牛膝用硫黄1～1.5kg，到烧完硫黄为止。

（2）去杂分级　除去病残根条和不合格的细毛杂物，将芦头砍去，再按长短选出不同等级。依级3.5～4kg成捆。分级后再沾水后，用硫黄熏，使根条更为色白性软，每100kg用硫黄1kg左右，熏后将其分成小把，每把200g左右（为7～8根或10根余不等）。

（3）整形干燥　捆好后放于平面干燥的地方，成方形堆置数日，使根条顺直定形，再上炕以小火烘焙干，注意平直，勿使变形折断。

牛膝以外皮显黑色，端茬黑色有油的为次。以去净芦头，无冻条、油条、无虫蛀、霉变、杂质为合格。以根条粗长、皮细、灰黄色者为佳。

健康食谱：牛膝蹄筋

原料：怀牛膝10g，蹄筋100g，鸡肉500g，火腿50g，蘑菇25g，胡椒粉、黄酒、姜、葱、盐、味精各适量。

制法：蹄筋加适量水，上笼蒸约4h，待蹄筋酥软时取出。再用冷水浸漂2h，剥去外层筋膜洗净，切成长段；怀牛膝洗净，切成斜片，火腿洗净后切成丝，鸡肉洗净后切成小方块，蘑菇洗净切丝，姜切片，葱切段。取蒸碗先将蹄筋段、鸡肉块放入，再放怀牛膝片、火腿丝，加姜片、葱段、胡椒粉、黄酒、盐、味精调味。上笼蒸约3h，待蹄筋酥烂后即可服食。

丹 参

丹参 *Salvia miltiorrhiza* Bge. 为唇形科多年生草本植物，以干燥的根及根茎入药。药材名丹参，别名紫丹参、血参、大红袍、红根等。性微寒，味苦，归心、肝经。有活血祛瘀、消肿止痛、养血安神、凉血消痈等功效。主治冠心病、心肌梗死、心绞痛、月经不调、产后瘀阻、瘀血疼痛、痈肿疮毒、心烦失眠等病症，对慢性肝炎、早期肝硬化等疾病具有良好效果。《日华子本草》中记载“养神定志，通利关脉。治冷热劳，骨节疼痛，四肢不遂；排脓止痛，生肌长肉；破宿血，补新生血；安生胎，落死胎；止血崩带下，调妇人经脉不匀，血邪心烦；恶疮疥癣，瘿赘肿毒，丹毒；头痛，赤眼，热温狂闷。”

丹参主产于四川、陕西、甘肃、河北、山东、江苏等省，我国大部分省、自治区也有分布和栽培。

一、种类

四川省中江县栽培的丹参主要是中江大叶型丹参和中江小叶型丹参，另外还有中江野丹参。大叶型丹参根条较短而粗，植株较矮，叶片大而较少，花序1～3枝，为当前主栽品种，产量高，但生产上退化较严重，要注意提纯复壮；小叶型丹参根较细长而多，主根不明显，植株较高，叶多而小，花序多见3～7枝，目前栽培面积较小。

二、形态特征

丹参为多年生草本，高30～80cm，全株密被柔毛。丹参植株形态见图3-7。

1. 根

肉质，肥厚，有分枝，圆柱形，外皮朱红色，内黄白色，长约30cm。

2. 茎叶

茎直立，四棱形，表面有浅槽，多分枝。奇数羽状复叶对生，叶柄长1～7cm，小叶3～7片，卵形或椭圆状卵形，长2～8cm，宽0.8～5cm，先端急尖或渐尖，基部宽楔形、近心形或斜圆形，边缘具圆锯齿，两面被长白柔毛，下面较密。

3. 花

轮伞总状花序有花3～10朵，顶生或腋生，密被腺毛和长柔毛；小苞片披针形，长约4mm，被腺毛；花萼钟状，长1～1.3 cm，先端二唇形，上唇阔三角形，先端急尖，下唇三角形，先端二齿裂，萼筒喉部密被白色柔毛；花冠蓝紫色，唇形，长2～2.7cm，上唇直立，略呈镰刀状，先端微裂，下唇较上唇短，先端3裂，中央裂片较两侧裂片长且大，又作浅2裂；发育雄蕊2，伸出花冠管，退化雄蕊2；子房上位，4深裂，花柱较雄蕊长，柱头2裂。花期6～9月份。

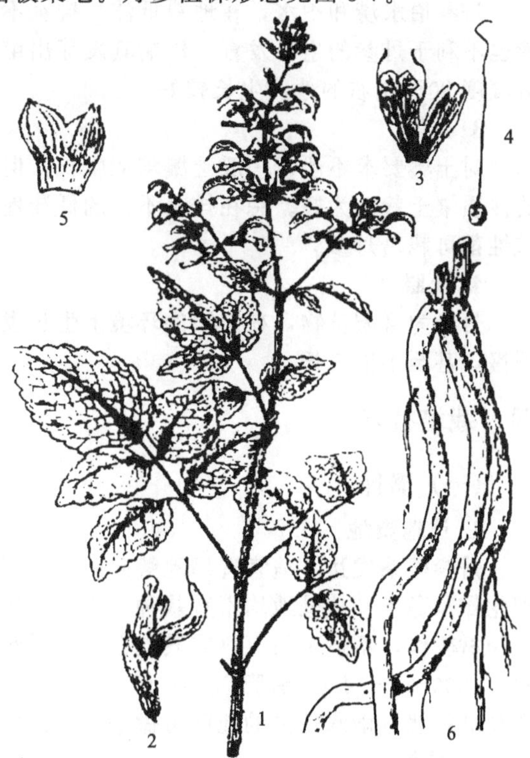

图3-7 丹参植株形态

1—植株；2—花；3—雄蕊；4—雌蕊；5—花萼；6—根

（仿郭巧生《药用植物栽培学》，2004）

4. 果实

小坚果4，长圆形，熟时暗棕色或黑色，长3mm。果期7～10月份。

> **考考你：**《本草纲目》曰："处处山中有之，一枝五叶，叶如野苏而尖，青色，皱皮。小花成穗如蛾形，中有细子，其根皮丹而肉紫。"请问这是何种药用植物？

三、生物学特性

（一）生长特性

丹参种子小，寿命1年。种子春播当年不开花；2年生以后年年开花结实。育苗移栽的第1个快速增长时期出现在返青后30～70天。从返青到现蕾开花约需60天，这时种子开始形成。种子成熟后，植株生长从生殖生长再次向营养生长过渡，叶片和茎秆中的营养物质集中向根系转移，出现第2个生长高峰。7～10月份是根部增长的最快时期。

（二）对环境条件的要求

1. 温度

丹参种子在20℃左右开始发芽，种根一般在土温15℃以上开始萌芽，植株生长发育的适宜气温为20～26℃。丹参茎叶不耐严寒，一般在气温降至10℃以下时地上部开始枯萎；茎叶只能经受短期－5℃左右的低温，地下部耐寒性较强，可在更低的气温下安全越冬。

2. 水分

丹参怕水涝和积水，在地势低洼、排水不良的情况下易发生黄叶烂根。但过于干燥的环境也不利于丹参的生长发育，影响其发芽出苗、幼苗的生长发育、根的发育膨大。一般以相对湿度80%左右的地区生长较好。

3. 土壤

对土壤要求不严，一般土壤均能生长，但以地势向阳、土层深厚、中等肥沃、排水良好的沙质壤土栽培为好。忌在排水不良的低洼地种植。对土壤酸碱度要求不严，从微酸性到微碱性都可栽培丹参。

4. 光照

丹参为喜阳植物，在向阳的环境下生长发育较好，在荫蔽的环境下栽培，植株生长发育缓慢，甚至不能生长。

四、栽培技术

（一）播种

1. 选地整地

丹参根系发达，适宜选择地势向阳、土层深厚、疏松肥沃、排水良好的沙质壤土进行合理轮作，黏土和盐碱地均不宜栽种，不宜连作，可与小麦、玉米、大蒜、蓖麻等作物或非根类药材轮作，不适于与豆科或其他根类药材轮作。前作收获后每亩施腐熟农家肥（堆肥或厩肥）1500～3000kg、磷肥750kg作基肥，深翻入土中，然后整细整平，并做成宽70～150cm的高畦，北方雨水较少的地区可做平畦，开好排水沟以利于排水。

2. 播种

丹参用种子繁殖、扦插繁殖、分根繁殖和芦头繁殖，以分根繁殖和种子繁殖为主。

（1）种子繁殖　3月份播种，采取条播或穴播，行距30～45cm、株距25～30cm挖穴，穴内播种量5～10粒，覆土2～3cm。条播沟深3～4cm，覆土2～3cm。如果遇干旱，播前浇透水再播种。

(2) 分根繁殖　栽种时间一般在当年2～3月份，也可在前年11月上旬立冬前栽种，冬栽比春栽产量高，随栽随挖。

一般选直径1cm左右，色红、无病虫害的1年生侧根作种，最好用上、中段，细根萌芽能力差。留种地当年不挖，到翌年2～3月间随挖随栽，也可在11月份收挖时选取好种根，埋于湿润土壤或沙土中，翌年早春取出栽种。在准备好的栽植地上按行距25～40cm、株距20～30cm开穴，穴深5～7cm，穴内施入充分腐熟的猪粪尿，然后将种根条掰成长约5cm的节段，直立放入穴内，边掰边栽，上下端切勿颠倒，最后覆土3～5cm，稍压实。还可盖地膜以提高地温，改善土壤环境，促进丹参的生长发育，从而提高产量。

(3) 扦插繁殖　南方4～5月份，北方6～8月份，在整好的畦内浇水灌透，将健壮茎枝剪成17～20cm的插穗，按行距20cm、株距10cm斜插入土2/3，顺沟培土压实，搭矮棚遮阴，保持土壤湿润。一般20天左右便可生根，成苗率90%以上。待根长3cm时，便可定植于大田。

(4) 芦头繁殖　3月份选无病虫害的健壮植株，剪去地上部的茎叶，留长2～2.5cm的芦头作种栽，按行距30～40cm、株距25～30cm挖穴，穴深3cm，每穴栽1～2株，芦头向上，覆土以盖住芦头为度，浇水，4月中下旬苗出齐。

(二) 田间管理

1. 松土除草

检查分根繁殖法因盖土太厚妨碍出苗的，刨开穴土，以利出苗。除草3次，5月份、6月份、8月份各1次，育苗地拔草。

2. 水肥管理

丹参最忌积水，在雨季要及时清沟排水；遇干旱天气，要及时进行沟灌或浇水，多余的积水应及时排除。

一般追肥3次，第1次在全苗后中耕除草时结合追肥，一般以施氮肥为主，以后配施磷肥、钾肥。如使用肥饼、过磷酸钙、硝酸钾等，最后一次要重施，以促进根部生长。第1次、第2次可每亩施腐熟粪肥1000～2000kg、过磷酸钙10～15kg或肥饼50kg。第3次施肥于收获前2个月，应重施磷、钾肥，促进根系生长，每亩施肥饼50～75kg、过磷酸钙40kg，二者堆沤腐熟后挖窝施，施后覆土。

3. 摘蕾

除了留作种用外，其余花蕾全部打掉，否则影响根的产量和质量。

(三) 病虫害及防治

1. 根腐病

(1) 危害　为害植株根部。受害植株细根先发生褐色干腐，逐渐蔓延至粗根，根部横切维管束断面有明显褐色病变。后期根部腐烂，地上部萎蔫枯死。

(2) 防治方法

① 选择地势高燥、排水良好的地块种植，有条件的地区可实行水旱轮作。

② 加强田间管理，增施磷、钾肥，提高植株抗病力；封行前及时中耕除草，并结合松土用木霉制剂10～15g/m^{2}撒施。

③ 发病期用50%多菌灵800～1000倍液，或50%甲基硫菌灵每亩1.5～2.5kg稀释成1000倍液浇灌病株，每周1次，连续2～3次。

2. 叶枯病

(1) 危害　主要为害叶片。植株下部叶片先发病，逐渐向上蔓延。初期叶面产生褐色、圆形小斑；后病斑不断扩大，中央呈灰褐色。最后叶片焦枯，植株死亡。

(2) 防治方法

① 选用健康种栽，栽种前用1：1：100波尔多液浸种10min。

② 增施磷、钾肥，增强植株抗病力；雨后及时开沟排水，降低田间湿度。

③ 发病初期选用50%多菌灵600倍液、65%代森锌600倍液或50%代森锰锌500倍液等药剂喷雾，间隔10～15天，连续2～3次。

3. 根结线虫

(1) 危害　为害根部。线虫侵入后，细根及粗根各部位产生大小不一的不规则瘤状物，用针挑开，肉眼可见白色小点，此为雌线虫。瘤体初为黄白色，外表光滑，后呈褐色并破碎腐烂。线虫寄生后根系功能受到破坏，使植株地上部生长衰弱、变黄，影响产量。

(2) 防治方法

① 实行水旱轮作，以减轻为害；选择肥沃的土壤，避免在沙性过重的地块种植。

② 整地时每亩用5%克线磷5kg沟施后翻入土中或栽种时穴施，也可在生长季随浇水施入1～2次，每次30kg/hm^2。

4. 蚜虫

(1) 危害　主要为害叶及幼芽。

(2) 防治方法　用50%杀螟松1000～2000倍液或40%乐果1500～2000倍液喷雾，7天喷1次，连喷2～3次。

5. 银纹夜蛾

(1) 危害　属于鳞翅目夜蛾科。以幼虫咬食叶片，夏秋季发生。咬食叶片成缺刻，严重时可把叶片吃光。

(2) 防治方法

① 冬季清园，烧毁田间枯枝落叶；悬挂黑光灯诱杀成虫。

② 在幼龄期，喷90%敌百虫1000倍液，7天喷1次，连续2～3次。

③ 幼虫期可用松毛杆菌防治，制成每1ml水含1亿个孢子的菌液喷雾，0.6～0.8kg/亩。

6. 棉铃虫

(1) 危害　属鳞翅目夜蛾科。幼虫为害蕾、花、果，影响种子产量。

(2) 防治方法　现蕾期喷洒50%辛硫磷乳油1500倍液或50%西维因600倍液防治，也可用天敌日本追寄蝇或螟蛉悬茧姬蜂防治。

7. 蛴螬类、地老虎类

(1) 危害　4～6月份发生为害，咬食幼苗根部。

(2) 防治方法　撒毒饵诱杀，在上午10时人工捕捉。或用90%敌百虫1000～1500倍液浇灌根部。

五、收获

(一) 采收

春栽于当年10～11月份地上部枯萎或次年春萌发前采挖。丹参根入土较深，根系分布广泛，质地脆而易断，应在晴天较干燥时采挖。先将地上茎叶除去，在畦一端开一深沟，使参根露出，顺畦向前挖出完整的根条，防止挖断。

（二）加工、分级

挖出后，剪去残茎。如需条丹参，可将直径0.8cm以上的根条在母根处切下，顺条理齐，暴晒，经常翻动，七八成干时，扎成小把，再暴晒至干，装箱即成“条丹参”。如不分粗细，晒干去杂后装入麻袋者称“统丹参”，有些产区在加工过程中有堆起“发汗”的习惯，但此法会使有效成分含量降低，故不宜采用。

产品以无芦头、须根、泥沙杂质、霉变，无不足7cm长的碎节为合格；以根条粗壮，外皮紫红色、光洁者为佳。

当归

当归 *Angelica sinensis*（Oliv.）Diels为伞形科多年生草本植物，以干燥的根入药，别名秦归、云归、西当归、岷当归等。味甘、辛、微苦，性温。具有补血活血、润燥滑肠、调经止痛、扶虚益损、破瘀生新的功效。主治月经不调、崩漏、经闭腹痛、血虚头痛、痈疽疮疡、跌打损伤、肠燥便秘、头晕眼花、面色苍白等。《本草汇编》记载：“当归治头痛，酒煮服，取其清浮而上也。治心痛，酒调末服，取其浊而半沉半浮也。治小便出血，用酒煎服，取其沉入下极也，自有高低之分如此。王海藏言，当归血药，如何治胸中咳逆上气，按当归其味辛散，乃血中气药也，况咳逆上气有阴虚阳无所附者，故用血药补阴，则血和而气降矣。”

当归主产于甘肃岷县、武都、漳县等地，其次是云南，四川、陕西、湖北等地也有栽培。

一、形态特征

多年生草本，高40～100cm。当归植株形态见图3-8。

1. 根

主根粗短、肥大肉质、有香气，下面分为多数粗长支根，略呈圆柱形，表皮黄色或土黄色，断面粉白色，具菊花纹。

2. 茎叶

茎直立，带紫色，表面有纵沟。叶互生，基部扩大呈鞘状抱茎，紫褐色，基生叶及茎下部叶2～3回奇数羽状复叶，长8～18cm，边缘有齿状缺刻或粗锯齿。

3. 花

复伞形花序，顶生，无总苞或有2片，伞幅9～14cm；小总苞片2～4，条形；每伞梗上有花12～40枚，密生细柔毛；花白色，萼片5；花瓣5，微2裂，向内凹卷；雄蕊5，花丝内曲；子房下位，2室。花期6～7月份。

4. 果实

双悬果椭圆形，白色，长4～6mm，宽3～4mm，侧棱具翅，翅边缘淡紫色。果期8～9月份。

图3-8 当归植株形态
1—叶；2—花序；3—根
（仿杨继祥等《药用植物栽培学》，2004）

二、生物学特性

（一）生长特性

当归为多年生草本，但一般为2年。第1年为营养生长阶段，形成肉质根后休眠；第2年抽薹开花，完成生殖生长。抽薹开花后，当归根木质化严重，不能入药。由于1年生当归根瘦小，性状差，因此生产上采用夏育苗（最好控制在6月中下旬），用次年移栽的方法来延长当归的营养生长期，但一定要控制好栽培条件，防止当归第2年的“早期抽薹”现象。采用夏育苗后，当归的个体发育在3年中完成，前两年为营养生长阶段，第3年为生殖生长阶段。

第1年从出苗到植株枯萎前可长出3～5片真叶，平均株高7～10cm，根粗约0.2cm，单根平均鲜重0.3g左右。

第2年4月上旬，气温达到5～8℃时，移栽后的当归开始发芽，9～10℃时出苗，称“返青”，大概需要15天左右。返青后，当归在温度达到14℃后生长最快，8月上中旬叶片伸展达到最大值，当温度低于8℃时，叶片停止生长并逐渐衰老直至枯萎。当归的根在第2年7月份以前生长与膨大缓慢，但7月份以后，气温为16～18℃时肉质根生长最快，8～13℃时有利于根膨大和物质积累。到第2次枯萎时，根长可达30～35cm，直径可达3～4cm。

第3年当归从叶芽生长开始到抽薹前为第2次返青。此时当归利用根内贮藏的营养物质迅速生根发芽。开始返青后半个月，生长点开始茎节花序的分化，约需30天，但外观上见不到茎，此时根不再伸长膨大，但贮藏物质被大量消耗。从茎的出现到果实膨大前这一时期为抽薹开花期，根逐渐木质化并空心。随着茎的生长，茎出叶由下而上渐次展开，5月下旬抽薹现蕾，6月上旬开花，花期1个月左右。花落7～10天出现果实，果实逐渐灌浆膨大，复伞花序弯曲时，种子成熟。

（二）对环境条件的要求

1. 温度

当归性喜冷凉的气候，耐寒冷，怕酷热、高温。当归种子在温度为6℃左右就能萌发，10～20℃之间其萌发速度随温度升高而加快，20℃时种胚吸水速度、发芽速度最快，大于20℃萌发速度减缓，大于35℃就失去发芽力。当归根在5～8℃时开始萌动，9～10℃出苗，日平均温度达14℃时生长最快。当归最适春化温度为0～5℃，种子在0～5℃条件下贮存，3年后发芽率仍有60%左右。

2. 光照

当归是一种低温长日照型植物。必须通过0～5℃的春化阶段和长于12h日照的光照阶段，才能开花结果。而开花结果后植株的根木质化，有效成分很低，不能药用。因此生产中为了避免抽薹，第1年控制幼苗仅生长2.5个月左右，作为种栽；第2年定植，生长期不抽薹，秋季收获肉质根药用。留种地第3年开花结果。此外当归幼苗怕烈日直接照射，强光直射后，小苗易枯萎死亡。所以，人工育苗要搭棚控光。

3. 水分

当归对水分要求比较严，在幼苗期、肉质根膨大前期要求较湿润的土壤环境，肉质根膨大后，特别是物质积累时期怕积水。

4. 土壤

当归对土壤的要求不十分严格，适应范围较广。但是以土层深厚、疏松肥沃、排水良好的富含有机质、微酸性或中性的沙壤土、腐殖土为宜，忌连作。

三、栽培技术

（一）播种

1. 选地整地

育苗地宜在山区选阴凉的半阴山，以土质疏松肥沃、结构良好的沙质壤土为宜。栽培前，选土层深厚休闲地或二荒地。7月中旬，先把灌木砍除，把草皮连土铲起，晒干堆起烧成熏土灰，均匀扬开，随后田地深耕20～25cm，日晒风化熟化。然后在栽种前结合整地每亩施入腐熟厩肥2500kg，翻入土中作基肥。播前再深耕1次，做成宽1.3m的高畦，高为25～30cm，畦间距为30～40cm，四周开好排水沟。

2. 播种

播种的时期，应根据当地的地势、地形和气候特点而定。播期早，则苗龄长，早期抽薹率高；过晚则成活率低，生长期短，幼苗弱小。一般认为苗龄控制在110天以内，单根质量控制在0.4g左右为宜。高海拔地区宜于6月上中旬播种，低海拔地区宜6月中下旬播种。播种方法条播法与撒播相比，条播边行效应多，抽薹率高于撒播；撒播者，播种均匀的最好。产区常多采用条播。在畦面上按行距15～20cm横畦开沟，沟深3cm左右，将种子均匀撒入沟内，覆土1～2cm，整平畦面，盖草保湿遮光。当归萌发生长温度为11～16℃。播种量每亩5kg左右。如采用撒播，播种量可达每亩10～15kg。播种前3～4天可先将种子用水浸24h，然后保湿催芽，种子露白时，就可均匀撒播。

3. 移栽

一般于春季4月上旬移栽为适期。过早，幼苗出土后易遭受晚霜危害；过晚，则种苗芽子萌动，移栽时易伤苗，成活率低。栽时，将畦面整平，按株距30cm、行距40cm、三角形错开开穴，穴深15～20cm，每穴按品字形栽大、中、小苗共3株，栽后边覆土边压紧，覆土至半穴时，将种苗轻轻向上一提，使根系舒展，然后盖土至满穴。也可采用沟播，即在整好的畦面上横向开沟，沟距40cm，深15cm，按3～5cm的株距，大、中、小相间置于沟内，芽头低于畦面2cm，盖土2～3cm。

（二）田间管理

1. 间苗定苗

直播者，在苗高3cm时，即可间苗。穴播者，每穴留苗2～3株，株距3～5cm，到苗高10cm时定苗，最后一次中耕应定苗；条播的株距10cm定苗。

2. 松土除草

每年进行3～4次，第1次于齐苗后，苗高3cm时，结合间苗除草1次；第2次于苗高6cm时，结合间苗在除草1次，此时因主根扎入土层较浅，宜浅松土；第3次于定苗后，可适当加深；第4次于苗高20～25cm时可深锄。封行后不再松土除草。

3. 水肥管理

当归苗期需要湿润条件，降雨不足时，应及时适量灌水。雨季应挖好排水沟，注意排水，以防烂根。

当归为喜肥植物，除了施足底肥外，还应及时追肥。追肥应以油渣、厩肥等为主，同时配以适量速效化肥。追肥分两次进行，第一次在5月下旬，以油渣和熏肥为主。若为熏肥，应配合适量氮肥以促进地上叶片充分发育，提高光合效率。第二次在7月中下旬，以厩肥为主，配合适量磷钾肥，以促进根系发育，获得高产。

（三）病虫害及防治

1. 麻口病

（1）危害　移栽后的4月中旬、6月中旬、9月上旬、11月上旬为其发病高峰期，为害根部，地下害虫多有利于发病。

(2) 防治方法

① 每亩用3911颗粒剂3kg加细土15kg拌匀或20%甲基异柳磷乳剂0.5kg加水2.5kg喷在15kg土上拌匀，撒施，翻入土中。

② 定期用广谱长效杀虫剂灌根，每亩用40%多菌灵胶悬剂250g或硫菌灵600g加水150kg，每株灌稀释液50g，5月上旬、6月中旬各灌1次。

2. 菌核病

(1) 危害　为害叶部、低温高湿条件下易发生，7～8月份为害较重。

(2) 防治方法　不连作，在发病后半个月每10天左右用50%甲基硫菌灵1000倍液喷药，连续3～4次。

3. 根腐病

(1) 危害　病原是真菌中一种半知菌。主要为害根部，受害植株根尖和幼根呈水渍状，随后变黄脱落，主根呈锈黄色腐烂，最后仅剩下纤维状物；地上部枯黄死亡。

(2) 防治方法

① 栽种前用70%五氯硝基苯800倍液对土壤消毒。

② 与禾本科作物轮作；雨后及时排除积水。

③ 选用无病健壮种苗，并用65%可湿性代森锌600倍液浸种苗10min，晾干栽种。

④ 发病初期及时拔除病株，并用石灰消毒病穴；用50%多菌灵1000倍液全面浇灌病区。

4. 黄凤蝶

(1) 危害　属鳞翅目凤蝶科。幼虫咬食叶片呈缺刻，甚至仅剩叶柄。

(2) 防治方法　幼虫较大，初期可人工捕杀；用90%敌百虫800倍液喷杀，7～10天喷1次，连续2～3次。

5. 蚜虫、红蜘蛛

(1) 危害　为害新梢和嫩芽。

(2) 防治方法　用40%乐果乳油1000～1500倍液防治。

6. 蛴螬、蝼蛄、地老虎

(1) 危害　危害根茎。

(2) 防治方法　铲除田内外青草，堆成小堆，7～10天换鲜草，用毒饵诱杀。也可用90%晶体敌百虫1000～1500倍液灌窝或人工捕杀。

四、收获

(一) 采收

秋季直播繁殖的于第2年、育苗移栽的于当年10月下旬植株枯黄时采挖。过早，根条不充实，产量低、质量差；过迟，土壤冻结，根易断。在收获前，先割去地上叶片，在阳光下暴晒3～5天。割叶时要留下叶柄3～5cm，以利采挖时识别，然后小心挖取全根。

(二) 加工、分级

先将泥土除净，晾干数日至根条变软时，除去须根，按根条数大小理顺，扎成小把，头朝下挂在炕架上，于室内用湿草作燃料生烟烘熏，熏烤以暗火为好，忌用明火，室内温度保持在60～70℃，要定期停火回潮，上下翻堆，使干燥程度一致。10～15天后，待根把内外干燥一致，用手折断时清脆有声，表面赤红色，断面乳白色为好。当归加工时不可经太阳晒干或阴干。

以主根粗长、油润，外皮色黄棕，断面色黄白、香气浓郁者为佳。

白 芷

白芷原植物为伞形科白芷 *Angelica dahurica*（Fisch. ex Hoffm.）Benth. et Hook. f 和杭白芷 *Angelica dahurica*（Fisch. ex Hoffm.）Benth. et Hook. f. var. *formosana*（Boiss）Shan et Yuan，别名祁白芷、川白芷、杭白芷、香白芷等。以干燥根入药，生药称白芷，性辛味温，归胃、大肠、肺经，具有祛风除湿、排脓生肌、活血止痛等功效，主治风寒感冒、头痛、鼻窦炎、牙痛、烧伤、赤白带下、疮疡肿痛等病症。

白芷在全国各地都有栽培，包括产于河南、河北等省的兴安白芷（祁白芷）；产于四川的库叶白芷（川白芷）；产于浙江、福建、台湾等省的杭白芷（香白芷）。

一、种类

目前主产区选育出了两种类型：紫茎白芷与青茎白芷。

1. 紫茎白芷

又叫紫茎种。植株较高，根部肥大，根的顶端较小。叶柄基部带紫色。需肥量较小，产量较高。为主栽品种。

2. 青茎白芷

又叫青茎种。植株较矮，根的顶端较大，不易干燥。叶柄基部为青色，叶较分散。容易倒伏，枯苗较早。需肥量较大，产量较低。

二、形态特征

（一）白芷

2年生草本，植株高大，高2～2.5m。白芷植株形态见图3-9(a)。

图3-9 白芷（a）和杭白芷（b）植株形态

1—根；2—叶；3—花序；4—小花；5—种子

（仿杨继祥等《药用植物栽培学》，2004）

1. 根

根粗大，垂直生长，近圆锥形，有分枝，外皮黄褐色。

2. 茎叶

茎直立，圆柱形，中空，常带紫色，有纵沟纹，近花序处有短柔毛。叶互生，下部叶大，有长柄；基部叶鞘紫色；上部叶小，无柄，基部显著膨大成囊状鞘；2～3回羽状分裂，最终裂片卵形至长卵形，边缘有不规则锯齿。

3. 花

复伞形花序，顶生或腋生，总花梗长10～30cm，伞幅18～38cm不等，无总苞或有1～2片，膨大呈鞘状，小总苞片14～16，狭披针形；小花10余朵，白色，无萼齿，花瓣5，卵状披针形，先端内凹；雄蕊5，花丝长，伸出花冠外；子房下位，2室，花柱2，很短。花期5～6月份。

4. 果实

双悬果扁平，椭圆形，分果具5棱，侧棱翅状，无毛或有极少毛，果期6～7月份。

（二）杭白芷

杭白芷是白芷的变种，形态与白芷相似，但植株相对较矮（高1.0～2.0m），主根上部略呈四棱形，复伞花序密生短柔毛，伞幅10～27cm，小花黄绿色，花瓣5，顶端反曲。如图3-9(b)所示。

三、生物学特性

（一）生长特性

白芷播种多在秋季白露前后，播后10～15天出苗，并相继出根出叶，11月份后进入休眠期。次年2月份或3月份后恢复快速生长，7～9月份可收获根部入药。留种田不起收，11月份后又进入休眠期，第3年3～4月份抽薹现蕾，5～6月份开花，6～7月份果实陆续成熟。新种子的发芽率在70%以上，种子寿命为1年，超过1年后的种子发芽率很低或不发芽。

（二）对环境条件的要求

白芷喜温暖、湿润、阳光充足的环境，亦比较耐寒。

1. 温度

生长的适宜温度为15～28℃，最适温度24～28℃，超过30℃植株生长受阻。幼苗耐寒力较强，能忍耐－7～－6℃低温。种子在恒温下发芽率极低，在10～30℃变温条件下发芽较好。

2. 水分

以较湿润的环境为宜。干旱影响其正常生长发育，根易木质化或难于伸长形成分岔；土壤过于潮湿或积水，通气不良，容易出现烂根。

3. 光照

白芷是喜光植物，宜选择向阳地块栽培，过于荫蔽的环境，植株纤细，生长发育差，产量、质量均不高。

4. 土壤

白芷主根深长，以土层深厚、疏松、肥沃、比较湿润的土壤最适宜。过于黏重或排水不良的低洼积水地块，以及土层浅薄、石砾过多的土壤均不适宜种植。

四、栽培技术

（一）播种

1. 选地整地

白芷对前作要求不严。最好选择土壤肥沃、耕作层深、土质疏松、排水良好、阳光充足的沙质壤土。前茬作物收获后，及时翻耕，深33cm为宜。暴晒数日后再翻1次，结合整地每亩施农家肥2000～3000kg，配施50kg过磷酸钙翻入土中作基肥，然后耙细整平，按宽100～200cm、高16～20cm的规格作高畦，畦面应平整，畦沟宽26～33cm，四周开好排水沟，表土层要求疏松细碎。

2. 播种

选用当年所收的种子，隔年陈种发芽率不高，甚至不发芽，不可采用。先期抽薹的种子，播种后早期抽薹率高，影响根的产量和质量，也不宜选用。

白芷的播种期分春秋两季。春播在清明前后，但产量低，质量差，一般都不采用。秋播以白露至秋分播种为宜，不能过早或过迟，最早不能早于处暑，否则白芷苗在当年冬季生长迅速，则将有多数植株在第2年抽薹开花，其根不能作药用，俗称“公白芷”；最迟不能迟于秋分，因秋分后雨量渐少，气温转低，白芷播后长久不能发芽，影响生长与产量，故应在8月上旬至9月初播种。采用穴播或条播均可，一般采用穴播。穴播按行距30～33cm、株距23～27cm开穴，穴深6～10cm；条播按行距30cm，播幅约10cm，深7～9cm开浅沟将种子均匀播下。穴播每亩用种量1.75kg左右，条播每亩需2kg或以上。播后盖薄层细土并用脚轻轻踩一遍，使种子与土壤紧接。播后随即浇1次稀薄人畜粪水，覆盖火土灰，以不见种子为度。一般播后15～20天即可发芽出苗。

（二）田间管理

1. 间苗定苗

白芷幼苗生长缓慢，播种当年一般不疏苗，第2年早春返青后，苗高4～7cm时，开始第1次间苗。条播每隔3～5cm留一株，穴播每穴留5～8株；第2次在苗高10cm时间苗，每隔约10cm留一株或每穴留3～5株。清明前后苗高约15cm时定苗，条播者按株距12～15cm定苗；穴播者按每穴留壮苗3株，呈三角形错开，以利通风透光。间苗时可将弱的、过密的、叶柄呈青白色或黄绿色和叶片距离地面较高的幼苗拔去，因为此类苗易提前抽薹开花。定苗时应将生长过旺、叶柄呈青白色的大苗拔除。

2. 松土除草

每次间苗时都应结合中耕除草。第1次待苗高3cm时用手拔草，如土壤过于板结，杂草又多，可浅锄2cm左右，以免损伤根系。第2次待苗高6～10cm时除草，松土稍深一些。第3次在定苗时，松土除草要彻底除尽杂草，以后植株长大封垄，不能再行中耕除草。

3. 水肥管理

白芷喜水，但怕积水。在白芷生长发育期间，尤其是前期，遇干旱应注意浇水，保持土壤湿润；在多雨地区和多雨季节，应注意排水防涝，特别是注意防止地内积水，以免影响根的生长和引起根部病害。

追肥一般4次，第1～2次结合间苗进行，每次每亩施入稀薄人畜粪水1500kg；第3次在定苗后，每亩施入稀薄人畜粪水2500kg，配合过磷酸钙30kg；第4次在封行前植株开始旺长时进行，每亩施入稀薄人畜粪水3000kg，并撒施火土灰150kg，然后培土。

（三）病虫害及防治

1. 斑枯病

（1）危害　主要危害叶片。7～8月份发病严重。叶片正面上有黄褐色圆形或不规则形病斑，无同心轮纹，病斑上生有小黑点。

（2）防治方法　清洁田园，并将病株集中烧毁。发病前喷施1∶1∶150的波尔多液，发病初期喷施50%多菌灵1000倍液，或40%菌核清500倍液，或65%代森锰锌1000倍液。

2. 蚜虫

(1) 危害　属同翅目蚜科。蚜虫多集中在白芷的嫩枝、叶、花、果穗上危害。受害植株叶黄，花、果脱落，对产量影响较大。

(2) 防治方法　用抗蚜威3000～3500倍液，或莫蚜灵2000倍液，或吡虫啉3000倍液喷雾防治，每隔3天喷1次，连喷2～3次。

3. 红蜘蛛

(1) 危害　属蜘蛛纲蜱螨目叶螨科。以成虫、若虫为害叶部。一年发生20代。6月份开始为害，7～8月份高温干旱为害更为严重。植株下部叶片先受害，逐渐向上蔓延，被害叶片出现黄白小斑点，扩展后全叶黄化失绿，最后叶片干枯死亡。

(2) 防治方法　清洁田园，集中烧毁病株。发生期可用20%双甲脒乳油1000倍液，或20%三氯杀螨砜1000倍液喷雾防治。

五、收获

(一) 采收

春播白芷当年采收，10月中下旬收获。秋播白芷第2年7月下旬至8月上旬在叶片枯黄时开始收获，仔细挖出全根，抖去泥土，除去残留叶柄，运至处理。

(二) 加工、分级

白芷含淀粉多，收回后要及时晒干。白芷在干燥过程中，尤其是遇阴雨干燥不及时时容易发生根腐病，生产上常采用硫黄熏。方法是按大、中、小分级堆放于烘炕上，大的放中间，小的放四周，鲜根放底层，已晒软的放上层，装时不能踩压，以利通烟，每1000kg鲜白芷用硫黄10kg左右。熏时要不断加入硫黄，不能熄火断烟，并要少跑烟，注意人畜安全。

白芷以干燥、外皮灰白色、断面白色、体坚、具粉性、有香气、无黑心和枯心、无虫蛀和霉变为合格；以条粗壮、体重、粉性足、香气浓郁者为佳。

黄　连

黄连原植物为毛茛科黄连 *Coptis chinensis* Franch.、三角叶黄连 *Coptis deltoidea* C. Y. Cheng et Hsiao 和云连 *Coptis teeta* Wall.，别名味连、雅连、云连、鸡爪连、王连等。以干燥根茎入药，味苦，性寒，归心、脾、胃、肝、胆、大肠经。具有消炎、清热燥湿、泻火解毒的功效，主治热盛心烦、急性肠胃炎、细菌性痢疾、急性结膜炎、痈疽疖疔、湿热黄疸、黄水疮、吐血、发热等病症。《神农本草经》中记载："味苦，寒。主治热气，目痛，眦伤，泣出，明目，肠澼，腹痛，下痢，妇人阴中肿痛。久服令人不忘。"

以味连种植面积最大，质量好，主产于四川东部和湖北西部，陕西、湖南、贵州和甘肃也有栽培；雅连种植面积较小，主产于四川中南部；云连以野生和半人工栽培为主，主产于云南西北部和西藏昌都地区的南部。

一、种类

黄连的栽培品种主要有味连和雅连，味连的栽培品种类型较少，主要有纸花叶黄连和肉质叶黄连；雅连栽培品种类型较多，主要有刺盖连、杂白子、花叶子、草连等。

1. 味连

纸花叶黄连为晚熟优质高产品种，主根茎长10.5cm左右。

肉质叶黄连为早中熟高产品种，主根茎长9.5cm左右。

2. 雅连

刺盖连为目前普遍栽培的主要品种。植株大，老叶叶缘锯齿刺手，故名“刺盖连”。栽培适宜海拔2000m左右的地区。

杂白子植株高大，叶面较平，老叶不刺手。果实内有成熟的种子，能用种子繁殖。适宜栽培于海拔1700～2500m地区。抗病力也较强。

花叶子叶片较小，小裂片显著狭窄，故名“花叶子”。果实内无种子，仍靠匍匐茎繁殖。

草连用匍匐茎繁殖，宜春季栽种。海拔较低的山区，如海拔1000m上下都可栽培，根茎品质较差，组织较松泡。

二、形态特征

（一）黄连

多年生草本，株高20～50cm。黄连植株形态见图3-10(a)。

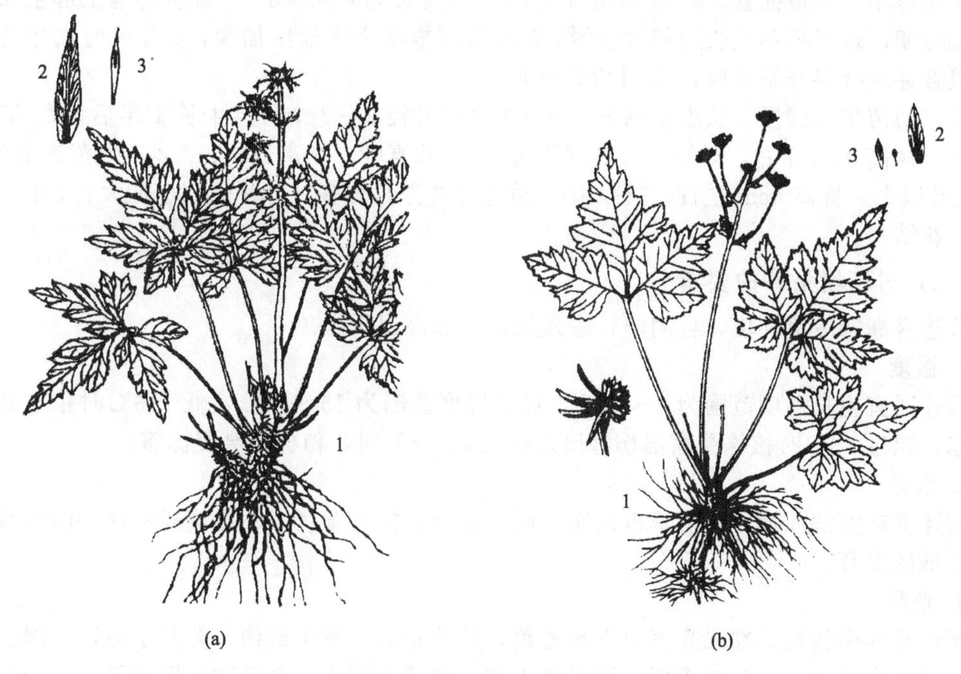

图3-10　黄连（a）和三角叶黄连（b）植株形态

1—植株；2—萼片；3—花瓣

（仿杨继祥等《药用植物栽培学》，2004）

1. 根

根状茎多分枝，束状或簇状，形如鸡爪，粗糙，生密生须根，外皮黄褐色。

2. 叶

叶全部基生，叶柄细长，比叶片长，有沟槽；叶片坚纸质，3全裂，中央裂片卵状菱形，边缘有锐锯齿，侧生裂片不等2深裂。

3. 花

花茎1～2顶生；聚伞花序，每个花序5～9朵花，花小，萼片5～6，黄绿色；雄蕊15～23；心皮8～12。花期2～3月份。

4. 果实、种子

蓇葖果6～12，长卵形，绿色，后变成紫绿色，成熟时顶端孔裂，种子多数。果期4～6

月份。

（二）三角叶黄连

三角叶黄连与黄连相似，但本种叶的一回裂片上的羽状深裂片彼此邻接；蓇葖果多为7～8个，无种子，如图3-10(b)所示。

（三）云连

云连根茎较细，羽状深裂片间常更稀疏。

三、生物学特性

（一）生长特性

自然成熟的种子播种后，第2年出苗，实生苗4年开花结实，以后每年开花结实。通常在10～12年开始衰老，野生味连则在25～30年时才开始衰老。

黄连每年1月份抽薹，2～3月份开花，4～6月份为果期。3～7月份为地上部生长发育最旺盛时期，地下根茎生长则相对缓慢，8月份后根茎生长速度加快，9月份时次年待要生长的混合芽或叶芽开始形成，11月份芽苞长大。

黄连幼苗生长缓慢，从出苗到长出1～2片真叶需1～2个月，生长1年后多数有3～4片真叶，株高3cm左右，如果发育良好则有4～5片真叶，株高近6cm。2年生黄连多为4～5片真叶以上，株高6cm左右；3～4年生黄连叶片数目增多，叶片面积也加大；4年生以上黄连开花结实。

（二）对环境条件的要求

黄连喜高寒冷凉环境，喜阴湿，忌强光直射和高温干燥。

1. 温度

黄连适宜生长温度范围为8～34℃，最适温度范围为15～25℃，低于6℃时植株处于休眠状态，超过38℃时植株受高温伤害迅速死亡，－8℃时，植株不会受冻害。

2. 水分

黄连喜欢湿润环境，既怕旱也怕涝，雨水充沛、空气湿度大、土壤经常保持湿润有利于黄连植株的发育。

3. 光照

黄连是喜阴植物，在强光直射下易萎蔫，叶片枯焦，发生灼伤，尤其是苗期。但过于荫蔽，植株光合能力差，叶片柔弱，抗逆能力差，根茎不充实，产量和品质均低。在生产上多采用搭棚遮阴或林下栽培，透光度随着黄连不同生育期的需求改变。

4. 土壤

黄连对土壤选择较严格，以表土疏松肥沃、土层深厚、排水、透气良好的富含腐殖质的中壤土或轻壤土较好。土壤酸碱度以pH值5.5～7为宜。过酸或过碱、粗沙土和黏重的土壤都不适宜栽连。

四、栽培技术

（一）播种

1. 选地整地

根据其生物学特性，育苗地选择表土疏松肥沃、土层深厚、排水、透气良好的富含腐殖质壤土或沙壤土，土壤以微酸性至中性，地势以早晚有斜光照射的半阴半阳不超过30°的缓坡地为宜；忌连作。如选用生荒地，播种前清除灌木、杂草和枯枝落叶，堆积焚烧作肥；翻耕 20cm，整平作高畦育苗；若选择熟地，结合翻耕每亩施厩肥及土杂肥 4000～6000kg，耙细，然后按宽 1～1.5m、深 17～20cm 做成高畦，四周开好排水沟，随即播种。

移栽田选地与育苗相同，整地可分下述 3 种情况。

（1）生荒地栽连　栽前进行砍山、翻地作畦、铺土等工序。

① 砍山：栽种当年春季或上年秋季，把灌木杂草全部砍、铲干净。除竹、木材可作棚材，其余的残枝落叶、杂草等点火焚烧作基肥。

② 翻地作畦：深翻土地 20cm，以深至不动底土层为限，整平耙细后作畦，畦宽根据棚桩横距而定。畦沟宽通常不低于 33cm，深 15cm 左右。四周开好排水沟，以便排水。

③ 铺土：将熏好的土或腐殖土铺在畦上，厚 15～20cm。

（2）林间栽连　选地与育苗相同，整地与生荒地栽连相同，保持林间荫蔽度 70%左右。

（3）熟地栽连　整地前每亩施厩肥或堆肥 4000～6000kg，深翻 20cm 耙细作畦。其方法与生荒地栽连相同。

2. 播种育苗

黄连栽培一般需要搭棚，夏播于秋季搭棚，秋播则于整地后搭棚。育苗 2 年可搭高60～70cm 的矮棚，棚材可选用灌木、竹子等。覆盖物不宜过密。1 畦 1 棚。

黄连在 10 月份或 11 月份用贮藏的种子播种。因种子细小，播种前用细腐殖土 20～30 倍与种子拌匀，每亩用种量 2～3kg，撒播畦面，播后稍压，覆盖细土。冬季干旱地区播后盖一层落草，以保持土壤湿润。次春解冻后，揭去盖草，以利出苗。

3. 移栽

幼苗在播后第 3 年移栽，可在 2～3 月份、6 月份或 9～10 月份 3 个时期进行，尤以 6 月份移栽最好。第 1 时期新叶还未发出，多用 4 年生苗，只适于气候温和的低山区；第 2 时期新叶已长成，一般栽 3 年生连苗，容易成活，生长亦好，是最适宜栽植期；第 3 时期栽后不久就进入霜期，易遭冻害，成活率低，只适于气候温和的低山区。移栽宜选阴天或雨后晴天栽种。取生长健壮、具 4～5 片叶片的连苗，连根挖起，在整好的畦面上，一般行株距均为 10cm，每亩栽苗 5.5 万～6 万株。栽苗不宜过浅，根据季节和苗大小而定，一般为 3～5cm，地上留 3～4 片大叶即可。

（二）田间管理

1. 补苗

黄连苗移栽后常有死苗，要及时查苗补苗，5～6 月份移栽的秋季补苗，9 月份移栽的翌春补苗。

2. 松土除草

育苗地杂草较多，栽种当年和次年，应及时除草松表土，播后第 1～2 年每年除草 4～5 次；第 3～4 年每年除草 3～4 次；第 5 年接近收获只除草 1 次。第 3～5 年除草时应结合松土。

3. 追肥

黄连喜肥，除施足底肥外，每年都要追肥，前期以施氮肥为主，以利提苗，后期以磷、钾肥为主，并结合农家肥，以促进根茎生长。黄连栽后 2～3 天施一次稀薄人畜粪水或腐熟饼肥水，栽种当年 9～10 月份以及以后每年的春季和秋季各施一次肥。春季多施速效肥，每亩用粪水 1000kg 或饼肥水 1000kg，也可用尿素 10kg 和过磷酸钙 20kg 与细土拌匀撒施。秋季以施厩肥为主，适当配合饼肥，钙、镁、磷肥等，让其充分腐熟，撒于畦面，每次每亩施 1500～2000kg。施肥量应逐年增加。

4. 摘蕾

除留种植株外，从移栽后第 2 年起均应及时摘除花蕾。

5. 荫棚管理

黄连在不同生长期对荫蔽度要求不同，要调节适宜的荫蔽度保证其完好和适宜的透光度。随着连苗的生长，需要的光照逐渐增多，透光度应逐渐增大。一般移栽当年荫蔽度以80%～85%较好，以后逐年减少，第4年降到40%～50%，到第5年种子采收后拆除棚上的遮盖物，称为亮棚，使黄连得到充分的光照，加强光合作用，积累有机物质，使养分向根茎转移，以利提高产量。

(三) 病虫害及防治

1. 白粉病 (药农称为“冬瓜粉”)

(1) 危害　5月下旬发病，7～8月份为害严重。发病初期在叶背面出现圆形或椭圆形黄褐色小斑点，逐渐扩大成病斑。叶表面病斑褐色，长出白粉，并由老叶向新叶蔓延，白粉逐渐布满全株叶片，使叶片慢慢枯死，重者全株死亡。

(2) 防治方法

① 调节荫蔽度，适当增加光照并注意排水。

② 发病初期用庆丰霉素80单位或70%甲基硫菌灵1500倍液，每7～10天喷雾1次，连喷2～3次。

③ 选育抗病品种，增施磷、钾肥，提高植株抗病力。

2. 炭疽病

(1) 危害　5月初发病，叶片上出现油渍状小点，扩大成病斑，边缘紫褐色，中间灰白色。后期病斑中央穿孔；叶柄上也产生紫褐色病斑，严重时全株枯死。

(2) 防治方法

① 冬季清园，将病叶集中烧毁。

② 用1∶1∶(100～150) 波尔多液或80%代森锰锌可湿性粉剂800～1000倍液喷雾，每7～10天喷1次，连喷数次。

③ 发病后即摘除病叶，喷50%多菌灵800～1000倍液或60%炭疽福美400～600倍液，7天1次，连喷2～3次。

3. 白绢病

(1) 危害　6月初始发，6月下旬至7月中旬盛发。病菌先侵染根茎处，后叶片呈紫褐色或橙黄色，重者全株死亡。根茎处出现白色绢丝状菌丝和似油菜籽状的菌核。

(2) 防治方法

① 发现病株立即拔除烧毁，并用石灰粉处理病穴，或用50%多菌灵可湿性粉剂800倍液浇灌。

② 发病时用50%退菌特500倍液喷洒，7天1次，连续2～3次。

③ 实行与玉米轮作5年以上。

4. 列当

(1) 危害　寄生于黄连根部，以吸盘吸取汁液，使黄连生长停止，严重时全株枯死。

(2) 防治方法

① 发现列当寄生，连根带土一起挖除，换填新土。

② 7月上、中旬，列当种子成熟之前，结合除草将列当铲除干净。

5. 蛞蝓

(1) 危害　蛞蝓是软体动物，在黄连整个生长期都可为害，咬食嫩叶。白天潜伏阴湿处，夜间爬出活动为害，雨天为害较重。

(2) 防治方法

① 用50%辛硫磷乳油0.5kg加鲜草50kg拌湿，于傍晚撒在田间诱杀。

② 在畦周围撒石灰，防止蛞蝓爬入畦内。

五、收获

（一）采收

黄连栽后5～6年收获产量较高，宜在11月上旬至霜降前采挖。收获过早，根茎含水分多，不充实，折干率低；收获过迟，植株抽薹开花后根茎中空，产量低、品质差。采挖时选晴天，先拆除围篱、棚架，堆于地边，从下往上依次将黄连全株挖起，抖去泥土，剪下须根和叶片，分别运回加工。

（二）加工、分级

鲜连不用水洗，应直接炕干或晒1～2天后低温烘干。干到易折断时，趁热放到容器里撞击去泥沙、须根和残余叶柄，即得干燥根茎。

以条粗壮、质坚实、断面呈红黄色者为佳。

谜语：猜猜“食不甘味”是何种药用植物？

黄 芪

黄芪原植物为豆科蒙古黄芪 *Astragalus membranaceus*（Fisch.）Bge. var. *mongolicus*（Bge.）Hsiao 和膜荚黄芪 *Astragalus membranaceus*（Fisch.）Bge.，干燥根入药，药材名为黄芪，别名白皮芪、混芪日、山爆仗、箭杆花、绵芪等。性微温，味甘，归肺、脾经。有补气固表、利尿、拔毒排脓、生肌等功效，主治气虚乏力，食少便溏，中气下陷，久泻脱肛，便血崩漏，表虚自汗，气虚水肿，痈疽难溃，久溃不敛，血虚萎黄，内热消渴；慢性肾炎蛋白尿，糖尿病。

蒙古黄芪分布于黑龙江、吉林、河北、山西、内蒙古等省区，膜荚黄芪分布于黑龙江、吉林、辽宁、河北、山东、山西、内蒙古、陕西、宁夏、甘肃、青海、新疆、四川、云南等省区。

一、形态特征

（一）膜荚黄芪

多年生草本。株高50～80cm。膜荚黄芪形态见图3-11(a)。

1. 根

主根粗大深长，圆柱形，稍带木质，外皮淡褐色，内部黄白色。

2. 茎叶

茎直立，上部多分枝。奇数羽状复叶互生，小叶6～13对，椭圆形或长圆状卵形，先端钝尖，全缘，基部圆形，上面近无毛，下面伏生白色柔毛；托叶卵形或披针状条形。

3. 花

总状花序腋生，花萼钟状，萼齿5；花冠蝶形，淡黄色；子房有柄，被柔毛。花期5～8月份。

4. 果实、种子

荚果膜质，膨胀，半卵圆形，被黑色短毛。种子肾形，黑褐色。果期8～9月份。

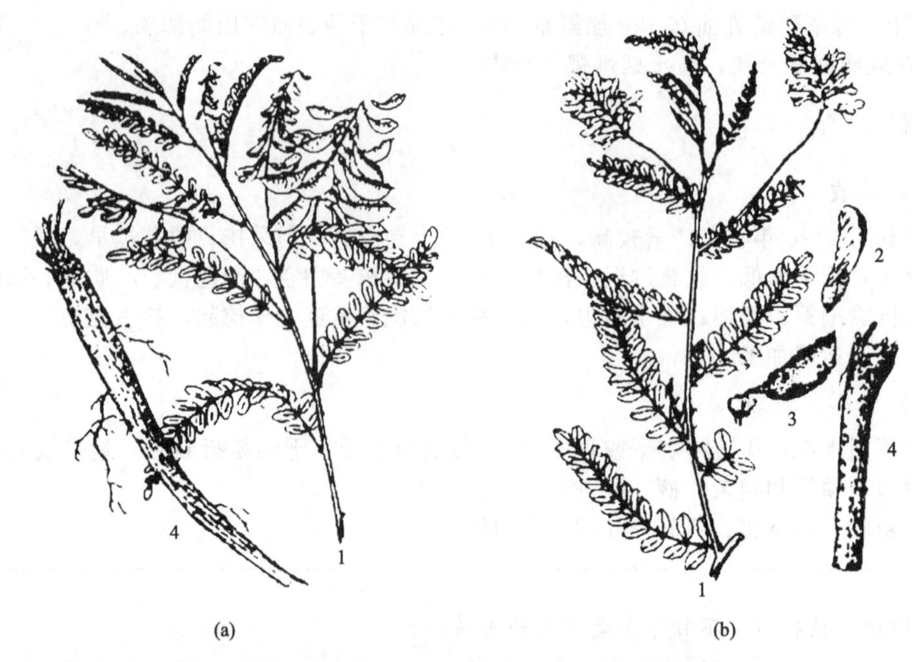

图 3-11 膜荚黄芪（a）和蒙古黄芪（b）植株形态

1—植株花枝；2—花；3—果荚；4—根

（仿郭巧生《药用植物栽培学》，2004）

（二）蒙古黄芪

形态与膜荚黄芪比较相似，主要区别为小叶较多，12～18 对，较小，小叶片通常为椭圆形。子房与荚果无毛，花期 6～7 月份，果期 7～9 月份。如图 3-11(b) 所示。

二、生物学特性

（一）生长特性

1. 种子特性

黄芪种子具硬实性，具种皮不透性，一般硬实率在 40%～80%，在正常温度和湿度条件下，有 80%左右的种子不能萌发，影响了自然繁殖。在生产上，播种前一般要对种子进行前处理，打破种皮的不透性，提高发芽率。

2. 生长发育特性

黄芪从播种到种子成熟要经过 5 个时期：幼苗生长期、枯萎越冬期、返青期、现蕾开花期和结果期。

（1）幼苗生长期　子叶（或冬芽）出土到花形成为幼苗生长期。黄芪种子萌发后，在幼苗五出复叶出现前，根系发育不完全，入土浅，吸收差，最怕干旱，尤其干旱、高温和强光的条件；五出复叶出现后，根系吸收水分、养分能力增强，叶片面积扩大，光合作用增强，幼苗生长速度显著加快。通常春播当年不开花，均为幼苗生长期。

（2）枯萎越冬期　地上部分枯萎到第 2 年植物返青为枯萎越冬期。一般在 9 月下旬叶片开始变黄，地上部枯萎，地下部根头越冬芽形成，此期需经历 180～190 天。

（3）返青期　越冬芽萌发并长出地面的过程称为返青。春季当地温达到 5～10℃时，黄芪开始返青。返青初期生长迅速，30 天左右即可长到正常株高，随后生长速度又减缓下来。

(4) 现蕾开花期　花蕾由叶腋现出到果实出现前为现蕾开花期。2年生以上植株一般6月初在叶腋中出现花蕾，先是中部枝条叶腋现蕾，以后陆续向上，蕾期20～30天，先期花蕾于7月初开放，花期为20～25天。

(5) 结果期　小花凋谢至果实成熟为结果期。2年生以上的黄芪7月中旬进入结果期，约为30天。果实成熟期若遇高温干旱，会造成种子硬实率增加，使种子质量降低。黄芪的根在开花结果前生长速度最快，地上光合产物主要运输到根部，而以后则由于生殖生长会大量消耗养分，使得根部生长减缓。

(二) 对环境条件的要求

黄芪喜凉爽气候，耐旱耐寒，怕热怕涝。幼苗期要求土壤湿润，成株后较耐旱。黄芪根深，要求土层深厚、土质疏松、富含腐殖质、透水力强的中性或微酸性沙壤土为好。

三、栽培技术

(一) 播种

1. 选地整地

选择土层深厚、土质疏松、富含腐殖质、透水力强的中性或微酸性沙壤土；地下水位高、土壤湿度大、黏结、低洼易涝的黏土或土质瘠薄的沙砾土，均不宜种植黄芪。地选好后在秋作收获后深翻，一般耕深30～45cm，每亩施农家肥3000～4000kg，过磷酸钙30～40kg作基肥，然后耙细整平作畦，畦宽40～45cm，畦高15～20cm，排水好的地方可做成宽1.2～1.5m的宽畦，四周开好排水沟，以利排水。

2. 播种

目前生产上有种子直播和育苗移栽两种方式，以种子直播为主。但播种前都需对种子进行前处理。

(1) 种子前处理　一般采用机械法或硫酸法对黄芪种子进行前处理。

① 机械处理：用沸水催芽及机械损伤均可提高黄芪硬实种子发芽率。

沸水催芽是将黄芪种子放入沸水中不停搅动约1min，然后加入冷水调水温至40℃，浸泡2h后将水倒出，种子加覆盖物闷8～12h，待种子膨大或外皮破裂时，趁雨后播种。

机械损伤是将种子用石碾碾数遍，使外皮由棕黑色有光泽变为灰棕色表皮粗糙时即可播种。

② 硫酸处理：对老熟硬实的种子，用70%～80%硫酸处理3～5min，随后用清水冲洗干净后即可播种，发芽率可达90%以上。

(2) 种子直播　黄芪可在春、夏、秋三季播种，春播一般在3～4月份（清明前后）地温稳定在5～8℃时即可播种，保持土壤湿润，15天左右即可出苗；夏播在6～7月份雨季到来时播种。这时土壤水分充足，气温高，播后7天左右即可出苗。一般在白露前后，地温稳定在0～5℃时播种。

播种方法主要采用穴播或条播，其中穴播方法较好。穴播按行距33cm、株距27cm挖浅穴，每穴下种4～10粒，覆土厚3cm。条播行距20cm左右，沟深3cm，将种子播于沟内，播后覆盖细土1.5～2.0cm，稍加压实。

(3) 育苗移栽

选土壤肥沃、排灌方便、疏松的沙壤土，要求土层厚度40cm以上。如土壤板结，须施足有机肥并深翻。可采用撒播或条播，条播行距15～20cm。移栽时，可在秋季取苗贮藏到次年春季移栽，或在田间越冬次春边挖边移栽。一般采用斜栽，行距为15～20cm，株距为20～30cm，沟深10～15cm。起苗时应深挖，严防损伤根皮或折断芪根，并将细小、自然分岔苗淘汰。栽后覆土、浇水。待土壤墒情适宜时浅锄一次，以防板结。

（二）田间管理

1. 间苗定苗

一般在苗高6～10cm，五出复叶出现后进行间苗，当苗高15～20cm时，条播按20～30cm株距进行定苗，穴播每穴留1～2株。

2. 松土除草

黄芪幼苗生长缓慢，不注意除草易造成草荒。当苗高5cm左右时结合间苗进行第1次松土除草。第2次于苗高8～9cm，第3次于定苗后进行松土除草。第2年以后于4月份、6月份、9月份各除草1次。

3. 水肥管理

黄芪在出苗和返青期需水较多，有条件地区可在播种后或返青前进行灌水，3年以上黄芪抗旱性强，但不耐涝，所以雨季要注意排水，以防烂根。

定苗后要追施氮肥和磷肥，一般田块每亩追施硫酸铵15～17kg或尿素10～12kg、硫酸钾7～8kg、过磷酸钙10kg。花期每亩追施过磷酸钙5～10kg、氮肥7～10kg，促进结实和种熟。

（三）病虫害及防治

1. 白粉病

（1）危害　苗期到成熟期均可发生，7～8月份发病严重。植株生长茂密，通风透光不良，容易发病。受害植株叶片或荚果表面有白色粉状斑，易早期落叶，或整株枯萎。

（2）防治方法

① 收获后彻底清除田间病残体，并加强水肥管理。

② 宜选新茬地种植，忌连作、迎茬；合理密植，注意田间通风透光。

③ 发生期视病情喷药3～4次，可选用25%粉锈宁1000～1200倍液、62.25%仙生600倍液或50%甲基硫菌灵800倍液等药剂，间隔15～20天。

2. 白绢病

（1）危害　6～10月份发生。一般高温多湿、地下水位高、土质黏重的地块易发生。发病初期，病根周围以及附近表土产生棉絮状的白色菌丝体。由于菌丝体密集而成菌核，初为乳白色，后变米黄色，最后呈深褐色或栗褐色。被害黄芪极易从土中拔起，地上部枝叶发黄，植株枯萎死亡。菌核可通过水源、杂草及土壤的翻耕等向各处扩散传播为害。

（2）防治方法

① 播种前施入杀菌剂进行土壤消毒，常用的杀菌剂为50%可湿性多菌灵400倍液，拌入2～5倍的细土。一般要求在播种前15天完成，可以减少和防止病菌危害。

② 可用50%混杀硫500倍液、30%甲基硫菌灵悬浮剂500倍液或20%三唑酮乳油2000倍液，每隔5～7天浇灌1次；也可用20%利克菌（甲基立枯磷乳油）800倍液于发病初期灌穴或淋施1～2次，每10～15天防治1次。

3. 根结线虫

（1）危害　为害根部。线虫侵入后，细胞受刺激而加速分裂，主根和侧根变形成为瘤状物，小的1～2mm，大的可以使整个根系成为一个大瘤，其表面初为光滑，以后变为粗糙且易龟裂。罹病植株枝叶枯黄或落叶。

（2）防治方法

① 实行水旱轮作或与禾本科作物轮作。

② 选用健康、无病原线虫的种根作种栽。

③ 整地时用1500kg/hm² 石灰氮进行土壤处理。

4. 蚜虫

(1) 危害　为害黄芪的蚜虫以槐蚜为主，多集中为害枝头幼嫩部分及花穗等，致使植株生长不良，造成落花、空荚等，严重影响种子和商品根的产量。

(2) 防治方法　用40%乐果乳油1500～2000倍液，或用1.5%乐果粉剂或2.5%敌百虫粉剂喷粉，每3天喷1次，连续2～3次。

5. 食心虫

(1) 危害　主要是黄芪籽蜂。黄芪籽蜂对种子为害率一般为10%～30%，严重者达到40%～50%。其他食心虫还有豆荚螟、苜蓿夜蛾、棉铃虫、菜青虫等，这4类害虫对种荚的总为害率在10%以上。

(2) 防治方法

① 及时消除田内杂草，处理枯枝落叶，减少越冬虫源。

② 种子收获后用1∶150多菌灵拌种。

③ 在盛花期和结果期各喷40%乐果乳油1000倍液1次；种子采收前每亩喷5%西维因粉1.5kg。

四、收获

(一) 采收

黄芪质量以3～4年采挖的最好。但一般都在1～2年采挖。黄芪春秋季均可采收。春季从解冻后到出苗前，秋季枯萎后采收。采收时可先割除地上部分。然后深挖60～70cm将根部挖出。由于黄芪根深，采收时注意不要将根挖断，以免造成减产和商品质量下降。

(二) 加工、分级

将挖出的根，除去泥土，剪掉芦头，晒至七八成干时剪去侧根及须根，分等级捆成小捆再晒或烘至全干。

以根条粗长、皱纹少表面淡黄色、断面外层白色、中间淡黄色、粉性足、味甜者为佳。

小知识：中药“北旗”是否就是“黄芪”?

北旗是人参的一种，主要功效是益气养阴，可以治疗各种体虚、精神差或者劳累过度，对人体有比较好的保健作用。黄芪素有“十药八芪”之称，其中比较好的一种是“北芪”，主产内蒙古、山西。主要功效是益气升阳，固表托毒。所以，中药“北旗”不是“黄芪”，它们作用虽然有相似之处，但不能混为一谈。

甘　草

甘草 *Glycyrrhiza uralensis* Fisch. 为豆科甘草属多年生草本植物，又名乌拉尔甘草、甜草、甜根子、粉草等。以干燥根和根状茎入药，药材名甘草。味甘、性平，入心、肺、脾、胃经。具补脾益气、祛痰止咳、清热解毒、缓急定痛、调和众药药性、解百药毒的作用。主治脾胃虚弱、中气不足、咳嗽气喘、痈疽疮毒、腹中挛急作痛等。《日华子本草》记载：“安魂定魄。补五劳七伤，一切虚损、惊悸、烦闷、健忘。通九窍，利百脉，益精养气，壮筋骨，解冷热。”

甘草主产于西北和华北，近年东北地区发展也较快。甘草按产地、外观和加工方法的不同，有西草、东草之分。以内蒙古伊克昭盟（鄂尔多斯市）、巴彦淖尔，甘肃河西走廊以及宁夏所产的甘草品质最佳。近年，新疆产量最大，内蒙古和宁夏次之。

一、形态特征

多年生草本，株高 30～80cm。甘草植株形态见图 3-12。

1. 根、茎

根及根状茎粗壮，圆柱形，外皮红褐色或暗褐色，横断面黄色，有甜味。茎直立，被白色短毛和刺毛状腺体。

2. 叶

奇数羽状复叶互生，小叶 7～17 片，卵形或宽卵形，先端急尖或钝，基部圆形，两面有短毛和腺体。

3. 花

总状花序腋生，花萼钟状，被短毛和刺毛状腺体；花冠蝶形，蓝紫色或紫红色，二体雄蕊；子房无柄，上部渐细呈短花柱。花期 6～7 月份。

4. 果实、种子

荚果扁平，呈镰状或环状弯曲，密生刺毛状腺体；荚果内种子 2～8 粒，种子扁卵形，褐色或墨绿色。果期 7～9 月份。

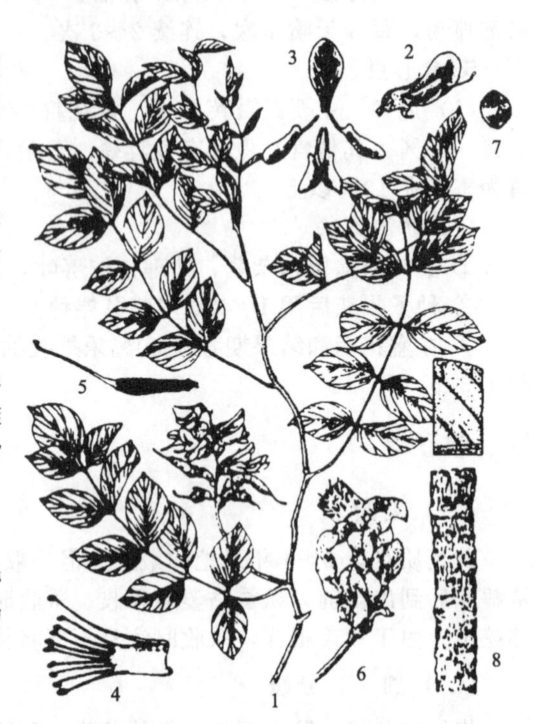

图 3-12 甘草植株形态

1—花枝；2—花；3—花瓣；4—雄蕊；5—雌蕊；6—果序；7—种子；8—根

（仿杨继祥等《药用植物栽培学》，2004）

二、生物学特性

（一）生长特性

甘草种子具硬实现象，硬实率在 70%～90%，－5～20℃变温发芽良好。种子寿命 1～2 年。种子直播第 4 年可采挖，根茎繁殖 2～3 年可采挖，种植时间 4～5 年。

甘草每年春季 4 月份在根茎上长出新芽，5 月份中旬出土返青，6～7 月份开花结果，8 月份荚果成熟。甘草根茎萌发力强，在地表下呈水平状向四周延伸。

（二）对环境条件的要求

甘草多生长在干旱、半干旱的荒漠草原、沙漠边缘和黄土丘陵地带，它适应性强，抗逆性强。

1. 温度

甘草对温度具有较强的适应性，野生甘草分布区的年均温度平均在 3.5～9.6℃，最低温度在－30℃以下，最高温度在 38.4℃。

2. 光照

甘草是喜光植物，野生甘草分布区的年日照时数为 2700～3360h，充足的光照条件是甘草正常生长的重要保障。

3. 水分

甘草具有较强的耐干旱、耐沙埋的特性。野生甘草分布区的年降水量一般在 300mm 左右，有些地区甚至在100mm以下，在干旱的荒漠地区甘草能形成单独的种群。

4. 土壤

甘草对土质要求不严，在沙壤、轻壤、重壤以及黏土、盐渍土上均能正常生长，但以含钙土壤最为适宜。土壤pH值在7.2～8.5范围内均可生长，以8.0左右较为适宜。

三、栽培技术

（一）播种

1. 选地整地

栽培甘草应选择地势高燥、土层深厚、疏松、排水良好的向阳坡地。土壤以略偏碱性的沙质土、沙质壤土或覆沙土为宜。忌涝洼地及黏土地种植。选好地后，一般于播种的前一年秋季施足基肥（每亩施厩肥2000～3000kg），深翻土壤20～35cm。目前多实行平作，极少作高床。为排水良好及灌溉，也可将地整成小畦。

2. 播种

甘草的种子和根茎都可作播种材料。

（1）种子繁殖　播种前用60℃温水浸泡数小时或用碎玻璃碴与种子等量混合研磨0.5h，也可用浓硫酸浸种约1h即可。种子繁殖可在春、夏、秋三季播种。在春季墒情好的地方多采用春播，春播一般在3～4月份；在春季干旱地区，可实行夏播，多在即将进入雨季之时播种；秋播一般在9月份进行。播种多采取条播，行距30～50cm，沟深3～5cm，将种子均匀撒入沟内，然后覆土。

（2）根茎繁殖　在春秋采收甘草时，挖出根茎，截成5cm左右、带有2～3个芽眼的小段。在整好的田畦里按行距30cm，开8～10cm深的沟，将剪好的根茎节段按株距15cm平放沟底，覆土压实即可。

（二）田间管理

1. 间苗定苗

出苗后要视苗情进行间苗，第1年保持株距9～15cm。可通过两次间苗完成，第1次在3片真叶时进行，以疏散开小苗为好；第2次在5片真叶时，株距定在15cm左右。第2年株距则保持30cm，使植株间有足够空间，促使主根生长。

2. 松土除草

一般在出苗的当年进行松土除草。进入雨季之前铲趟1次，秋后再趟1次。第2年从返青到入伏，进行1～2次中耕即可。第3年返青后视生长情况，可进行1次或不进行中耕。

3. 水肥管理

根据土壤类型及盐碱度确定灌水。沙性无盐碱土壤播后灌水，黏重或盐碱较重土壤播前灌水。另外渗水性能差的地块，进入雨季要搞好田间排水，严防田间积水，否则会烂根死亡。

播前施足基肥，以厩肥为好。追肥可在每年早春追施磷、钾肥，由于甘草根具根瘤，有固氮作用，一般不缺氮肥。

（三）病虫害及防治

1. 褐斑病

（1）危害　主要为害叶片。叶上病斑近圆形或不规则形，直径1～3mm，中央灰褐色，边缘有时不明显。后期常多个病斑融合成大枯斑，上生灰黑色霉层，为病原菌的分生孢子梗和分生孢子。

(2) 防治方法

① 秋季植株枯萎后及时割掉地上部，并清除田间落叶。

② 发病前喷1次1：1：150波尔多液；发病期选用77%可杀得600倍液、50%代森锰锌500倍液或50%多菌灵500倍液等喷雾，每15～20天1次，视病情喷2～3次。

2. 锈病

(1) 危害　主要为害叶片。春季幼苗出土后即在叶片背面生圆形、灰白色小疱斑，后表面破裂呈黄褐色粉堆，为病菌夏孢子堆和夏孢子。发病后期整株叶片全部被夏孢子堆覆盖，致使植株地上部死亡，茎基部与根或茎连接处韧皮组织增生，潜伏芽萌动，植株表现为丛生、矮化。夏孢子再侵染后，叶片两面散生黑褐色冬孢子堆，并散出黑褐色冬孢子粉末。

(2) 防治方法

① 收获后彻底清除田间病残体。

② 选未感染锈病、生长健壮的植株留种；冬春灌水、秋季适时割去地上部茎叶，以减轻病害的发生。

③ 早春夏孢子堆未破裂前及时拔除病株；发病初期喷洒20%粉锈宁1500倍液或97%敌锈钠300倍液2～3次。

3. 蚜虫

(1) 危害　属同翅目蚜科。成虫及若虫为害嫩枝、叶、花、果，刺吸汁液，严重时使叶片发黄脱落，影响结实和产品质量。

(2) 防治方法　冬季清园，将植株和落叶深埋。发生期喷50%杀螟松1000～2000倍液或40%乐果乳油1500～2000倍液或80%敌敌畏乳油1500倍液，每7～10天喷1次，连续数次。

4. 红蜘蛛

(1) 危害　8月份左右发生，9月份左右为害严重，主要侵食叶片和花序。叶片被害后，叶色由绿变黄，最后枯萎。此虫多藏于叶背面。

(2) 防治方法　可用0.2～0.5°Bé石硫合剂加米汤或面浆水喷洒。

四、收获

(一) 采收

种子繁殖在第4年，根茎繁殖第3年可以采收。在秋季(9月下旬至10月上旬)地上茎叶枯萎时采挖。甘草根深必须深挖，注意不可刨断或伤根皮，挖出后去掉残茎、泥土，忌用水洗。也可在春季于甘草茎叶出土前采挖，但以秋季采挖质量好。

(二) 加工、分级

去掉芦头、毛须、支根，晒至半干，按照甘草的商品规格分级捆扎。也可采用人工或机械的方法将在甘草半干时加工成切片。

商品甘草分西草、东草、毛草。一般是把内蒙古西部及陕西、甘肃、青海、新疆等地所产的皮细、色红、粉足的优质甘草称为西草，其中不符合标准的可列为东草。而产于内蒙古东部及东北、河北、山西等地的甘草叫东草。此外，凡其根顶端直径在0.5mm以下的，根条弯曲多岔的小根，商品上统称毛草。

西草质量要求是：干货，呈圆柱形，表面红棕色、棕黄色或灰棕色，皮细紧、有纵纹，斩去头尾、切口整齐，质坚实，断面黄白色，粉性足，味甜，长25～50cm，无须根、杂质、虫蛀、霉变者为合格。

东草质量要求是：干货，呈圆柱形，表面紫红色或灰褐色，皮粗糙，不斩头尾，质松体轻，断面黄白色，有粉性，味甜，无杂质、虫蛀、霉变者为合格。

小常识：复方甘草片平常没病也能吃么？

复方甘草片中含有的阿片粉，起镇咳作用，每片含有阿片粉4mg。阿片粉属麻醉药品（俗称毒品），长期服用可成瘾，所以平常没病不能吃复方甘草片，否则有可能成瘾而变相吸毒，危害极大。

桔梗

桔梗 *Platycodon grandiflorus*（Jacq.）A. DC. 为桔梗科多年生草本植物，别名铃铛花、包袱花、和尚头、土人参、道拉基等。以干燥根入药，性微温，味苦、辛。始载于《神农本草经》，具有宣肺散寒、祛痰镇咳、消肿排脓等功能。主治感冒咳嗽、咳痰不爽、咽喉肿痛、支气管炎、胸闷腹胀。《日华子本草》中记载："下一切气，止霍乱转筋，心腹胀痛，补五劳，养气，除邪辟温，补虚消痰，破癥瘕，养血排脓，补内漏及喉痹。"

桔梗在我国栽培历史悠久，各省区均有分布，主产于安徽、山东、江苏、河北、河南、辽宁、吉林、内蒙古、浙江、四川、湖北和贵州等地。

一、种类

桔梗属仅有桔梗一种，但在种内出现不同花色的分化类型，主要有紫色、白色、黄色等，另有早花、秋花、大花、球花等，也有高秆、矮生，还有半重瓣、重瓣。其中白花类型常作蔬菜用，入药者则以紫花类型为主，其他多为观赏品种。

二、形态特征

多年生草本植物，株高30～100cm，全株光滑无毛，有白色乳汁。桔梗植株形态见图3-13。

1. 根

根长圆锥形或纺锤形，肥大肉质，外皮黄褐色或灰褐色，内面白色。

2. 茎

茎直立，高30～120cm，上面稍有分枝。

3. 叶

中部和下部叶片对生或3～4片轮生；叶片卵形或卵状披针形，叶缘有锐锯齿，叶面绿色，叶背蓝绿色，被白粉，叶脉上有时有短毛。

4. 花

花单生于枝顶或数朵集成疏总状花序；花萼钟状，花冠阔钟状，紫色或蓝紫色。裂片5；雄蕊5，离生；雌蕊1，子房半下位，5室，柱头5裂。花期7～8月份。

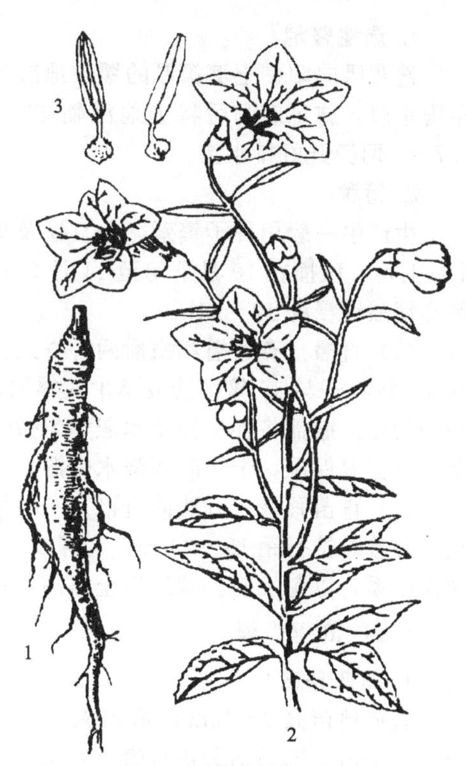

图3-13 桔梗植株形态
1—根；2—植株；3—雄蕊
（仿郭巧生《药用植物栽培学》，2004）

5. 果实、种子

蒴果倒卵形，熟时顶部盖裂为5瓣。种子多数，褐色光滑。果期8～10月份。

三、生物学特性

（一）生长特性

桔梗播后1～3年采收，一般2年采收。桔梗播种后约15天开始出苗，从种子萌发至5月底植株生长缓慢，高度至6～7cm。此后，生长加快，至7月份开花后减慢。7～9月份孕蕾开花，8～10月份陆续结果。10～11月中旬地上部开始枯萎倒苗，根在地下越冬，进入休眠期，至次年春出苗。桔梗种子室温下贮存寿命1年。种子10℃以上发芽，15～25℃条件下，15～20天出苗，发芽率50%～70%。

（二）对环境条件的要求

桔梗喜生于气候温暖湿润、阳光充足、雨水充沛的环境。忌积水，怕风害。

1. 温度

最适宜生长温度在20～25℃，耐寒，能忍受－21℃的低温。

2. 土壤

桔梗是深根植物，应选择排水良好、土层深厚、疏松肥沃的夹沙土或腐殖质泥沙土种植。以pH值6.5～7为宜。重黏土、盐碱土、粗沙地、黄土地不宜种植，否则不易发芽，根分枝多，质量差，产量低。

四、栽培技术

（一）播种

1. 选地整地

选背风向阳、土壤深厚的缓坡地或疏松肥沃、湿润而排水良好的平地。在头年冬至到次年雨水前，施足底肥后将土地深翻40～60cm。耙细整平作畦。畦高15～20cm，宽1.3～1.7m。两旁开好排水沟。

2. 播种

生产中一般用种子繁殖。分直播及育苗移栽两种，春播、秋播均可。春播在4月下旬至5月上旬，秋播在10月下旬至11月上旬。播前，种子可用温水浸泡24h或用0.3%～0.5%的高锰酸钾浸种12～24h。

（1）直播　有条播和撒播两种方式。生产上多采用条播。条播行距15～20cm，沟深3～6cm，将种子与10倍细沙或草木灰拌匀，均匀撒于沟内，播后覆盖细土0.3～1cm，以不见种子为度。撒播将种子拌草木灰均匀撒于畦内，撒细土覆盖，以不见种子为度。播后在畦面上盖草保温保湿，干旱时要浇水保湿。

（2）育苗移栽　方法同直播。一般培育1年后，在当年茎叶枯萎后至翌春萌芽前出圃定植。移栽时按行距15～20cm，沟深20cm开沟，按株距5～7cm，将根垂直舒展地栽入沟内，勿伤根系，以免发病。栽后覆土略高于根基部1～2cm，稍压即可，浇足定根水。

（二）田间管理

1. 间苗补苗

直播地苗高2～4cm时适当疏苗1～2次，苗高10～12cm时按株距8～10cm定苗。栽种地若有缺苗，选阴雨天进行带土补苗。

2. 松土除草

桔梗生长过程中，杂草较多。从出苗开始，应勤除草松土。一般松土除草3次，齐苗后、6月底和8月初各进行1次，松土宜浅，以免伤根。

3. 除花

桔梗花期长达3个月，会消耗大量养分，影响根部生长。除留种田外，其余需要及时除去花蕾，以提高根的产量和质量。在盛花期也可喷洒0.1%的乙烯利1次，可以达到除花效果。

4. 水肥管理

若干旱，定期适当浇水，促进根部增长；高温多雨季节，及时排水，防止发生根腐病而烂根。桔梗一般进行4～5次追肥。齐苗后追施1次人畜粪水，每亩施入1500～2000kg，以促进壮苗；6月中旬至7月上旬植株开花期每亩追施人畜粪水2000kg及过磷酸钙50kg；8月份再追1次人畜粪水，每亩施入2500kg；入冬植株枯萎后，结合清沟培土，每亩施草木灰或土杂肥2000kg及过磷酸钙50kg。翌春齐苗后，施1次人畜粪水，以加速返青，促进生长。

（三）病虫害及防治

1. 斑枯病

（1）危害　为害叶片。叶上病斑椭圆形或近圆形，直径2～5mm，灰白色，或受叶脉限制呈不规则形；后期病斑灰褐色并密生小黑点，为病原菌分生孢子器。发生严重时病斑连片，引起叶片干枯。

（2）防治方法

① 秋后彻底清除田间病株残体，集中烧掉。

② 加强栽培管理，合理密植，配方施肥；适时中耕除草，雨后及时排水。

③ 发病早期选喷50%甲基硫菌灵800倍液、1∶1∶100波尔多液或70%代森锰锌500倍液等2～3次，间隔10～15天。

2. 轮纹病

（1）危害　6月份开始发病，7～8月份为发病高峰。为害叶片。叶上病斑近圆形或椭圆形，直径5～10mm，灰褐色至暗褐色，具同心轮纹，多个病斑愈合后使病部扩大呈不规则形，或因干缩扭曲有三角形的突出部分，并长出许多黑色小粒，为病原菌的分生孢子器。发病时造成叶片干枯，影响产量。

（2）防治方法

① 冬季清园，将田间枯枝、病叶及杂草集中烧毁。

② 夏季高温发病季节，加强田间排水，降低田间湿度，以减轻发病。

③ 发病初期用1∶1∶100的波尔多液，或65%代森锌600倍液，或50%多菌灵1000倍液，或70%甲基硫菌灵1000倍液喷洒。

3. 紫纹羽病

（1）危害　为害根部。一般7月份开始发病，先由须根开始，再延至主根；病部初呈黄白色，可看到白色菌索，后变为紫褐色，病根由外向内腐烂，外表菌索交织成菌丝膜，破裂时流出糜渣。根部腐烂后仅剩空壳，地上病株自下而上逐渐发黄枯萎，最后死亡。湿度大时易发生。

（2）防治方法

① 实行轮作和消毒，以控制蔓延；多施基肥，增强抗病力；每亩施用石灰粉100kg，可减轻危害；注意排水。

② 发现病株及时清除，并用50%多菌灵可湿性粉剂1000倍液或50%甲基硫菌灵1000倍液等喷洒2～3次进行防治。

4. 蚜虫

（1）危害　蚜虫等在桔梗嫩叶、新梢上吸取汁液，致使桔梗叶片发黄，植株萎缩，生长不良。

(2) 防治方法

① 清除田间杂草，减少越冬虫口密度。

② 喷洒50%敌敌畏1000～1500倍液，或40%乐果乳剂1500～2000倍液。

5. 小地老虎

(1) 危害　常从地面咬断幼苗并拖入洞内继续咬食，或咬食未出土的幼芽，造成断苗缺株。当桔梗植株基部硬化或天气潮湿时也能咬食分枝的幼嫩枝叶。

(2) 防治方法

① 3～4月间清除田间周围杂草和枯枝落叶，消灭越冬幼虫和蛹。

② 清晨日出之前检查田间，发现新被害苗附近土面有小孔，立即挖土捕杀幼虫。

③ 4～5月份，小地老虎开始为害时，用50%甲胺磷乳剂1000倍液拌成毒土或毒沙撒施300～375kg/km^2，防治效果较好。也可用90%敌百虫1000倍液浇穴。

6. 红蜘蛛

(1) 危害　属蜘蛛纲，蜱螨目，叶螨科。以成虫、若虫群集于叶背吸食汁液，并拉丝结网，为害叶片和嫩梢，使叶片变黄，最后脱落；花果受害后造成萎缩、干瘪，蔓延迅速，危害严重，以秋季天旱时为甚。

(2) 防治方法

① 冬季清园，拾净枯枝落叶，并集中烧毁。清园后喷1～2°Bé石硫合剂。

② 4月份开始喷0.2～0.3°Bé石硫合剂，或50%杀螟松1000～2000倍液。每周1次，连续数次。

五、收获

(一) 采收

播种2年或移栽当年可收获。在10月中下旬（白露至秋分）地上茎叶枯黄时挖取，过早，产量低、质量差；过迟，根皮难以刮净，而且不易晒干。采挖时要深挖，注意不要挖破外皮和挖断，以免影响质量和产量。

(二) 加工、分级

桔梗挖回后，先将泥土洗净，剪除残留茎枝、侧根和须根，用小刀或瓷片趁鲜刮去外层粗皮，用清水洗净摊晾。晒时要经常翻动，使表面干燥均匀。晒至七成至九成干时，堆码起来发汗1天，然后晒至全干即可。

以根条肥大、色白略带微黄、体实、味苦、具菊花纹者为佳。

乌头（附子）

乌头 *Aconitum carmichaeli* Debx. 为毛茛科多年生草本植物，又名鹅儿花、铁花、五毒根、川乌、草乌等。以其主根入药为乌头，味辛、苦，性大热，大毒。具有祛风除湿、温经、散寒止痛功效，主治风寒湿痹、关节疼痛、四肢麻木、半身不遂、跌打瘀痛等，并可麻醉止痛；侧根（子根）的加工品入药为附子，具有回阳救逆，补火助阳、温中止痛，散寒燥湿功效，主治亡阳虚脱、风寒湿痹、坐骨神经痛、腹中寒痛、跌打剧痛等。

栽培品主产于四川和陕西，以四川江油县栽培历史最悠久，已有400多年的历史。目前全国其他省、自治区也有引种栽培。

一、种类

在产区混合群体中，主要有以下栽培种。

1. 川药1号（南瓜叶乌头）

叶大，近圆形，与南瓜的叶子相似，块根较大，圆锥形，成品率高，耐肥、晚熟、高产，但抗病力较差。附子平均每亩产量达490.8kg。

2. 川药6号（莓叶子）

茎粗壮，节较密，基生叶蓝绿色，茎生叶大，块根纺锤形。附子平均每亩产量为456.6kg，较川药1号乌头抗病，产量较高而稳定。

3. 川药5号（油叶子，又名艾叶乌头）

叶厚，坚纸质，叶面黄绿色，无光泽。附子平均每亩产量为368.3kg，产量虽低，但较抗病。

二、形态特征

多年生草本植物，高60～180cm。乌头植株形态见图3-14。

1. 根

块根肉质，纺锤形或倒卵形，通常两个连生。直径可达5cm，外皮茶褐色至深褐色。

2. 茎

茎直立，圆柱形，下部光滑无毛，中部以上散生少数贴伏短柔毛。

3. 叶

叶互生，有柄，薄革质或纸质；叶片五角形三全裂，中央裂片菱形，两侧裂片斜扇形。

4. 花

总状花序顶生或腋生，花两性，两侧对称，蓝紫色；萼片5，花瓣状，花瓣2，拳卷，无毛；雄蕊多数；子房上位。花期7～8月份。

5. 果实、种子

蓇葖果长圆形，具横脉成熟后向内开裂。种子多数，三棱形，黄棕色。果期9～10月份。

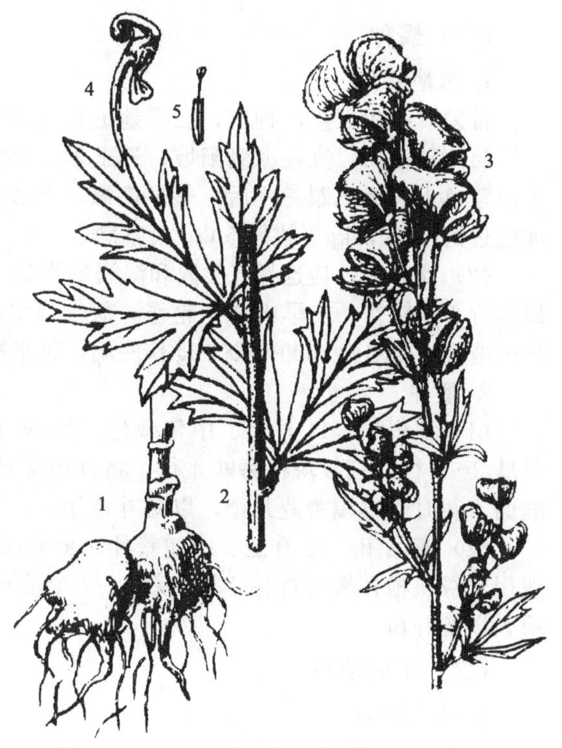

图3-14 乌头植株形态

1—根；2—枝叶；3—花序；4—花；5—雄蕊

（仿郭巧生《药用植物栽培学》，2004）

三、生物学特性

（一）生长特性

乌头播种第1年只进行营养生长，以地下块根宿存越冬。第2年，当地温稳定在9℃以上时开始出苗；气温稳定在10℃以上时开始抽茎；气温在18～20℃时，顶生总状花序开始现出绿色花蕾。日平均气温17.5℃左右时，开始开花。12月份枯萎休眠。

乌头块根的头部可以形成子根，一般块根脱落痕的对面及两侧形成的子根较大，其余部位形成的子根较小，另外地下茎节上的叶腋处也可形成很小的块根。3月中旬前后块根头部开始形成子根，到3月下旬至4月初，母块根可侧生子根1～3个，地下茎叶腋处可生小块根1～5个。当地温为27℃左右时，块根生长速度最快。7月中旬，子根发育渐趋停顿，不再膨大。从子根萌发到长成附子，一般需100～120天。

（二）对环境条件的要求

1. 温度

乌头喜凉爽的环境条件，怕高温，有一定的耐寒性。乌头在地温9℃以上时萌发出苗，气温13～14℃时生长最快，块根在地温27℃左右时生长最快。宿存块根在－10℃以下能安全越冬。

2. 水分

乌头喜湿润的环境，干旱时块根的生长发育缓慢，湿度过大或积水易引起烂根或诱发病害。

3. 光照

乌头生长需要充足的光照，宜选阳光充足向阳地块栽培，但高温强光条件不利于植株的生长。

4. 土壤

对土壤的适应性较强。人工栽培适宜疏松肥沃，排水良好的腐殖质壤土、沙壤土或紫色土，以中性紫色土栽培的产量较高。

四、栽培技术

（一）播种

1. 选地整地

常采取在山区生产种根，在平地进行商品化生产的方法。

（1）种根田　宜在凉爽阳坡。选玉米、小麦轮作6年以上、土层深厚、疏松肥沃的沙壤土或紫色土。经三犁三耙后，整平耙细，做成宽1m的畦。每亩施土杂堆肥2500～3000kg，加施过磷酸钙15kg、饼肥50kg为基肥。

（2）商品田　应选择气候温和湿润的平地，要求土层深厚，土质疏松肥沃。产区多与水田实行3年轮作，或旱田6年轮作。前作以水稻、玉米为佳。前茬收获后，深耕20～30cm，每亩施厩肥或堆肥3000～4000kg作底肥，整平耙细后，做成宽1.2m的高畦，畦面呈龟背形。

2. 播种

（1）种根田　11月上、中旬栽种。按株行距各17cm开穴，穴深13～15cm，一级块根每畦2～3行，三级块根每畦4行。将种根芽苞向下栽入穴中，栽后淋入人畜粪水用土覆盖畦面。栽时于畦端密栽几个，以备补苗用。

（2）商品田　12月上、中旬栽种。将畦面耧平后按株行距各17cm开穴，每畦3行。一般用二级块根作繁殖材料。每穴栽1～2个块根，芽头向上立放于穴中央。每亩多栽部分块根，以备补苗。

（二）田间管理

1. 松土除草

在生长初期应松土除草3～4次。植株长高后不再松土，只拔除杂草。

2. 水肥管理

生育期必须保持适当湿度，干旱时要注意浇灌水，以水从畦沟内流过不积水为度。雨季要注意及时排除积水。

一般追肥3次，第1次追催苗肥在补苗后10天左右，每亩施人畜肥水（1∶1）3000kg；第2次在4月上旬（第1次修根后），每亩施绿肥2000kg、菜饼50kg、人畜粪水3000kg；第3次在5月上旬（第2次修根后），每亩施厩肥1500～2000kg，加腐熟菜饼50kg。每次施后，都要覆土盖穴，并将沟内土培到畦面，使成龟背形以防畦面积水。

3. 修根

为促使块根肥大，提高品质和产量，通常应修根1～2次。第1次在4月上旬，第2次在5月上旬。刨开植株附近的泥土，露出块根，刮除较小而多余的块根，选留2～3个对生的较大块根，修完一株后立即盖土，再修第2株。第2次修根主要是去掉新长的小子根，以保证选留的附子发育。

4. 打尖摘芽

4月上、中旬（第1次修根后7～8天）摘去顶芽，一般留7～8片叶。当顶端腋芽长出4～5片叶时，再将腋芽摘尖。以后每周摘芽1～2次，将下方生长的腋芽及时掰掉，掰芽时注意勿伤叶片。

（三）病虫害及防治

1. 白绢病

（1）危害　在6～8月份发病重。主要为害茎基和块根。感病后，根茎处逐渐腐烂，茎上叶片由下至上逐渐变黄，当块根大部分腐烂时，叶片萎蔫，最后全株枯死。在茎基部或根部可见到白色绢丝状菌丝和似油菜籽状褐色菌核，发病部位最后腐烂成乱麻状。

（2）防治方法

① 选无病种根，栽种前用40%多菌灵浸种3h。与水稻等禾本科作物轮作。雨季及时排水。

② 用50%多菌灵1000倍液或50%甲基硫菌灵1000倍液灌根。发现病株连同周围的土一起挖出，撒石灰消毒病穴。

2. 霜霉病

（1）危害　主要为害苗期叶片，俗称“灰苗”或“白尖”。病苗心叶边缘反卷，叶色灰白，叶背产生淡紫色的霉层，蔓延枯死。

（2）防治方法

① 苗期彻底拔除病苗，并用5%石灰乳消毒病穴。

② 发病前或初期喷1∶1∶120波尔多液或乙磷铝500倍液防治。

3. 叶斑病

（1）危害　此病危害叶片，俗称“麻叶”。3～8月份发病，4月下旬为高发期。自基部向上发病，叶片上呈现圆形或椭圆形的病斑，后期病斑上产生黑色小点，有的具轮纹。

（2）防治方法

① 忌连作。收获后集中病株病叶烧毁，彻底消灭越冬病菌。

② 发病期用40%多菌灵500倍液或70%甲基硫菌灵1000倍液，或1∶1∶150波尔多液每10～15天喷治一次。

4. 白粉病

（1）危害　常发生在6～9月份。自茎下部叶片开始感病，逐渐向上蔓延，叶片产生白粉状霉层，叶片反卷，焦枯死亡。

（2）防治方法

① 发病初期用25%粉锈宁2000倍液或硫菌灵1000倍液喷洒。

② 收获后集中烧毁病株残叶。

5. 主要害虫

有危害主根的黑绒鳃金龟子幼虫和棕色金龟子幼虫；危害叶的银纹夜蛾幼虫等。可用毒饵、黑光灯诱杀及杀虫剂喷杀。

五、收获

（一）采收

栽种后第2年7月下旬至8月上旬采挖。用二齿耙挖出全株，抖去泥土，摘下附子，去掉须根即成泥附子。将母根切下晒干即成乌头。

（二）加工、分级

泥附子的主要加工品有 3 种。

1. 黑顺片

取大中个的泥附子洗净后，浸入食用胆巴（制食盐的副产品，主要成分为氯化镁）的水溶液 5 天后捞出。连同浸液煮至透心，捞出在清水中浸泡过夜，不经剥皮，切片厚 4～5mm。再用水浸漂，捞出在加有红糖的清水缸中浸染成黄黑色时取出蒸至出现光泽油面，晒干或炕干。

2. 白附片

取大小均匀的泥附子，同黑顺片的加工方法煮至透心，去皮后，切成 2～3mm 薄片，放清水中浸泡，捞起后蒸透，用硫黄熏后晒干即成。

3. 盐附子

同黑顺片的加工方法浸泡过夜后加食盐水继续浸泡，然后再日晒夜浸 5～6 天，使其充分吸收盐分，直至附子表面密集盐粒，变为坚硬时为止。

乌头以饱满、质坚实、断面色白者为佳。

盐附子以表面黄褐色或黑褐色，附有结晶盐粒，体质沉重，断面黄褐色，味咸而麻、刺舌，无直径不足 2.5cm 的小药，无空心、腐烂为佳。

白附片以去净外皮，片厚 2～3mm（纵切），薄片白色半透明，片张大小均匀，味淡，无盐软片、霉变者为佳。

黑顺片以片厚 2～3mm（顺切），薄厚均匀，边片黑褐色，片面暗黄色，油面光滑，味淡，无盐软片、霉变者为佳。

【本章小结】

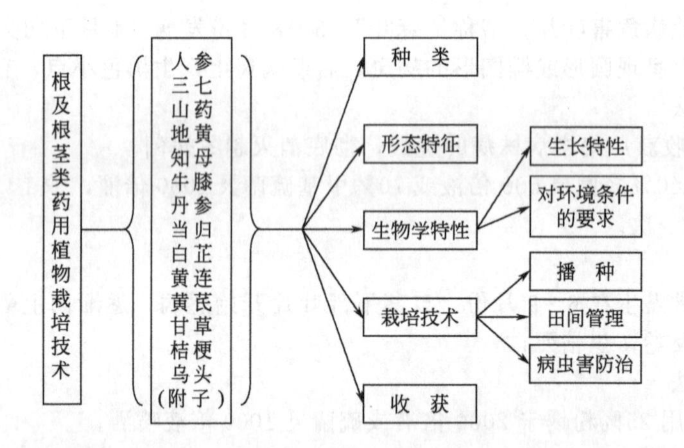

【复习思考题】

1. 人参种子特性有哪些？种胚发育缓慢的原因有哪些？
2. 人参播种有什么特点？播种后怎么移栽？
3. 人参田间管理主要有哪些办法？
4. 三七对环境条件的要求主要表现在什么方面？
5. 三七如何进行播种？播种后怎么移栽？
6. 三七田间管理主要有哪些办法？

7. 山药对环境条件的要求主要表现在什么方面？
8. 山药田间管理主要有哪些办法？
9. 地黄对环境条件的要求主要表现在什么方面？
10. 地黄田间管理主要有哪些办法？
11. 地黄加工方法有哪些？如何进行分级？
12. 知母对环境条件的要求主要表现在什么方面？
13. 知母如何播种？播种注意事项有哪些？
14. 知母田间管理主要有哪些办法？
15. 丹参对环境条件的要求主要表现在什么方面？
16. 丹参田间管理主要有哪些办法？
17. 丹参怎么加工？如何进行分级？
18. 当归对环境条件的要求主要表现在什么方面？
19. 当归田间管理主要有哪些办法？
20. 当归如何进行播种？播种后怎么移栽？
21. 白芷对环境条件的要求主要表现在什么方面？
22. 白芷田间管理主要有哪些办法？
23. 黄连对环境条件的要求主要表现在什么方面？
24. 黄连田间管理主要有哪些办法？
25. 膜荚黄芪与蒙古黄芪的区别主要表现在哪些方面？
26. 黄芪如何播种？怎么对种子进行处理？
27. 甘草对环境条件的要求主要表现在什么方面？
28. 甘草田间管理主要有哪些办法？
29. 甘草怎么加工？如何进行分级？
30. 桔梗对环境条件的要求主要表现在什么方面？
31. 桔梗田间管理主要有哪些办法？
32. 乌头对环境条件的要求主要表现在什么方面？
33. 乌头田间管理主要有哪些办法？
34. 泥附子的加工主要有哪几种？分别怎么加工？

模块四　种实类药用植物栽培技术

【学习目标】

了解主要种实类药用植物的生物学特性和栽培特点，掌握枸杞、决明、薏苡、银杏、五味子、罗汉果、连翘、山茱萸、茴香、补骨脂等种实类药用植物的高产、优质栽培技术。

枸　杞

枸杞 *Lycium barbarum* L. 为茄科枸杞属植物，别名西枸杞、中宁枸杞、津枸杞、山枸杞、宁夏枸杞。以果实、根皮入药。果实中药称枸杞子，根皮称地骨皮。果实含甜菜碱、胡萝卜素、烟酸等。枸杞子性平、味甘，有滋补肝肾、益精明目的功效，主治肝肾阴虚、精血不足、腰膝酸痛、视力减退、头晕目眩等。地骨皮性寒，味甘、淡，有清退虚热、凉血的功效，主治骨蒸盗汗、肺热咯血、糖尿病、高血压等。现代药理实验表明，枸杞可增强人体免疫力，具有抗癌和降低血糖、降低血压、扩张血管、防止动脉粥样硬化及降低胆固醇的作用，其有效成分之一甜菜碱，能显著增加血清及肝中磷脂的含量，有滋补肝肾的功效。

枸杞主产于宁夏、山西、青海、内蒙古、陕西、甘肃、新疆、河北等省区，尤以宁夏中卫和中宁两县所产的品质最佳，驰名中外。枸杞为中国名贵中药材，除供国内医药市场外，还大量出口。枸杞在我国栽培历史悠久，因其经济价值高、用途广，除主产区积极发展外，近年来，中国大部分地区相继引种栽培，取得良好效果。

一、种类

枸杞种类约有 20 多个，但目前较为优良的有 3 种。

1. 大麻叶枸杞

大麻叶枸杞是当前较优良的品种，树体结构好，针刺少，便于管理，产量一般亩产150～200kg，高的可达 250～300kg。种子千粒重 1.44g，果实商品大果出成率高达 82%，果实营养成分含量高。

2. 麻叶枸杞

麻叶枸杞分布比较普遍，是当前生产主要品种。树体结构好，针刺少，产量一般亩产150～200kg，种子千粒重 1.14g，大果出成率 53%，营养成分含量次于大麻叶枸杞。

3. 白条枸杞

白条枸杞在老产区普遍栽植，树体硬挺，枝条平展或斜伸，通风透光性能好，碰到灾害性天气落花落果少，抗病虫害能力也较强，唯其植株针刺较多，不便管理，但可用于良种推广。其产量、种子千粒重、大果出成率、含糖量与麻叶枸杞大体相同。

二、形态特征

落叶灌木，株高 1～2m。枸杞植株形态见图 4-1。幼树树皮为灰白色，光滑；老树树皮为深褐色，条状纵裂。茎上部分枝细长，果枝顶端通常弯曲下垂或斜升；刺状枝短而细，生于叶腋，长1～4cm。叶在长枝下半部的常2～3枚簇生，叶形大；在长枝顶端或短枝上互生，叶形小，狭披针形、披针形或卵状披针形，全缘，长2～8cm，宽0.5～3cm。花单生或2～8朵簇生于叶腋；花冠粉红色或淡紫红色，漏斗状，先端5裂，裂片卵形，向后反卷。雄蕊5枚，花丝不等长，着生于花冠筒中部。雌蕊子房上位，2室。浆果，椭圆形或卵圆形，长0.5～3cm，直径0.5～1.2cm，熟时红色或橘红色，内含种子20～25粒，种子扁肾形，黄白色。花期5～10月份，果期6～11月份。

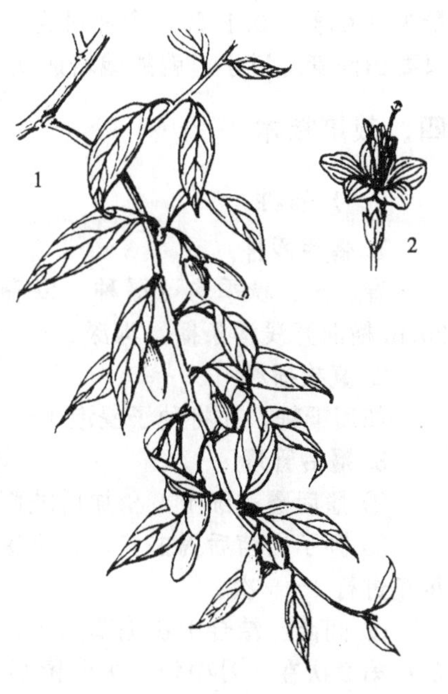

图4-1　枸杞植株形态
1—果枝；2—花

三、生物学特性

（一）生长特性

枸杞具有较强的适应性，对温度、光照、土壤要求不甚严格。枸杞根系发达，一年有2次生长期和2次开花结果期，春季现蕾是4月下旬至6月下旬，秋蕾在9月上旬，实生苗当年能开花结实，以后随着树龄的增长，开花结果能力渐次提高，36年后开花结果能力又渐渐降低，经济年龄约30年。

枸杞种子很小，千粒重平均只有0.83～1.0g，在常规保存条件下，种子寿命为4～5年，发芽适温在20～25℃，此种条件下7天就能发芽。

（二）环境条件

1. 温度

从主要分布区看，一般年平均气温在5.6～12.6℃的地方均可栽培。

枸杞的自然分布区平均气温为5.4～12.5℃，1月份平均气温－13.7～3.3℃，7月份平均气温17.2～28.2℃，主产区宁夏中宁县年平均气温9.2℃，1月份平均气温－7.1℃，7月份平均气温23.2℃，绝对最低温度－25.6℃，绝对最高温度38.5℃，≥1℃的积温3351.0℃。初霜期10月4日，终霜期4月1日，无霜期165天。近几年引种到浙江、湖北、四川等省也生长良好。故枸杞对气温的适应范围广，耐寒性强，在－25.6℃下越冬无冻害。

2. 水分

枸杞根系发达，可深入土层5～6m吸收水分，同时其叶为等面叶，正反面的栅栏组织都很发达，细胞间隙小，使叶面水分蒸发受到节制，有利保持水分，增强抗旱性。野生枸杞在年降水量仅251.5mm的黄土高崖、干旱荒漠地仍能生长；但从生产上考虑，若想获得较高产，保证水分供给却是一个重要条件。农谚道：“枸杞离不开水，又怕水”。在花果期需要保证充足的水分，土壤耕作层相对湿度在15%～18%较好。在生长季节的空气相对湿度应保持在50%～60%，湿度过大或连阴雨，容易引发白粉病、黑果病等。

3. 光照

枸杞喜强阳性，喜光，在全光照下生长迅速，发育健壮，在蔽荫下生长不良。

4. 土壤

土壤多为碱性土、沙壤土。耐盐碱，在土壤含盐量0.3%，甚至1%，pH值为10的土壤中也能生长。为了提高枸杞产量和品质，生产上则要求有深厚肥沃的土壤。据分析，在1～40cm深的土层，pH值为8～8.5，含盐量0.2%以下，含氮量为0.03%～0.23%，含磷量为0.04%～0.12%，含钾量为1.55%～2.8%，有机质含量为0.63%～1.41%的土壤中，只要田间管理科学，就能栽培成功。

四、栽培技术

（一）播种

1. 催芽播种

春、夏、秋季均可播种。以春季3月下旬播种为好。在整好的苗床上，按行距20～30cm横向开浅沟条播，沟深2～3cm，播幅宽5cm。将催芽籽均匀地播入沟内。

2. 直接播种

如用干籽，先将种子浸泡1～2天，捞出晾干后拌细沙或草木灰下种。

3. 播后管理

① 播后覆盖细土，稍加后畦面盖草，保温保湿。

② 种子出苗后揭去盖草，土壤干旱要适时灌水，待水完全渗入后进行中耕除草，一般每年进行4～5次。

③ 间苗：结合中耕除草间苗，第1次于苗高5cm左右，拔去弱苗，按株距5～6cm留苗；第2次在7月中旬，去弱留强，按株距10～15cm定苗，并追施稀薄人畜粪水或尿素，促进幼苗生长健壮。

④ 当苗高30cm时，应及时抹除从基部发出的侧枝。

⑤ 打顶：苗高60cm以上时进行，以加速主干和主侧枝生长粗壮。春季育苗的于当年秋后出圃定植；夏、秋季育苗的于冬季灌1次封冻水，留床于翌年秋后出圃定植。每亩用种量为150～200g。

（二）田间管理

1. 翻晒地及中耕除草

一般1年翻晒地2次，春翻在3月下旬至4月上旬，浅翻12～15cm；秋翻在8月上、中旬，深翻20～25cm。中耕除草3次：第1次于5月上旬，第2次于6月上、中旬，第3次于7月下旬。

2. 施肥

冬肥在10月中旬至11月初进行，以羊粪、饼肥混合施用。3～5年的幼龄树一般每株施杂肥10～15kg，饼肥2～2.5kg。成龄树，每株施杂肥35～40kg，饼肥3～5kg，施后灌水。生长期追肥，第1次在5月上旬，第2次在6月上旬，第3次在6月末至7月初进行，施速效氮磷肥料。

3. 合理灌水

枸杞在生长季节喜水，但怕积水，应根据生长情况和土壤水分状况合理灌水。一般生长期每隔1周灌1次水，果熟期每采1次果灌1次水。从8月上旬至11月中旬结合施肥要灌3次水。

4. 整形和修剪

幼树整形，移栽后距地面高50cm处剪顶定干，于当年秋季在主干上部选留3～5个粗壮的枝条作主枝，并于20cm左右短截；成树修剪，可在春、夏、秋三季进行：春季剪去枯死枝条，夏季剪去徒长枝条，秋季剪去徒长枝和树冠周围的老、弱、病枝和横条。

五、病虫害及其防治

（一）病害

1. 炭疽病

（1）危害　又称黑果病。为害果实和叶片。果实发病，先在青果上产生不规则形或圆形的褐色或黑褐色微凹的病斑，上有许多小黑点，排成轮纹状，有的在病斑上出现橙红色的黏质物，后来病果变黑，僵化早落。叶片发病，初期出现黄色小点，后扩大为不规则形病斑，边缘红褐色，后期病斑上出现小黑点，有的破裂穿孔。此病多发生于7～8月份高温多湿季节。

（2）防治方法

① 选用无病的果实留种育苗，并在播种前用硫酸铜溶液浸泡5min消毒。

② 秋季修剪时，剪除的病虫枝连同残叶集中烧毁，消灭越冬病源。并加强管理，及时排水，适时收果，摘除病果。

③ 开花前喷0.5°Bé石硫合剂。结果期喷80%退菌特1000倍液，每7～10天1次，连喷3～4次；或喷1∶1∶100波尔多液或65%代森锌500倍液。

2. 灰斑病

（1）危害　又称叶斑病。为害叶片。发病后叶片上出现圆形、直径2～4mm病斑，中央灰白色，边缘褐色，后在叶背面出现淡黑色的霉状物。

（2）防治方法

① 增施磷钾肥，增强抗病力。

② 喷洒1∶1.5∶300的波尔多液或65%代森锌500倍液，从6月份开始，每隔7～10天1次，连喷2～3次。

3. 根腐病

（1）危害　又称“烂头颈”。为害根茎部。发病初期须根变黑腐烂，后蔓延至主根发黑腐烂，后期外皮剥落，仅剩木质部，最后全株死亡。6月中、下旬发生，7～8月份严重。

（2）防治方法

① 发现植株叶片变黄、枝条萎缩、侧枝枯死的病株，立即拔除，病穴用5%石灰乳消毒，以防病菌蔓延。

② 发病初期用50%多菌灵1000～1500倍液浇灌根部。

（二）虫害

枸杞害虫主要有小地老虎、蛴螬、蛀果蛾、卷梢蛾、实蝇等，可用40%乐果1000倍液或90%敌百虫800～1000倍液喷杀，或诱杀和人工捕捉。

六、收获

（一）采收

1. 果实

6～11月份果实分批陆续成熟。当果实由绿色变红色或橙红色、果肉稍软、果蒂疏松时，应及时采摘。过早，色泽不鲜，果不饱满；过迟，果实易脱落，加工后质量差。采摘宜在晴天早晨露水干后进行。要轻摘、轻拿、轻放。切勿在雨后或早晨有露水时采摘，否则，不仅不易干燥，且容易腐烂。

2. 根皮（地骨皮）

以野生枸杞为主，春季将根挖起，因此时采收水分多，色泽黄，皮厚，易剥落，质量好。栽培枸杞一般不收根皮。

（二）加工、分级

1. 加工

（1）晒干法　将采回的鲜果均匀地摊放于晒席上，放在太阳光下暴晒。头两天中午阳光强烈时要移至荫处晾晒，因暴晒后色泽不好，不易干燥，且易僵硬，待下午3点钟后再移至阳光下。从第3天开始可整天暴晒，直至晒干为止。一般需10天左右才能晒干。

(2) 烘干法　若遇阴雨天，则要进行烘干。烘房温度一般控制在50～55℃，在烘干过程中要勤翻动，使之均匀受热，一般烘2～3天，果实不软不脆，含水量在10%～12%即可。

晒干或烘干的果实，应除去果柄。方法是将干果实装进布袋里，两人各执一端，来回推撞，使果柄脱落，然后倒出，拣出果柄，进行分级包装。

(3) 根皮　将挖起的根，洗净泥土，用刀将其横切数段，每段长7～10cm，用木棒敲打，使根皮与木心分离，然后去掉木心，晒干即成。

2. 分级

(1) 枸杞子　以粒大、肉肥厚、色鲜艳、味甜、质柔软者为佳。

(2) 地骨皮　以块大肉厚、气浓、无木心者为佳。

小知识：有酒味的枸杞子已经变质，不可食用。枸杞子一年四季皆可服用，冬季宜煮粥，夏季宜泡茶。菊花3～5朵、枸杞子1～2颗，放入已经预热的杯中，加入沸水泡10min后饮用，有明目、益血、抗衰老、防皱纹之功效。

决　明

决明原植物为豆科植物决明 *Cassia obtusifolia* L. 和小决明 *Cassia tora* L.。前者称大决明，别名钝叶决明、假花生；后者称小决明，别名决明、假花生。一年生半灌木状草本，以种子入药，种子中药称决明子，为常用中药，具有清肝明目、通便的功效。主治高血压头痛眩晕、急性结膜炎、角膜溃疡、青光眼、大便秘结等病症。现代药理研究证实，决明含蒽醌类物质，水解后生成葡萄糖及大黄素、大黄酚、决明子内酯等成分，对视神经有保护作用，对肝热所致的目赤肿痛、羞明多泪、肠燥便秘等症皆有良效。决明子还有降低血清胆固醇与降血压的功效，对防治血管硬化与高血压病有一定疗效，尤其适宜中老年人长期当茶饮用，可使血压正常、大便通畅、眼不老花。近年来除国内传统配方用药和作制药工业的原料外，还大量出口，货源较为紧俏。

决明生于村边、路旁和旷野等处，分布于长江以南各省区，全世界热带地方均有。

一、形态特征

(一) 决明

一年生半灌木状草本，高50～150cm。决明植株形态见图4-2。上部多分枝，全体被短柔毛。叶互生，偶数羽状复叶，叶轴上在第1对小叶间或在第1对和第2对小叶间各有一长约2mm的针刺状暗红色腺体；托叶线形，早落；小叶片3对，倒卵形或倒卵状矩圆形，第1对小叶片较小，往上渐增大，叶片长2～6cm，宽1.5～3.2cm，先端圆形，具细小的短尖头，基部楔形，两侧不对称，全缘，上面光滑，下面和叶缘被柔毛。花成对腋生，顶部聚生，苞片线形，长4～8mm，小花梗0.8～2cm，萼片5，卵圆形，分离，花冠黄色，略不整齐，花瓣5，

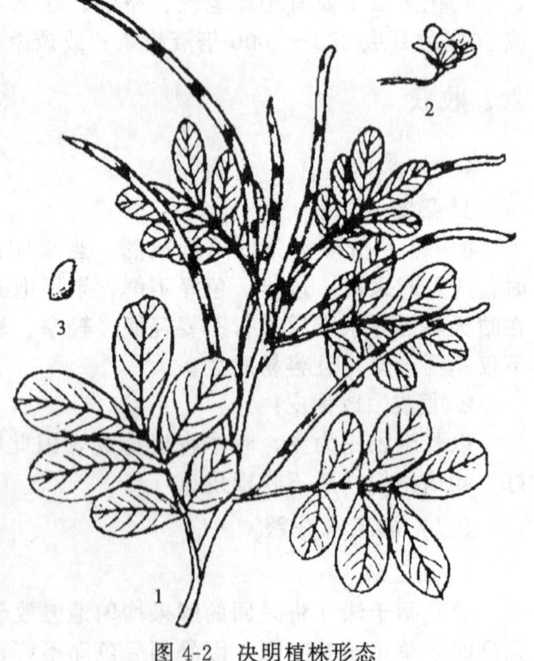

图4-2　决明植株形态
1—果枝；2—花；3—种子

倒卵形，长12～15mm，有爪，最上一瓣先端微凹，基部渐窄，最下面两瓣较长，雄蕊10，不等长，上面3枚退化，下面7枚发育完全，花丝较长，3个较大的花药顶端急窄成瓶颈状；子房细长，弯曲，被毛，花柱短，柱头头状。荚果细长，四棱柱状，略扁，稍弯曲，长8～15mm，宽2～6mm；果梗长2～4cm。种子棱柱形，褐绿色，两侧各有1条斜向、对称、宽0.3～0.5mm的浅色凹纹。花期6～8月份，果期8～10月份。

（二）小决明

与钝叶决明相似，主要区别为：植株较小，通常不超过130cm，臭味较浓。叶轴上第13对小叶间均有1个针刺状腺体，小花梗较短，长0.5～1.0cm。发育雄蕊中3枚较大的花药顶端圆形，全体呈圆柱形。荚果较短，长6～14cm，宽2～5mm；果梗较短，长1～1.5cm。种子棱柱形，两侧各有宽1.5～2mm的淡色带。花期8～10月份，果期9～11月份。

二、生物学特性

决明喜高温湿润气候，不耐寒，幼苗及成株受霜冻后，叶片脱落甚至死亡，种子不能成熟。对土质要求不严，无论壤土、黏土、腐殖土都能种植，但以疏松肥沃的沙壤土为最好。生长期间要求阳光充足，开花结果期间要求通风透光，有利荚果结实，种子饱满。种子发芽的最适温度为25～30℃。不宜连作。

三、栽培技术

（一）播种

1. 采种及种子处理

于10月中旬，当荚果呈褐色时，从生长健壮、荚果饱满充实、无病虫害的植株上采集成熟果实，晒干后脱粒，除净杂质。然后，选取籽粒饱满、无病虫害的种子贮藏作种用。因决明种子硬实，不易吸水。播前，将种子拌以3倍量的干细沙，轻轻揉搓，使其表面变为粗糙，失去光泽。然后再用温水浸泡，直至种子吸水膨胀，捞起晾干后播种。

2. 播种方法

一律春播。南方于3月下旬，北方于4月上、中旬适时下种。一律采用直播，可点播或条播。在整好的栽植地上，按行株距各35cm挖穴点播，每穴播入种子3～4粒，覆盖细土1.5～2cm，稍加镇压，浇1次清淡人畜粪水，再盖一薄层火土灰。每亩用种量约2.5kg。播后保持土壤湿润，约7～10天发芽出苗。若条播，按行距50cm，开沟深5cm，将种子均匀地播入沟内，播后覆盖细肥土，稍加镇压，浇透水。

（二）田间管理

1. 间苗、定苗和补苗

条播的，当苗高5～7cm时，进行间苗，拔去过密的弱苗。苗高15cm左右时，按株距30～40cm定苗；穴播的，每穴留壮苗2株。遇缺株，及时补栽，做到苗全、苗齐、苗壮，有利丰产。

2. 中耕除草和追肥

出苗到植株封行前，进行中耕除草和追肥共3次，第1次结合间苗，中耕除草后，每亩追施腐熟人畜粪水1000kg；第2次于分枝初期，中耕除草后，每亩施人畜粪水1500kg，加过磷酸钙25kg，促使多分枝，多开花结果；第3次在植株未封行前，中耕除草后，每亩施人畜粪水2000kg，加过磷酸钙30kg，以促进果实发育充实，籽粒饱满。苗高40cm左右时进行培土，以防倒伏。

3. 排灌水

决明苗期生长缓慢，不耐干旱。天旱时要及时浇水保苗。

四、病虫害及其防治

（一）病害

1. 灰斑病

（1）危害　初期在叶片上生褐色病斑，中央色稍淡。后期病斑上产生灰色霉状物。

（2）防治方法　清园，处理病残体；选用无病豆荚，单独脱粒留种；发病前或发病初期用40%灭菌丹400～500倍液喷雾防治，严重时喷0.3°Bé石硫合剂。

2. 轮纹病

（1）危害　茎、叶、荚均可感染受害。病斑近圆形，轮纹不明显，后期密生黑色小点（为病原菌之分生孢子器）。

（2）防治方法　同灰斑病。

（二）虫害

蚜虫苗期较重，可用40%乐果2000倍液喷雾，每7～10天1次，连续数次；或用1∶10的烟草、石灰水混合液防治。

五、收获

（一）采收、加工

中秋季节，荚果变黄时，将植株割下晒干，打下种子，去净杂质即可。留种的种子最好不用日晒，避免种子形成硬实。决明子应贮存在通风干燥阴凉处，注意防潮和防止鼠害。

（二）分级

决明子以身干、籽粒饱满、棕褐色、有光泽者为佳。

薏苡

薏苡 *Coix lacryma-jobi* L. var. *ma-yuen*（Roman.）Stapf. 为禾本科一年生或多年生草本。以种仁入药。种仁中药名称薏苡仁。味甘、淡，性微寒。有健脾利湿、清热排脓功效。用于脾虚泄泻、水肿、脚气、带下、关节疼痛、肠痈等病症。尚用于胃癌、子宫颈癌、绒毛膜上皮癌等肿瘤以及多发性疣。薏苡种仁是我国传统的食品资源之一，可做成粥、饭、各种面食供人们食用，尤对老弱病者更为适宜。

薏苡主产于湖南、河北、江苏、福建等省。

一、种类

薏苡在我国栽培历史悠久，各地在长期栽培中已形成地方栽培品种，如四川白壳薏苡、辽宁省的薄壳早熟薏苡、广西有糯性强的薏苡品系等。

二、形态特征

薏苡植株形态见图4-3。植株高1.5m，茎直立粗壮，有10～12节，节间中空，基部节上生根。叶互生，呈纵列排列；叶鞘光滑，与叶片间具白色薄膜状的叶舌，叶片长披针形，长10～40cm，宽1.5～3cm，先端渐尖，基部稍鞘状包茎，中脉明显。总状花序，由上部叶鞘内成束腋生，小穗单性，雌雄同序；花序上部为雄小穗，每节上有 2～3 个小穗，上有 2 个雄小花，雄蕊 3 枚（雌蕊在发育过程中退化）；花序下部为雌小穗，包藏在骨质总苞中，常 2～3 小穗生于一节，雌小穗有 3 个雌小花，其中一花发育，子房有 2 个红色柱头，伸出包鞘之外，基部有退化雄蕊 3 枚。颖果成熟时，外面的总苞坚硬，呈椭圆形。种皮红色或淡黄色，种仁卵形，长约 6mm，直径为 4～5mm，背面为椭圆形，腹面中央有沟，内部胚和胚乳为白色、糯性。

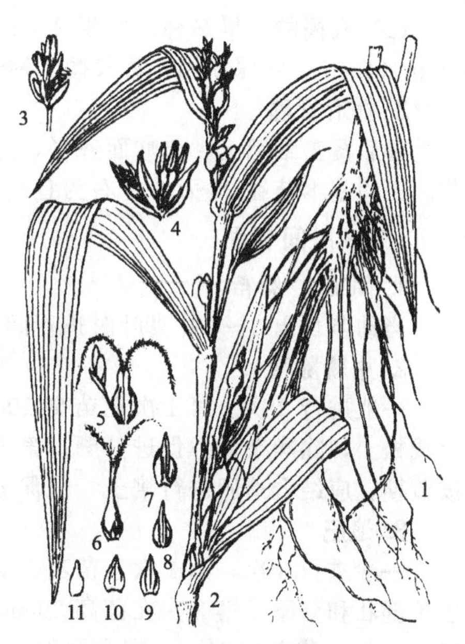

图 4-3　薏苡植株形态

1—根部；2—花枝；3—雄穗状花序；4—雄小穗；5—雌小穗及雄花序；6—雌蕊；7—雌小穗之第一颖；8—雌花之第二颖；9—雌小穗之孕性小花；10—雌花之外稃；11—雌花之内稃

三、生物学特性

（一）生长发育周期

薏苡的生长发育可分为 4 个时期：苗期、拔节期、孕穗期、抽穗扬花与果实灌浆成熟期。

1. 苗期

从种子萌发到主茎顶花序分化以前，此期间一方面叶增大、增多，另一方面植株产生分蘖。

2. 拔节期

主茎顶花序开始分化时，基部节间就开始伸长，进入拔节初期，从幼苗出土后约 50 天，植株进入拔节盛期。此期间叶片生长缓慢，结实器官越来越多，生长中心转入穗部和茎秆上。

3. 孕穗期

当主茎顶花序处于性器官形成初期，主茎与分蘖上不断地分化出小花序，进入孕穗期。

4. 抽穗扬花与果实灌浆成熟期

孕穗几天后，开始抽穗扬花，实际上是抽穗扬花与果实灌浆交错时期。抽穗结束后，则完全进入灌浆成熟期。灌浆成熟期尚未结束时，主茎顶就有少数果实完全成熟，所以果实成熟是很不一致的。薏苡整个生育期 160 天左右。

（二）环境条件

薏苡是湿生性植物，喜温暖气候，耐涝，不耐干旱。如遇干旱，特别在苗期、抽穗期、灌浆期，植株生长矮小，开花结实少，且不饱满，影响产量。对土壤要求不严，除过黏重土壤外，一般土壤均可种植。忌连作，一般不与其他禾本科的作物轮作。我国大部分地区都可以栽培，以湿生栽培产量高。

四、栽培技术

（一）播种

播种期因品种而异，早熟种在 3 月上、中旬，中熟种在 3 月下旬至 4 月上旬，晚熟种在 4 月下旬至 5 月上旬播种。晚熟种宜早播，过迟则秋后果实不能成熟，影响产量。

1. 播种方法

一般采用直播。直播又分条播和穴播。播种密度因品种不同而异。

（1）条播采用直条或横条均可。早熟种行距 40cm，中熟种行距 50cm，晚熟种行距 60cm。条深 5cm。将种子均匀撒播条内。

(2) 穴播的，早熟种行株距 25cm×20cm，中熟种行株距 40cm×35cm，晚熟种行株距 55cm×45cm。穴深 5cm。每穴播入种子 5～6 粒。

2. 播后管理

播后覆盖细肥土，与畦面齐平，并经常浇施稀薄人畜粪水，保持土壤湿润，约半个月出苗。田间基本苗在 25 万株左右为宜。

(二) 田间管理

1. 间苗、补苗

当幼苗长出 3～4 片真叶时进行间苗，每穴留壮苗 3～4 株。若有缺苗，应及时补上。

2. 中耕除草

一般进行 3 次。第 1 次在苗高 10cm 时，结合间苗进行；第 2 次在苗高 30cm 左右，进行浅松土，除净杂草，促进分蘖；第 3 次在苗高 40～50cm 时，植株封行前进行。此时正值拔节期，应结合追肥进行培土，以促进根系生长和防止植株倒伏。

3. 追肥

一般进行 3 次。第 1 次于苗高 10cm 左右时，每亩施人畜粪尿 1000～1200kg，以促幼苗生长健壮和分蘖；第 2 次在苗高 30cm，此时进入孕穗期，每亩施人畜粪水 1500kg，或尿素 15kg，加过磷酸钙 20kg，有利孕穗；第 3 次在抽穗扬花前，可用 2%过磷酸钙溶液进行根外追肥，每亩 7kg 左右，以促进多结实和子粒饱满，提高产量。也可浇施人畜粪尿，每亩 2000kg。

4. 灌溉排水

薏苡在苗期和抽穗、开花、灌浆期要求有充足的水分，如天气干旱要在傍晚及时灌水，保持土壤湿润，但雨后或沟灌后，要排除畦沟积水，以减少病害发生。

5. 摘除脚叶

在拔节结束后，应摘除第 1 分枝以下的脚叶和无效分蘖，以利株间通风透光，促进茎秆粗壮，防止植株倒伏。

6. 人工辅助授粉

薏苡是雌雄同株，借风媒传授花粉，但在扬花期，无风或风力不足时，雌花就不能全部授粉，会形成空瘪粒。为提高产量，在花期每隔 3～4 天于行间顺行用绳子振动植株上部，进行人工授粉，使花粉飞扬，便于传粉，提高结实率。

五、病虫害及其防治

(一) 病害

1. 黑穗病

(1) 危害　穗部被害后肿大成球形或扁球形的褐包，内部充满黑褐色粉末（病原菌原担孢子）。

(2) 防治方法

① 实行轮作。

② 种子处理：60℃温水浸种 10～20min，再用布袋包好置于 3%～5%生石灰水中浸 2～3 天，或用 1∶1∶100 波尔多液浸种 24～72h，可防治黑穗病。

2. 薏苡叶枯病

(1) 危害　叶和叶鞘初现黄色小斑，不断扩大直致叶片枯黄。

(2) 防治方法　合理密植，注意通风透光；加强田间管理，增施有机肥料，增强抗病能力。

（二）虫害

1. 玉米螟

（1）危害　一龄幼虫、二龄幼虫钻入幼苗心叶咬食叶肉或叶脉；抽穗期，二龄幼虫、三龄幼虫钻入茎内为害，蛀成枯心或白穗，遇风折断下垂。玉米螟以老熟幼虫在薏苡茎秆内越冬。

（2）防治方法

① 早春将上年留下的玉米、薏苡茎秆集中烧毁，消灭越冬幼虫。

② 5～8月份夜间点黑光灯诱杀成蛾。

③ 心叶展开时，用50%杀螟松200倍液灌心毒杀。

2. 黏虫

（1）危害　黏虫又名夜盗虫。为害叶片、嫩茎和茎穗。幼虫咬食叶片成不规则的缺刻，严重时将叶片食光。

（2）防治方法

① 在幼虫幼龄期喷90%敌百虫800～1000倍液毒杀。

② 用糖3份、醋4份、白酒1份和水2份搅拌均匀，做成毒液诱杀幼虫。

六、收获

（一）采收、加工

薏苡籽粒成熟不一致。可在田间籽粒80%左右成熟变色时收割。割下的植株可集中立放3～4天后再脱粒。脱粒后种子经2～3个晴天晒干即可。用脱壳机械脱去总苞和种皮，得薏苡仁，出米率约为50%。

（二）分级

以粒大、粉足、色白者为优质。商品规格质量要求：统货、干货呈宽卵状或长椭圆形，表面乳白色，光滑，质坚实，断面白色，粉性。气微，味微甜，带皮壳不超过1%，无壳、杂质、虫蛀、霉变。

健康之窗：薏苡仁又名薏米、药王米等。薏苡仁的营养价值很高，被誉之为“世界禾本科之王”。薏苡仁的蛋白质含量为17%～18.7%，是稻米的2倍以上；薏苡仁脂肪含量为11.7%，是稻米的5倍。薏苡仁含有多种维生素，尤其是维生素B_1含量较高，每100g含有33μg。薏苡仁可用来煮粥、煲汤，既能充饥，又有滋补作用。据《本草纲目》、《本草经疏》等著作记载，它有健胃、强筋骨、祛风湿、消水肿、清肺热等功效，适于治疗脾胃虚弱、肺结核及风湿病、小便不利等病症。薏苡仁油既能兴奋呼吸肌，也能使肺血管显著扩张，从而减少肌肉及末梢神经的挛缩及麻痹。薏苡仁素有解热镇痛之功效。薏苡的叶可以煎茶饮用，既清香，味也醇美。

银　杏

银杏 *Ginkgo biloba* L. 别名白果树、公孙树，为银杏科银杏属植物。以种子入药，中药名白果。白果是一种药食兼用、营养价值很高的干果，含脂肪油、蛋白质、淀粉、组氨酸等多种营养成分。白果性平，味苦、涩，有小毒，具润肺、定喘、涩精、止带等功效，主治肺虚咳嗽、支气管哮喘、慢性气管炎、肺结核、尿频、遗精、带下等；外敷可治疥疮、痤疮

(粉刺)。银杏果肉(即外种皮)含白果酸、白果醇、鞣酸及糖类等有效成分。银杏叶含黄酮类、苦味质、酸类、维生素等成分,其中黄酮类经化学提取可制成制剂,治疗脑血管硬化、冠心病、血清胆固醇过高及小儿肠炎等病症。如长期使用银杏叶填充的枕头,对高血压患者有较好的降压作用。此外,银杏的根皮亦可入药,用于治疗带下、遗精诸疾病及某些牲畜疾病。

银杏主产于广西、四川、河南、山东、湖北、安徽、辽宁等省区。

银杏药用价值和经济价值很高,当前市场需要量大,国际市场也很畅销,每出口 1t 干白果,可创外汇 400 美元左右;1t 银杏叶价值 2500 美元左右。我国是银杏的故乡,因此,应积极发展银杏生产,扩大种植面积,营造速生丰产林,即矮冠密植早果高产林。目前,有些科研和生产部门正在开展这项研究试验,并已取得初步成效,营造矮冠密植早果高产林是银杏生产发展的方向。

一、品种类型

在长期的自然选择和人工培育过程中,形成许多优良的地方品种。

1. 大圆铃

主要分布于山东郯城港上、新村等乡。对肥水条件要求较严,在肥水条件良好的环境中,早果、高产、稳产,较抗病虫害。

2. 大金坠

主产于山东郯城沂河沿岸的新村、港上等乡。种子、种核个大且较均匀。速生丰产,耐旱、耐涝、耐瘠薄。

3. 大佛指 (大佛手)

主产于江苏泰兴、浙江长兴等地,是苏南、浙北一带经过嫁接的优良品种,丰产性能强,大小年结果现象不明显,种仁个大,但抗涝、抗风性能差。

4. 海洋皇 (海洋王)

产于广西灵川县海洋乡,核大丰满,色白味甜。树姿开张,树干粗壮,生长势强,高产、稳产,是全国很有发展前途的优良品种之一。

5. 家佛手

是近年来选出的新品种。江苏泰兴、广西灵川县均有栽培,丰产、稳产,种核大,色洁白,商品价值高,是深受群众欢迎的优良品种。

6. 潮田大白果

产于广西灵川县潮田乡,核大丰满,耐瘠薄,适宜山区栽培。

7. 随州 1 号

产于湖北随州市,种仁乳白色,无苦味,出仁率为 84%,丰产,比一般品种产量高 50%,但大小年明显。

二、形态特征

落叶高大乔木,高达 30~40m。银杏植株形态见图 4-4。树干通直,全株无毛,树皮淡灰色,老时黄褐色,有纵裂纹,枝淡灰褐色;有长枝及短枝两种,长枝横生或下垂,短枝长约 1~1.5cm,密集环纹,顶部有数片叶簇生;芽圆锥形,钝尖,被褐色芽鳞。单叶互生,叶柄长 2~7cm;叶片扇形,长 3~7cm,宽 6~9cm,叶上部边缘有波状圆齿或不规则浅裂,中央常 2 裂,基部楔形,无明显中脉,具多数 2 分歧平行脉,两面均为黄绿色。花单性,雌雄异株;雄花序为短的柔荑花序,2~6 个花序着生在短枝的叶腋中,具多数雄花,花药成对生于花柄的顶端,长圆形,黄绿色;雌花每 2~3 朵生于短枝顶端,具长柄,顶端分两叉,各生一杯状珠座，每座着生1枚胚珠，通常只有1枚发育成熟为种子。种子核果状，椭圆形或卵圆形，外种皮肉质，熟时橙黄色；中种皮骨质，白色；内种皮膜质；胚乳丰富，子叶2枚。花期5月份，果期9～10月份。

图4-4 银杏植株形态
1—长枝；2—短枝（雄球花）；3—花粉囊；4—短枝（雌球花）；5—胚珠；6—种子；7—种仁

三、生物学特性

（一）生命周期

银杏的生命周期是指播种育苗—开花结果—正常死亡的整个生命过程。在整个生命周期中分阶段发生一系列性质不完全相同的变化。银杏的寿命及各个年龄时期的长短主要取决于农业技术水平和立地条件。了解和掌握银杏生命周期内各阶段的生长发育特点，是适期采取不同管理方法的重要依据。雌株的生命周期大致可划分为4个明显的年龄阶段。

1. 幼龄期

从苗木定植到开始开花结种时期为幼龄期。这一时期一般需15年。其特点是树冠和根系快速生长，向外扩展吸收面积和光合面积，逐渐积累同化营养物质，为首次开花结种创造条件。一年可抽生3～4个分枝，成枝率较高，当年抽梢可达1m左右。该时期栽培措施是围绕增加枝叶量扩大光合面积、积累营养而加大土、肥、水管理。

2. 初种期

从第一次结种到开始大量结种为初种期。这一时期一般需15～30年。其生长特点是骨干枝的生长势仍很强，树冠、根系迅速向外扩展，树体基本定型，骨干枝的中、下部许多短枝能开花结种。短枝逐年增加，产量逐年提高。新梢生长量由于结种量的增加而逐渐减少。初种期的管理应着重按一定配方增施氮、磷、钾肥，为增强结种后劲，达到立体结种打好基础。

3. 盛种期

盛种期是银杏一生中经济效益最高的阶段。银杏较之其他果树盛种期长，一般是在树龄30～300年之内。这一时期的生长特点是骨干枝后部的营养枝和结种枝逐渐衰老和枯死，冠内趋向光秃，后期产量逐年下降。这一时期的管理应按一定比例增施氮、磷、钾肥，培养内膛结种枝，防止内膛小枝的早衰。

4. 衰老期

从产量降至几乎无经济栽培价值到部分大枝开始衰亡称为衰老期。这是个体发育过程中最长的一个阶段，一般是在银杏树龄超过300年后。此期枝梢生长量越来越小，而短枝死亡数量则越来越多，骨干枝中、下部光秃部位不断扩大，外围枝条也大量下垂干枯，产量大幅度下降。主干和主枝上的潜伏芽开始萌发，抽生徒长枝。此期生长衰弱，树冠残缺不全，根系大量死亡。这一时期应在枝梢开始干枯死亡的初期，及时进行回缩、更新，并充分利用徒长枝，培养成新的骨干枝和新的结种短枝，以期恢复一定的产量，延长经济寿命。

（二）年生育周期

银杏一般于3月中、下旬开始萌芽长叶，4月中、下旬开花，6月下旬至7月上旬花芽分化，9月下旬至10月上旬种子成熟，11月上、中旬落叶，全年生长时间270天左右。

（三）根、枝、种子的生长发育

1. 根

银杏为深根系树种，根系发达而强大，适应性强，各种土壤均可生长。主要根系一般分布在深60～100cm的范围内，如土层深厚，根系可入土层达5m以上；水平分布通常超过树冠直径的2倍。银杏在幼苗及幼年期间，其中有不少在主根的下部常见有光滑的粗根，内含大量淀粉，故又属肉质根型树种，其根皮木栓层发达，含水量大，故苗木在长途运输中不易失水，有利成活。

银杏根系断伤后，可在断端产生大量新根，故其苗木移植和老树断根可以增强长势。另外，中、老龄银杏常常产生分株苗，可利用这一特性分株繁殖苗木。

银杏根系生长几乎没有休眠期，只要满足其生长条件，全年可以生长。一般有2个明显的生长高峰：第1个生长高峰出现在4～6月份，此高峰与地上部分的生长高峰同步；第2个高峰出现在10～11月份，这次生长速度及生长量远不如前期，但对树体积累和贮存养分、增强越冬能力具有重要意义。

2. 枝条

银杏幼树生长较旺，肥水条件较好的，梢年生长量可达1m以上。银杏枝条萌芽力强而成枝率低，一年内可发3～4个分枝，结种后成枝率逐渐降低，随着树龄的增大，生长势逐渐减弱。枝条上的萌发力由大而小，并逐渐减弱，以致不能萌发而成为潜伏芽。潜伏芽随枝干的增粗而在皮下分化，寿命可达数百年乃至千余年。当其受到刺激后，例如修剪中回缩大枝可萌发新枝。一些老龄树的树干或大骨干枝上的潜伏芽也可形成短枝而结种。

银杏的枝条有长枝与短枝之分。长枝每一叶腋均有芽，节间明显；短枝生长在长枝上并由腋芽发育而成，一般2～3年以上发育充实的腋芽即可成为结种短枝。短枝年生长量很小，一般仅0.3m左右，难以分节。短枝累年生长可达10cm甚至更长。长、短两种枝型，生长方式是可逆的。短枝可因受刺激等原因突然变为长枝；反之，长枝也可以一连几个季节生长缓慢而变成短枝的形状。银杏长、短枝的互逆，是一般果树所不具备的特性。

银杏一般每年只有一次速生期，而且速生期短暂，属春长型树种。

3. 种子

从授粉到种子成熟约需5个月左右时间，即4月中、下旬到9月下旬。外种皮于8月上旬停止生长，中种皮在6月中旬开始木质化，7月下旬种仁基本长成。种核生长期正是新梢停止生长和外种皮生长的缓慢期，此时大量养分用于种核的生长发育。

银杏系雌雄异株的树种，雌雄花都着生在短枝上，由叶原基形成，每个珠柄上可着生1个至数个胚珠，正常情况下，可形成1粒至多粒种子。银杏短枝上的花芽很多，开花也多，但不是每朵花都能结种，有的因未能授粉而脱落，有些即使形成种子，也常因树体养分不足或养分失调等造成大量生理落种，如江苏银杏产区每年5月中旬至6月上旬出现第1次落种高峰，7月上旬出现第2次落种高峰。这期间是银杏新梢和根系生长的旺盛时期，也是种子迅速发育的关键时刻，树体要消耗大量的水分和养分，若负载过重，则产生枝、叶、根生长与种子生长争夺水分、养分的矛盾，从而引起落种。这种现象可以从生产措施上予以调节，以减轻这一现象。

（四）雌雄株的鉴别

银杏为雌雄异株树种，雌雄株的生长习性、形态特征与用途各不相同，及早并正确地区分雌雄株，在生产实践上具有重要意义。现介绍药农们从形态特征鉴别银杏雌雄株的方法。

① 雄株比雌株发芽早，落叶晚。

② 雌株的主枝与主干间夹角大，可达50°，枝间向四方扩展；反之，雄株夹角小，多数在30°左右，枝条较挺直生长。

③ 同龄树，雄树形成树冠时间晚，枝条层次清晰；雌株则形成树冠的时间早，枝条多而乱。

④ 成龄树雄株的短枝较短，一般仅1～2cm。雌株的结种短枝多年连续结种，延伸较长，可达10cm之多。

⑤ 雄株叶片比雌株叶片大，且缺刻深。

⑥ 雄株花芽大而饱满，顶部稍平，而雌株花芽瘦小而尖。

⑦ 雄花序为柔荑状花序，外形如桑葚，雌花长在花梗顶端，分成两叉，外形如火柴梗状。

用形态学的方法鉴别银杏的性别，虽方法简单易行，但因其形质指标差距甚远，非长期观察认识，单凭形态描述，常会发生谬误。这就需要长期深入实地，细心观察对比，综合多方面因子进行判断，才能达到正确鉴别。

（五）对环境条件的要求

1. 温度

银杏对温度有较大的适应性，一般来说在年平均气温8～20℃的地区都可种植。冬季能忍耐－20℃的低温，不受冻害，夏日能抵御40℃的高温，不发生日灼。

2. 光照

银杏是阳性树种，好光，不耐荫蔽，如光照不足，则枝条生长发育往往不充实，花芽分化不良，种子品质不佳，产量低。

3. 水分

银杏属深根性树种，有较强的抗旱能力，但不耐水涝，若地下水位过高（距地表不足1m）或者土壤长期处于潮湿状态，根系往往全部腐烂，叶片出现萎蔫、变黄而脱落，生长发育不良终至死亡。

4. 酸、碱度

银杏根系庞大，吸收水肥的范围广，所以对土壤选择不严，不论是酸性土、中性土还是钙质土，一般都能生长，但在土壤含盐分超过0.3%时，树势极度衰弱，叶片薄小，枝梢枯焦，直至死亡。故银杏最适宜在pH值为5.5～7.5、土层深2m以上的土壤上生长。

四、栽培技术

（一）播种

1. 播种

春播，南方于3月上、中旬，北方则适于3月下旬至4月上旬进行。播种时，在整好的苗床上，按行距25～30cm开横沟条播，播幅10cm，沟深5～7cm，沟底要平整。然后，在沟内每隔10cm（株距）播入催芽种1粒，胚芽向上，每亩用种量为40kg左右。播后覆盖细土与畦面齐平，浇水，最后床面盖草保温保湿，约半个月即可出苗。

2. 播后管理

幼苗出齐后，及时揭除盖草，进行中耕除草、间苗、补苗、追肥和防治病虫害，促进幼苗生长。但银杏实生苗生长缓慢，一般1年生苗高仅15～20cm，2年生苗高仅60～80cm，3年生苗高1～1.5m。

（二）田间管理

1. 间作、中耕除草和翻地

银杏造林地上株、行间空隙大，为促进幼林生长，防止杂草与苗木争夺水分和养分，土壤肥沃的林地可间种农作物和药材；土壤贫瘠的林地则间种绿肥。树冠郁闭后，还会滋生杂草，每年4～7月份每月应进行中耕除草1次。为使银杏造林地土壤熟化，应于定植当年秋后扩槽，全园分2～3年完成，深翻时应尽量少伤根系，并将表土与底土分开堆放，回填时将表土及有机肥、枯枝落叶、杂草等放在底层，原来的底土放在上层。回填后要分层踏实，有条件的可灌1次透水，增加土壤墒性。以后每3～4年深翻地1次。

2. 追肥

根据银杏年生长发育各时期对养分的需要，除定植时施足基肥外，一年还需追肥4次。第1次在发芽前的3月上旬（南方）至3月下旬（北方），此时正值新根生长初期和接近萌芽期，树体急需大量养分，应以氮肥为主，适当配合磷、钾肥，以促进营养生长和提高坐果率。根据土壤肥力和树体大小，每株施入尿素500～600g，过磷酸钙300～400g，氯化钾200～300g。第2次在花后的4月下旬（南方）至5月上旬（北方），这时种子处于幼小期，新梢加速生长，营养消耗很大，需要大量补充营养；第3次在种子硬核期的7月份（南方在7月上旬，北方在7月中、下旬），此时正值提高种子品质、产量和促进花芽分化、根系生长与叶片光合作用的关键时期。上述花后和硬核期2个生育期急需氮、磷、钾完全肥料，每株每次施入尿素400～500g，过磷酸钙300～400g，氯化钾250～350g。第4次在11月份落叶后，每株施腐熟厩肥或土杂肥30～60kg，过磷酸钙400～500g。这次施肥可提高树体内的贮藏养分，促进翌年树体前期生长积蓄营养。施肥方法，按常规操作进行。

3. 灌溉排水

银杏在发芽、抽枝、开花、结种期都需要大量水分，应及时灌水，以满足其生长发育的需要。银杏是喜湿怕涝的树种，土壤水分不能太多，过多时便会引起落叶和烂根现象，甚至整株死亡。因此，银杏园必须做好排水工作，特别是多雨季节地下水位高的园地要注意清沟排渍，不能积水，为其健壮生长创造良好条件。

在坡地特别是在山地，浇、灌水有一定困难，可用覆草免耕的方法进行保墒抗旱，即在定植前深翻地，定植后均匀地将草撒盖在园内，终年覆盖不予耕作，覆草厚度15～20cm，每亩需草（稻草、秸秆以及其他杂草等）量为2000kg左右。盖草后，草上应撒少量细土压盖，以防火灾和被风吹走，生产实践证明，效果很好，不仅可以保持土壤水分，减少杂草滋生，而且能促进植株生长发育良好。故覆草免耕方法值得推广。

4. 及时缩剪，间伐临时株

银杏矮冠密植按上述中等密度栽植，10年左右就能基本郁闭，为了使其丰产，此时就应开始对临时株进行缩剪，首先在行内株距间进行，缩剪其与两侧永久株交叉的枝条，同时保留顶部的枝条继续结种。经过3～4年的缩剪，临时株仅是几个短桩，就应将其伐去。随后，当行与行间郁闭时，采用上述行内先缩剪后伐除株间临时株的方法，将整行的临时株（临时行）除去，为行间相邻永久植株树冠的扩展创造条件。这样，每亩保存下来的20多株银杏，在一般情况下，以后可不再间伐。

5. 人工授粉

银杏为雌雄异株的树种，传粉受精有一定难度，因此，栽前应在栽培布局设计上有利于花粉的传播，按5%的比例均匀配置雄株。然而，在生产上因种种原因，雌花不能受精或受精不足，特别是花期遇大风、阴雨、大雾等天气，便给传粉带来了一定困难。采取人工授粉，不但能弥补花粉量的不足，而且能战胜灾害性天气，延长授粉时间，提高授粉质量，确保种子稳产、高产。据山东省郯城县马头林业站对低产银杏树进行的3年试验，采用人工授粉比对照树增产1.5倍。

6. 结种大小年的调整

银杏结种大小年现象比较普遍，这主要是管理不善造成的，可采取下列方法加以调整。

（1）加强肥水管理　结种树营养消耗量大，为使其根深叶茂，树体健壮，应加强肥水管理，才能避免结种有大小年的现象发生。加大肥水管理主要在花前追1次促花肥，结种期追1次长种肥。若结种量大，还应在采收后再追1次补种肥。追肥要以人畜粪尿及磷、钾肥为主。此外，还要及时中耕除草、适时浇水，雨季注意排涝，确保树株健壮生长。

（2）合理修剪　银杏种子着生在短枝上，因此，短枝的强弱、多少、枝龄大小，都是结种多寡的重要因素。短枝要粗壮，粗度在0.5cm以上，一般3～25年生的短枝都能结种，但以5～15年生的短枝结种能力最强。一般每个短枝只能结1～3粒种子。一株中年银杏树，往往有上万个短枝条，正常情况下，只能有1/3～1/5的短枝结种。为此，就要从修剪上加以调节。大年结种时，结种枝多，营养枝少，冬剪一般以轻剪为主，只剪除干枯、密生、衰老及病虫枝，应多保留营养枝，使次年有一定的花量。在花量特多，势衰弱的情况下，辅以夏季修剪，疏去一些密弱枝，促发新梢。小年结种时，营养生长旺盛，树体积累的营养物质较多，在富足次年花芽的前提下，冬剪适当加重，疏中有缩，以控制次年的花量，平衡树势，使之有一批短枝当年结种，有一批短枝形成花芽次年结种。这样，就可以避免结种大小年现象发生。

（3）疏种定产　银杏自然坐种率高，虽然通过修剪作了花芽数量的调整，但结种数量还会超过树体所能担负的能力。开花坐种过多，年年超负荷运转，不仅种子质量下降，商品价值低，而且产量不高，并导致树势迅速衰弱，大大降低和缩短了高产年限和经济寿命，这就必须给予疏种定产，使内膛中、下层枝营养贮存充足，坐种率高，种子品质优良，宜少疏多留，外围上层枝则多疏少留，旺时少疏，弱树多留。一般疏种量可达到30％～40％。疏种时间越早越好，一般在5月中、下旬，银杏似黄豆粒大小时进行。矮冠密植幼龄树可结合夏剪疏种，盛种期用小镰刀绑在竹竿上割除过密种子，或轻摇树枝，使其震落。

7. 控制落种

银杏在其种子生长发育期常发生落种现象，严重时往往几天之内出现大量落种，影响当年产量。引起落种的原因主要有以下几点：

① 因气候干燥或遇风雨阻碍了银杏的授粉，导致落种。

② 由于树体养分不足或失调，病、虫危害或其他不良因素等造成落种。

③ 因地下水位过高或积水烂根，耕作不当，根系受伤引起落种。

控制银杏落种的方法：首先要根据当地的情况具体分析其原因，然后从增强树势保持适量结种着手，如合理施肥、加强土壤管理、降低地下水位、及时抗旱排涝、适度修剪、改善授粉条件、保持适宜的负载量以及防治病虫害等。只有加强综合管理，才能确保银杏种子生长期少落种或不落种，这是提高白果产量和品质的重要一环。

8. 整形修剪

（1）幼年树的整形修剪　银杏是高大乔木，其矮化密植树树形以自然开心形为好。苗木定植后嫁接当年冬季定干整形。定干高度为0.7m，不宜过高和过低，过低则主枝因结种下垂，影响施肥、中耕及采种等作业；过高则树冠形成慢，减少立体结种，树体利用率不高，延迟结种年限。定干后，在其上选3个方位，角度较好的健壮枝培养为主枝，其余枝条任其生长，以积累营养物质，供应树体生长，当影响主枝生长时就逐步除去。第2年在所留主枝上，在距主干60cm左右选背斜侧的芽上短截，促其发侧枝。第3年按第1主枝选留方法选留第2主枝，第1主枝于夏秋摘心继续扩大树冠，同时注意培养第2侧枝，第4年培养第3主枝。经过3～4年的整形修剪，树冠的骨架基本形成。主枝上下插空生长，层间距在60cm以上，树高控制在2.5m左右。以后修剪为缓和树势，继续培养各级枝组，充实内膛和外围，为进入盛种期创造条件。

（2）盛种期的修剪　银杏的盛种期长达200～300年，在这期间由于连年大量结种，易于衰弱，导致产量下降。因此，除加强土、肥、水管理外，还应通过修剪来控制树冠、枝、叶密度，保持良好的通风透光条件，复壮树势，补充、更新结种基枝，扩大结种面积，延长盛种期年限，最终达到维持较高产量的目的。在修剪上采取疏剪、短截相结合，以疏为主，疏密留稀，疏弱留强的原则。修剪程度应掌握以轻为主，重剪则适得其反。

（3）衰老树的修剪　这里所说的衰老树，是指盛种期的老龄树，也指树龄虽小、但长势已显著衰弱的树。这是由于管理不善或结种过多，树体超负荷过大，以及病虫、人畜为害所引起的。修剪过重同样也会引起树势衰弱。所以，要复壮弱树，除了加强土、肥、水和病、虫防治等综合管理外，在修剪方面，主要是疏除部分结种枝，适当加重短截程度，注意保留壮枝、壮芽等。这样连续几年后，树势就可以逐渐恢复。

五、病虫害及其防治

（一）病害

1. 立枯病

（1）危害　又称茎腐病或猝倒病。主要发生在夏季高温炎热地区，尤以长江以南发病较重。染病苗木茎部表层呈褐色、皱缩，内皮组织腐烂呈海绵状或粉末状，灰白色，可扩展到根部，内层皮脱落，叶面失去正常绿色，下垂而不坚挺。该病病菌常在土壤中营腐生生活。苗木受害的原因主要在于夏季炎热地表温度过高，幼嫩苗木基部受高温损伤，造成病菌侵染，尤其在低洼积水圃地发病较重，直至9月底才停止。

（2）防治方法

① 适当早播。当6月上、中旬发病高峰到来时，苗木已经木质化，可有效地抵制病菌，减轻立枯病的发生。

② 发病初期用50%甲基硫菌灵1000倍液浇灌。

2. 干枯病

（1）危害　又称胴枝病、枝枯病。主要为害枝干。病菌自伤口侵入，在1～2年生枝条上呈现黄褐色圆形或不规则形病斑，老枝条及树干的粗糙部位病斑边缘不整齐，逐渐膨大、开裂，内部腐烂有酒精味。生长季节5～9月份发病较重，枝干受伤，长势衰弱的树易感此病。轻病影响种子的产量与品质，严重时可造成整株死亡。

（2）防治方法

① 加强管理，增强树势，注意减少伤口和防止各种伤害，以减少病菌的侵染机会。

② 彻底清除病株、病枝，并集中烧毁，杜绝病菌的侵染源。

③ 及时刮治病斑。刮除表皮烧毁，并用5°Bé石硫合剂或100倍硫酸铜液涂抹，或用400～500倍401混入0.1%平平加涂抹病处，每半个月1次。生长期用福美砷100倍液涂抹，每半个月1次，也可见效。

（二）虫害

1. 黄刺蛾

（1）危害　黄刺蛾的幼虫俗称八角子。主要为害银杏叶片。大量发生的年份可把叶片食光，7～8月份为害最严重。秋天老熟幼虫结硬壳茧越冬。

（2）防治方法

① 冬春至6月份成虫羽化前，可摘除树上的虫茧，以消灭越冬害虫。

② 夏末秋初，刚孵化出的幼虫有群栖性，集中于叶片，可进行人工捕杀。

③ 幼虫为害盛期，可用1000倍40%氧化乐果乳油或20%速灭杀丁2000～3000倍液喷杀。

④ 保护利用天敌。黄刺蛾的天敌有五齿青蜂、黑小蜂等，多寄生于越冬茧上，可人工饲养放蜂于银杏园。凡被寄生的茧顶部有一褐色小坑，应予以保护。

2. 超小卷叶蛾

(1) 危害　蛀食枝条。每年发生一代，以蛹越冬。4月下旬至6月下旬为幼虫为害期。该虫在南方银杏产区为害甚烈。初孵化的幼虫长1.3mm，能吐丝结网，不久便从叶柄基部或短枝间蛀孔钻入枝内，也有蛀孔侵入长枝上的，逐渐向枝条基部蛀食。幼虫在枝条内为害25天左右，又爬出来取食叶肉，常造成整株死亡。

(2) 防治方法

① 4月底至6月上旬被害枝枯萎时可剪除，连同地上枯枝、落叶一同烧毁。

② 成虫白天活跃，常在十字花科植物上产卵，交配时习惯在树上爬行，是人工捕捉成虫和灭卵的好时机，可进行捕蛾灭卵。

③ 4月底至5月初刚孵出的幼虫，用40%氧化乐果1000倍液进行喷杀，效果可达100%。

④ 6月底，幼虫蛀入树皮后用敌敌畏原液4份、敌杀死1份、氧化乐果5份、柴油10份，配制成油雾剂喷洒于树干上，可有效地杀灭幼虫。

⑤ 3月下旬，成虫羽化前，用生石灰50份、敌敌畏乳剂1份、食盐10份、清水190份配成涂白剂，涂刷于树皮上，可有效地防止成虫羽化。

3. 山楂红蜘蛛

(1) 危害　为害叶片。在山东银杏产区为害较重，每年发生的代数较多，危害又集中。一般在6月中旬开始发生，一直持续到8月份。受害叶片颜色淡薄，甚至焦枯。该害虫繁殖力强，发育速度快，常对银杏构成极大危害。

(2) 防治方法

① 早春结合防治其他害虫，彻底刮除主干主枝上的粗皮，并集中烧毁，以消灭越冬红蜘蛛。

② 银杏萌芽前喷洒3～5°Bé石硫合剂，或生长期喷洒0.3°Bé石硫合剂，这是防治红蜘蛛的关键措施。

③ 红蜘蛛为害期喷洒40%三氯杀螨醇乳油1000～1500倍液。此法可有效地杀灭红蜘蛛的卵。

六、收获

(一) 采收、加工

1. 果实

9～11月份，当外种皮呈橙黄色时，或自然成熟脱落后，采集果实，采后堆放在阴湿处，还可以浸泡在缸里，使果肉腐烂。然后取出，于清水中除去肉质外种皮，冲洗干净，晒干，贮存备用，同时，打碎外壳，剥出种仁，称为生白果仁。以蒸、炒等方法加工，打碎外壳，取去种仁，即为熟白果仁。

2. 叶

应于10～11月份收集经秋霜打后的叶片，晾干，去净杂质，可为药用。8月份当叶子发黄之前采集提炼，其银杏叶总黄酮及银杏叶内酯含量高，因此，生产上多采集发黄之前的青色叶子作为提炼的原料。

(二) 分级

1. 白果

以外壳白色、种仁饱满、色淡黄或黄绿、内部白色、粉质、中心有空隙者为佳。

2. 银杏叶

以叶色黄绿、整齐无损、气清香者为佳。

小知识： 银杏又名白果、公孙树，古称鸭脚，是目前地球上最古老、神奇的一种高等植物，在地球上现仅孑遗一科一属一种，为我国所特有的经济林果和绿化美化树种。银杏全身是宝，具有极高的经济价值和药用价值，银杏为史前遗物，至秋一片金黄，固又有“金色化石”之称。因此有人说银杏是一种不可思议的植物。在 1983 年，《森林与人类》评选中国国树的活动中，银杏仅次于松树而位居亚军。但林业界、植物界和生态学界的专家学者们仍然认为，从任何方面衡量，银杏理当为中国国树，特别是银杏象征着中华民族古老历史、古老文化和前赴后继、坚韧不拔的民族精神。

五味子

植物五味子 *Schisandra chinensis*（*Turcz.*）*Baill.* 为木兰科。多年生落叶木质藤本。以干燥成熟果实入药。中药名称五味子，别名北五味子、辽五味子、山花椒等。含有挥发油，油中主要成分为柠檬酸，还含有依兰烯、糖类、苯甲酸、柠檬醛等。种子含五味子素等。果实味酸，性温。具有益气敛肺、滋肾、涩精、生津、止泻敛汗等功效。主治喘咳、肺虚、自汗、遗精、失眠、久泻、津亏口渴等。在制药工业上作为生脉饮、五味子糖浆、五味子合剂的原料；在食品工业上用于酿造五味子果酒。近年来五味子的需要量在不断增加，用途也在不断扩大，具有广阔的市场空间。

五味子主产于吉林、辽宁、黑龙江三省。此外，河北、内蒙古、山东、山西等省区亦产。吉林、辽宁所产者质量最佳。

一、种类

当前没有栽培品种，同属植物华中五味子也作五味子入药，商品称“南五味子”，又称“西五味子”，其果粒较小，肉较薄，品质差，主产陕西、山西、湖北、四川、云南等地。

二、形态特征

多年生落叶木质藤本，长可达 800cm。五味子植株形态见图 4-5。茎皮灰褐色，皮孔明显；小枝褐色，稍具棱角。单叶互生，叶柄细长；叶片薄，稍膜质，卵形、宽倒卵形以至宽椭圆形，长 5～11cm，宽 3～7cm，先端急尖或渐尖，基部楔形或宽楔形，边缘疏生有腺体的细齿，上面有光泽，无毛，下面脉上嫩时有短柔毛。夏季开黄白而带粉红色花，芳香，花单性，雌雄异株；花被片 6～9 枚，外轮较小；雄花具 5 雄蕊，花丝合生成短柱，花药具较宽

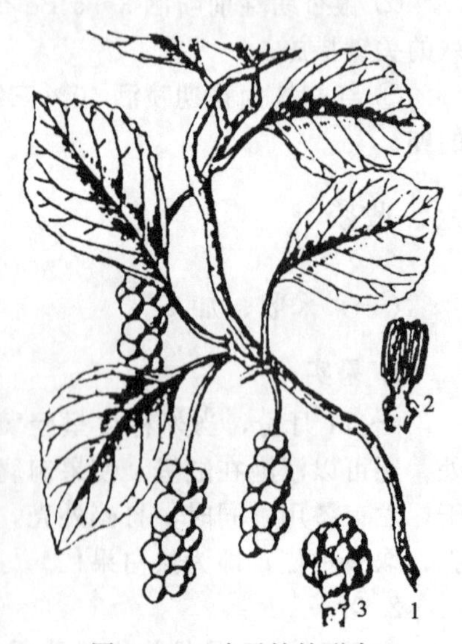

图 4-5 五味子植株形态

1—果枝；2—雄花；3—雌花

药隔，花粉囊两侧着生；雌花心皮多数，螺旋状排列。花后花托逐渐伸长，至果成熟时呈长穗状，其上疏生小球形不开裂的肉质果，熟时深红色，干后表面褶皱状。

三、生物学特性

（一）生长特性

五味子的种子胚后成熟要求低温低湿条件，生产上需要秋播或低温沙藏。五味子一般在5月中旬至6月上旬开花，花期10～15天，单花初展至凋萎可延续6～8天。果熟期8～10月份。五味子的芽分花芽和叶芽两种，花芽生长在叶芽下面，由几片鳞片覆盖着，展叶后方能看到花芽，每个花芽可开1～3朵。

（二）对环境条件的要求

五味子喜土壤肥沃，湿润而阴凉的环境条件。土壤为微酸性的腐殖土。在开花结果阶段，需要良好的通风条件，而在幼苗及营养生长阶段，则需要阴湿的环境。

四、栽培技术

（一）播种

野生五味子除种子繁殖外，主要靠地下横走茎繁殖。在人工栽培中，很多人进行了扦插、压条和种子繁殖的研究。其结果扦插、压条虽然也能生根发育成植株，但生根困难，处理时要求条件不易掌握，均不如种子繁殖。种子繁殖方法简单易行，并能在短期内获得大量苗。

1. 种子的选择

五味子的种子最好在秋季收获期间进行生穗选，选留果粒大、均匀一致的果穗作种用，单独干燥和保管。干燥时切勿火烤、炕烘或锅炒。可晒干或阴干，放通风干燥处贮藏。

2. 种子处理

（1）室外处理　于结冻前将选作种用的果实，用清水浸泡至果肉涨起时搓去果肉。五味子的秕粒很多，出种率60%左右，在搓果肉的同时可将浮在水面上的秕粒除掉。搓掉果肉后的种子再用清水浸泡5～7天，使种子充分吸水，每隔2天换1次水，在换水时还可清除一部分秕粒。浸泡后捞出控干，与2～3倍于种子的湿沙混匀，放入室外准备好的深0.5m左右的坑中，上面覆盖10～15cm的细土，再盖上柴草或草帘子，进行低温处理。翌年5～6月份即可裂口播种。处理场地要选择高燥地点，以免水浸烂种。

（2）室内处理　2月下旬将种子移入室内清除果肉，拌上湿沙装入木箱进行沙藏处理，其温度可保持在5～15℃，翌春即可裂口播种。

3. 播种育苗

（1）育苗田的选择　育苗田可选择肥沃的腐殖土或沙质壤土，也可选用老参地。育苗以床作为好，可根据不同土壤条件做床，低洼易涝，雨水多的地块可做成高床，床高15cm左右。高燥干旱，雨水较少的地块可做成平床。不论哪种床都要有15cm以上的疏松土层，床宽1.2m，长视地势而定。床土要耙细清除杂质，施腐熟厩肥5～10kg/m^2，与床土充分搅拌均匀，耧平床面即可播种。

（2）播种时期和方法　一般在5月上旬至6月中旬播种。经过处理的种子，条播或撒播。条播行距10cm，覆土1.5～3cm。播种量30g/m^{2}左右。也可于8月上旬至9月上旬播种当年鲜籽，即选择当年成熟度一致、粒大而饱满的果粒，搓去果肉，用清水漂洗一下，控干后即可播种。

(3) 苗田管理　播种后搭 1～1.5m 高的棚架，上面用草帘或苇帘等遮阴，土壤干旱时浇水，使土壤湿度保持在 30%～40%，待小苗长出 2～3 片真叶时可撤掉遮阴帘。

4. 移栽

(1) 选地　选择土壤肥沃、土层深厚、排水良好的林缘地或熟地，以腐殖土和沙质壤土为好，选好地，施基肥 20～30t/hm^2，整平耙细备用。

(2) 移植　一般在 4 月下旬至 5 月上旬移栽，行株距 120cm×50cm，为使行株距均匀，可以拉绳定穴，在穴的位置上做一标志，然后挖成深 30～35cm、直径 30cm 的穴，每穴栽 1 株。栽时要使根系舒展，防止窝根与倒根，栽后踏实，灌足水，待水渗完后用土封穴。15 天后进行查苗，没成活的需进行补苗。

5. 用种量

每亩用种量为 5kg 左右。

(二) 田间管理

1. 灌水施肥

五味子喜肥，生长期需要足够的水分和营养。栽植成活后，要经常浇水，保持土壤湿润，结冻前灌一次水，以利越冬。孕蕾开花结果期，除需要足够水分外，还需要大量养分。每年追肥 1～2 次，第 1 次在展叶期进行，第 2 次在开花后进行。一般每株可追施腐熟的农家肥料 5～10kg。追施方法，可在距根部 30～50cm 处开 15～20cm 深的环状沟，施入肥料后覆土。开沟时勿伤根系。

2. 剪枝

五味子枝条春、夏、秋三季均可修剪。

(1) 春剪　一般在枝条萌芽前进行。剪掉过密果枝和枯枝，剪后枝条疏密适度，互不干扰。

(2) 夏剪　一般在 5 月上中旬至 8 月上中旬进行。主要剪掉基生枝、膛枝、重叠枝、病虫枝等。同时对过密的新生枝也需要进行疏剪或短截。夏剪进行得好，秋季可轻剪或不剪。

(3) 秋剪　在落叶后进行。主要剪掉夏剪后的基生枝。

不论何时剪枝，都应选留 2～3 条营养枝作为主枝，并引蔓上架。

3. 搭架

移植后第 2 年即应搭架。可用水泥柱或角钢做立柱，用木杆或 8 号铁线在立柱上部拉一横线，每个主蔓处立一竹竿或木杆，竹竿高 2.5～3m，直径 1.5～5cm，用绑线固定在横线上，然后引蔓上架，开始时可用强绑，之后即自然缠绕上架。

4. 松土、除草

五味子生育期间要及时松土、除草、保持土壤疏松无杂草，松土时要避免碰伤根系，在五味子基部做好树盘，便于灌水。

5. 培土

入冬前在五味子基部培土，可以保护五味子安全越冬。

五、病虫害及其防治

1. 根腐病

(1) 危害　5 月上旬至 8 月上旬发病，开始时叶片萎蔫，根部与地面交接处变黑腐烂，根皮脱落，几天后病株死亡。

(2) 防治方法　选地势高燥排水良好的土地种植；发病期用 50%多菌灵 500～1000 倍液根际浇灌。

2. 叶枯病

(1) 危害　5月下旬至7月上旬发病，先由叶尖或边缘干枯，逐渐扩大到整个叶面，叶片干枯而脱落，随之果实萎缩，造成早期落果。

(2) 防治方法　发病初期可用50%硫菌灵1000倍液和0.005%井冈霉素液交替喷雾。喷药次数可视病情确定。

3. 卷叶虫

(1) 危害　幼虫为害，造成卷叶，影响果实生长，甚至脱落。

(2) 防治方法　用50%辛硫磷1500倍液，或50%磷胺1500倍液，或40%乐果1000倍液，或80%敌百虫1500倍液喷洒。

六、收获

(一) 采收、加工

五味子实生苗5年后结果，无性繁殖3年挂果，一般栽植后4～5年大量结果，8～9月份果实呈紫红色时摘下来晒干或阴干。适时采收很重要，否则影响产量和质量。采收过早商品质量差，采收过晚熟得太过，果皮易破裂，晒晾不方便。晒果方法是：席子底下垫树枝，席上放3cm厚的五味子，晒3～5天至果皮有皱纹，轻轻搅动，经2～3周即晒干。采收季节遇阴雨天，要用微火烘干，但温度不能太高，否则挥发油易挥发，果粒变焦。

(二) 分级

以粒大、饱满、肉厚、色鲜艳、酸甜味浓、身干无杂质、油性大者为佳。

各家评论： 孙思邈：五月常服五味子以补五脏气。《本经》言温，今食之多致虚热，小儿益甚。主益气，咳逆上气，劳伤羸瘦，补不足，强阴，益男子精。《药性论》以谓除热气，《日华子》又谓暖水脏，又曰除烦热。《内经》曰，肺欲收，急食酸以收之。《本草衍义补遗》：今谓五味，实所未晓，以其大能收肺气，宜其有补肾之功，收肺气非除热乎？《本草会编》：五味治喘嗽，须分南北。生津液止渴，润肺，补肾，劳嗽，宜用北者；风寒在肺，宜用南者。

罗汉果

罗汉果 *Momordica grosvenori* Swingle 属葫芦科植物，多年生草质藤本。被称为“东方神果”，是一种驰名中外的名贵药材。它含有的罗汉果苷较蔗糖甜300倍，另含果糖、氨基酸、黄酮和丰富的维生素D等成分。罗汉果以果供药用、茶用。性凉、味甘，具有润肺止咳、润肠通便之功效，有很高的滋补和药用价值。主治急慢性支气管炎，急慢性扁桃体炎、咽喉炎、急性胃炎、便秘、百日咳等病症。

罗汉果主产于广西北部地区，江西、广东有分布。

一、种类

1. 莱茵一号

又名青皮果，该品种植株长势旺，抗逆性强，适栽范围广，花期长，丰产性强。果实圆柱形，皮浅绿色，茸毛多，果肉饱满，纤维细，有效成分含量特高，平均单果重84g，最大单果重240g，特大果占40%以上，无裂果现象。

2. 莱茵二号

又名拉江果，该品种植株长势旺，抗逆性强，寿命长，花期长，丰产性强。适宜在昼夜温差大的山地种植。果实梨形，皮翠绿色，茸毛极多，果肉饱满，纤维细，有效成分含量特高，平均单果重86g，最大单果重120g，大小均匀，无裂果现象。

3. 莱茵三号

又名白毛果，该品种植株长势中庸，丰产性好。开花早，花期长，果实近圆形，皮绿黄色，密被白色茸毛，果肉饱满，纤维细，有效成分含量高，平均单果重120g，最大单果重160g，特大果占60%以上，果形大小较一致，无裂果现象。

4. 莱茵四号

又名长滩果，该品种植株长势中庸，适宜在昼夜温差大的冷凉山地种植，丰产性好。果实长椭圆形，皮薄，翠绿色，茸毛极多，果肉饱满，纤维细，有效成分含量最高，平均单果重80g，最大单果重92g，大小均匀，无裂果现象。

二、形态特征

多年生草质藤本，生于海拔300～500m的山区，长2～5m。罗汉果植株形态见图4-6。茎纤细，暗紫色。卷须二叉几达中部。叶互生，叶柄长2～7cm；叶片心状卵形，膜质，长8～15cm，宽3.5～12cm，先端急尖或渐尖，基部耳状心形，全缘，两面均被白色柔毛。花雌雄异株，雄花序总状，雌花单生；花萼漏斗状，被柔毛，5裂，花冠橙黄色，5全裂，先端渐尖，外被白色夹有棕色的柔毛。瓠果呈卵形、椭圆形或球形，长4.5～8.5cm，直径3.5～6cm。表面褐色、黄褐色或绿褐色，被深色斑块及黄色柔毛，具10条纵线。顶端有长柱残痕，基部有果梗痕，质脆，果皮薄，果瓤海绵体状，浅棕色。种子扁圆形，多数长约1.5cm，宽约1.2cm，浅黄色。花期6～8月份，果期8～10月份。

图4-6 罗汉果植株形态

1—雌花枝；2—雄花序；3—雌花；4—果实；5—种子

三、生物学特性

(一) 生物特性

罗汉果喜温暖凉爽多雾的气候。青皮果品种适宜在夏季短期高温不超过33℃地区生长，以低于30℃为最理想。生长旺季的5～9月份，理想气温为23～28℃。在4～10月份空气相对湿度大于75%，土壤应保持潮湿。

罗汉果喜半阴半阳的环境。要求短日照，一般每天日照时数以7～8h为宜。忌强日光照射。

罗汉果在土层深厚、含腐殖质较多、疏松、保水性能良好、呈弱酸性的沙壤土生长良好。罗汉果最忌高温、长日照和干旱，在这种条件下生长的罗汉果，植株寿命会大大缩短。

罗汉果靠块根过冬。块根在地温15℃时，开始萌发新根，在清明前块根萌发新芽，以后枝蔓开始生长，6月中旬进入始花期，7月中旬至9月中旬为盛花期。植株以侧蔓开花为主，侧蔓花数占全株花数的70%～80%。果实的生长期为60～80天。当气温低于15℃时，植株停止生长，地上部枯死。第2年春季再萌发新枝。

罗汉果由于是雌雄异株植物，而且花粉具有黏性，风媒和虫媒传粉较困难，因此人工栽培的罗汉果必须进行人工授粉。

（二）对环境条件的要求

1. 气候条件

罗汉果植株喜温暖、怕霜雪、不耐高温。气温在22～28℃时生长旺盛，清明前后当气温在15℃以上侧蔓开始抽生，并出现卷须，生长最适宜温度为25℃左右，低于20℃生长缓慢，早春低于15℃时新梢停止生长，并有枯梢（黑头）出现，秋后温度低于10℃时就开始枯藤，低于5℃时需防寒。连续高温干旱时，生长缓慢，难以成花。

2. 地理条件

罗汉果植株喜光、凉爽、多雾、背风向阳，有林地气候，冬暖夏凉，昼夜温差大的地理环境。最适宜生长在海拔200～600m的缓坡山区环境。

3. 土壤条件

罗汉果植株喜欢生长于土层深厚肥沃、腐殖质含量丰富，排水通气良好，保水保肥力强，疏松湿润的微酸性黄壤土或红壤土。多年耕作的熟地、菜园地、重黏土、重沙土、干燥瘠薄、排水不良的洼地及盐碱土均不适种植。

4. 光热条件

罗汉果幼苗耐阴，成年植株喜光，忌强光暴晒，属短日照植物，最好白天有7～8h直射阳光，忌西晒。

四、栽培技术

（一）播种

9～10月份间，摘取健壮已黄熟果实，分别将靠果蒂上端的雄性种子与下端雌性种子取出，按雄性：雌性为1：10的比例以行株距均为80cm直播，每亩约600株，翌年3～4月间出苗。每亩用种量15kg左右。

（二）田间管理

1. 一年苗种植及管理

罗汉果要获得高产质优，必须培育优良健壮无病的种苗，要采用科学的栽培技术，才能充分发挥良种的优良特性，达到高产稳产、优质、提高经济效益。现将罗汉果主要栽培技术要点介绍如下。

（1）果园选择　选择适宜的生态环境设立果园，是提高罗汉果产量和品质及经济效益的最有效的根本措施。罗汉果喜温暖、多雾，怕霜冻，生长期宜雨量充沛均匀，但怕积水。选择果园要求排水良好，通风透光，背风向阳的坡地，忌西晒，海拔550m以下，坡度45°以下，地层深厚肥沃，腐殖质丰富，疏松湿润的黄壤土或黄红壤土。最宜在新开垦的阔叶杂木林地，山腰以上南向或东南向的山坡，四周有良好的竹木或杂木的阔叶次森林。通风排水不良的山谷、岭槽、山脚地不宜选用。

（2）开垦整地　果园选定后，于8～9月份开始砍树炼山，待树木、杂草干后，用火烧山炼地，并对整块地进行全垦，要求深挖30～35cm，清理好树桩、竹桩和树根、草根，晒干烧尽。全垦深挖后让其暴晒风化越冬，加速土壤熟化，改良土壤理化性质，提高土壤肥力消灭病虫害。第2年2～3月间再翻垦松土将土地块打碎整细，平整地面按等高线开畦，根据坡一般开约160～200cm的等高畦。

（3）挖坑种植　选好种苗，经过催芽后，于清明前后（农历2月20日至3月10日最佳）在暖和的晴天开始种植，按行距170～200cm（5～6尺）、株距100～150cm（3～4.5

尺）的规格定植，距畦地的下边缘40cm处横向开长30cm、宽20cm的种苗坑。每坑施入腐熟牛粪2.5～3.5kg、磷肥0.5～1.5kg、复合肥1kg，肥料与土壤拌匀整平。选择无病菌或伤疤的种苗，距肥料坑15cm，横畦挖20cm×10cm×10cm的种苗坑，将选好的当年种苗向上微露土面定植，无法辨别种苗顶部和基部时，平放深0.5cm的种坑中，上覆0.3cm细土压实。如遭到大雨冲走泥土，种苗露土，要及时覆土，以免种苗受暴晒。定植时雌雄分开，以便压蔓繁殖，每100株雌株配1株雄株，便于人工授粉。

(4) 管理与追肥　一年追肥3次，一般结合中耕除草进行。在阴天或晴天10点以前，下午5点后施肥。第1次施肥在罗汉果藤蔓长30cm左右时，每株施入人粪便或硫酸铵0.5～1kg，必须距植株10cm挖土条施并覆好土；第2次施肥在农历4月中旬距植株15～20cm开坑条施腐熟猪牛粪1～2kg、过磷酸钙、钾肥等混合肥0.3～0.5kg。干旱季节，让藤蔓上竿，避免暴晒烧伤、烧死藤尖，不能繁殖种苗。第3次追肥在农历6月中旬，距植株20cm施入人粪便1kg，钙镁磷肥150g，促进多长壮实侧蔓。在主蔓长出15cm后，及时摘心，便于长出侧蔓，有利繁殖多个种苗。

(5) 种苗培育　白露过后，秋分前后，天气较凉，雨天或阴天，泥土湿润时，选取呈淡绿白色的进行压蔓繁殖种苗。在蔓条的周围地面上挖长25cm、宽15cm、深15cm的土坑。将选择好的蔓条尖部弯曲，平放于坑底，覆土10cm，上盖杂草保湿，干旱时要浇水，经常保持土壤湿润。入土部分10～15cm，每坑可压5～10条，条距3cm。压蔓10天左右开始生根，1个月后地下形成块茎并逐渐膨大，于立冬后藤蔓枯萎，将地下茎挖出置于地窖或阴暗潮湿地用沙藏越冬，待第2年春季取出定植。

(6) 植株越冬管理　植株停止生长，逐渐枯萎，于立冬后，将主蔓离地10～20cm处剪出，并于根部覆土10～15cm，上盖草或用地膜盖住，防止地下茎受霜冻。

2. 二年苗后的管理

(1) 搭棚　罗汉果属藤生草本，必须搭棚有利于藤蔓攀缘，开花挂果也便于棚下耕作。果棚必须于立冬后至次年清明前这段时间完成，以免影响藤蔓生长。棚高1.7～2m，棚桩高2～2.2m，采用木料为桩，竹竿和竹枝或铁丝为架。也可根据管理人员的身高确定果棚高度。

(2) 开蔸催芽、及时除萌走苗　适时开蔸是促进越冬种苗的萌芽，抽生健壮主蔓，争取早上棚、早开花结果的重要环节。开蔸时间一般在开春后气温上升15℃以上进行。开蔸深度以地下种薯顶尖露出地面2cm左右为宜，让地下茎日晒3～5天后，将干萎部分剪除，利于块茎早萌芽，现蕾，开花，结果。开蔸时间也要根据果园立地条件、高度、坡向等条件而定。平地、低丘陵地区南向的果园的气温回升早、快，可早开蔸。过早开蔸容易使抽生的新梢受寒害，推迟萌芽，影响主蔓形成，晚期上棚，延迟开花，降低产量。气温在15℃以上，种苗萌芽3～5条新梢时，为了集中营养，宜在新梢长出10～15cm时，选留一条粗壮的作主蔓，其余的全部抹除。当主蔓生长到30cm后，用线将主蔓轻捆在竹竿上以牵引植株攀缘上棚，同时将藤蔓上的侧芽全部摘除，有利于母蔓健壮生长。当主蔓上棚延伸30cm时，及时将主蔓顶尖摘除，让其发育开花侧蔓，并让枝条平整朝上发展。侧蔓生长20cm时，从中选取2～4条摘除蔓尖，其余的全部摘除，又培育再生侧蔓2～3条，从而提高单株产量。

(3) 中耕除草、施肥　罗汉果植株生长迅速，花期长，开花结果多，消耗的营养也多，要达到高产稳产，合理施肥以满足其生长的需要。罗汉果根系发达，吸肥力强，初期肥分过多易引起徒长，要根据植物习性，开花期宜少施、轻施，开花后可多施、重施。每年施基肥1次，还应追肥3～5次，一般结合中耕除草进行。

① 基肥。在春分左右开蔸时，离基部的上坡方向开40～60cm半圆形施肥沟，深15～

20cm，施腐熟猪牛粪 2～3kg，过磷酸钙 100～150g 撒于粪便上作基肥，覆土 10cm。

② 追肥。第 1 次追肥（提茎肥）：清明至谷雨期间主蔓长 30～40cm 时，每株施沤熟人粪便稀释水 2～3kg，或沼液 3kg。也可施硫酸铵 0.15kg，促进幼苗健壮生长。第 2 次追肥（伸蔓肥）：应在 4 月中旬进行，当主蔓生长到 50～70cm、并开始上棚时，施入过磷酸钙 0.5kg 或追施腐熟猪牛粪 3～4kg 等混合肥。促进提早开花。第 3 次追肥（促花肥）：在 6 月下旬到 7 月上旬进行，每株施入人粪水 1kg，或沼液 1.5kg 等混合施入。以人粪水为主，为提高坐果率，可增施肥量。第 4 次施肥：在 8～9 月份大批果实迅发阶段，再施一次人粪水与磷、钾肥，施量同基肥。此外在藤蔓长 40cm 到果实采收前，每月用叶面肥根外追施 1 次，以提高植株养分需要。

③ 授粉。罗汉果属雌雄异株植物，需人工授粉才能结果，在清晨 5～7 点采选发育良好，并已含苞待放或微开的雄花，放置阴凉处备用。待花开放时，用竹签刮取花粉，轻轻地抹在雌花的花柱上，一般一朵雄花可供 10～20 朵雌花受精，每人一天可授粉 500～800 朵。如遇干燥大太阳天气，花粉不易粘竹签，可将竹签一头抹一点水再刮雄花的花粉，防止花粉因干燥成粉乱飞。上午 7～10 点授粉结实率 73%，下午 12～5 点授粉结实率仅 35 %，注意授粉时不要损坏雌花花房。

如果雄株不足或雌雄花期不遇，可采取如下措施。

① 配置有早、中、晚开花的植株，保证整个花期有足够的雄花授粉。

② 部分雄株留长藤过冬，可提早开花。

③ 一年雄株中利用健壮春芽，加强管理，也可当年开花供授粉。

五、病虫害及其防治

（一）病害

1. 根结线虫病

（1）危害　由根结线虫为害引起，使植株根部呈结节状膨大，轻者影响植株正常生长，重者造成植株死亡，是当前罗汉果生产中的主要病害。

（2）防治方法

① 轮作。

② 提早翻晒种植地，搞好果园排水。

③ 不施未腐熟农家肥，增施磷、钾肥，增强植株抵抗力。

④ 及时清除病株，集中烧毁。

⑤ 小苗定植时，用杀线虫药物制成药土撒于根部，一般施用 1 次。若发现病株，可在发病初期再施药 1 次。

2. 病毒病

（1）危害　由病毒感染引起，是当前罗汉果生产中的最主要病害。植株受害后叶片呈黄绿相间的花叶、蕨叶、疱叶、卷叶等，有的腋芽早发成丛枝，果实畸形，易裂果，严重的不能开花结果。

（2）防治方法

① 建立无病种苗基地，选用经严格脱毒的苗木种植。

② 加强肥水管理，多施有机肥和磷、钾肥，增强植株抗性。

③ 实行轮作，清除病源，果园劳动先操作健康植株，后操作病株，并用肥皂水洗手，防止交叉感染。

④ 杀灭传毒昆虫（主要是蚜虫）。

⑤ 药剂防治，从植株长至1m左右时开始，用防治病毒病的药物（有关药物品名多，请具体咨询当地农技部门）进行防治，每隔10～15天喷1次，并可结合喷施叶面肥（如磷酸二氢钾、绿芬威、神露一号、基因活化剂等）。

3. 白绢病

(1) 危害　由半知菌（真菌的一种）侵染引起的罗汉果茎基和块茎病害。严重时被害部位产生滑丝状白色菌丝体，并向四周地表蔓延呈辐射状，受病植株枯萎，最后死亡。

(2) 防治方法

① 选择地势高的地块种植，不用菜地或沙质土种植，加强果园排水和中耕除草。

② 增施磷钾肥，结合整地施用石灰。

③ 发病初期用粉锈宁、甲基硫菌灵、多菌灵等药剂灌根。

④ 及时清除严重病株集中烧毁，并用石灰水对病穴消毒。

4. 疫病

(1) 危害　由真菌引起的病害，高温高湿条件下易发病，感病植株晴天中午萎蔫，下午不恢复，叶片先形成水渍状病斑，空气湿度大时，叶片腐烂，干燥时病叶变黄干脆。

(2) 防治方法

① 搞好果园排水，降低果园土壤湿度。

② 施用充分腐熟有机肥，增施磷钾肥。

③ 拔除病重植株销毁。

④ 用果病特净、代森锰锌、雷多米尔等药剂灌根或喷雾。

5. 根腐病

(1) 危害　由真菌引起的病害，用熟地、瓜菜地、黏性重和低洼的地种植易发生。主要为害根和茎基部，病株矮小，初期不明显，随病情加重，植株长势越来越差，底叶变黄，最后整株叶片萎蔫，植株枯死，易从土中拔出，须根完全腐烂，主根变黑亦渐腐烂。

(2) 防治方法

① 选择排水方便的地种植，不选用瓜菜地和黏性重的地种植。

② 要高畦深沟种植，搞好田间排水。

③ 施肥勿太接近根部。

④ 种植时淋施敌克松，发病初期用根腐灵加克毒纳斯兑水喷施根部；发病严重时，用扑海因或代森锰锌1000倍液灌根。

6. 芽枯病

(1) 危害　近年来新发生的一种生理性病害，是由于气温过高、日久干旱引起罗汉果植株生理产生障碍，从而造成的一种以生理性失调为主的复合病害。发病植株嫩叶黄化，顶芽枯死，枯死前顶芽多呈红棕色，死后呈黑褐色。

(2) 防治方法

① 选择凉爽湿润、昼夜温差大的地块种植。

② 施用石灰，增施农家肥和磷钾肥。

③ 高温干旱季节适当保留果园杂草，降低园内温度，增加湿度。

④ 施用硼肥，喷施叶面肥。

7. 生理性裂果

(1) 危害　是由于土壤水分失调，气温急剧变化引起的。果实膨大期高温、生理性缺钙、偏施氮肥以及病毒病和果实受害虫为害的果园裂果严重。

(2) 防治方法

① 施用石灰或硅钙肥，不偏施氮肥。

② 加强水分管理，保持土壤水分平衡。

③ 加强病毒病等病虫害的防治。

（二）虫害

罗汉果的虫害主要有蟋蟀、蝼蛄、黄守瓜、红蜘蛛、天牛、蚜虫、果实蝇及家白蚁等。防治措施以果实蝇、黄守瓜为例，其他虫害可根据实际情况采取人工捕捉、药剂防治、使用诱虫灯和黄板等。

1. 果实蝇

（1）危害　为害果实，成虫把卵产在果实内，幼虫在果实内蛀食果肉，使果实腐烂。在罗汉果主产地，果实蝇为害率达50%。

（2）防治方法

① 搞好冬季清园，每亩用5%西维因粉10kg处理土壤消灭越冬蛹。

② 可喷洒90%的敌百虫1000倍液加3%红糖液处理蔓叶、果实，诱杀成虫，减轻果实蝇的当年为害。

2. 黄守瓜

（1）危害　成虫为害叶、嫩芽、花、幼果，常将叶子咬成弧状缺刻、斑痕或小洞；幼虫为害根部，严重时使植株枯萎死亡。

（2）防治方法

① 做好秋季清园，消灭病原。

② 病害发生时，可用98%敌百虫1000倍液或50%敌敌畏800～1000倍液或者10%杀灭菊酯2000～3000倍液喷洒防治成虫，用上述药液灌根毒杀幼虫。

六、收获

（一）采收、加工

1. 采收

罗汉果定植后第2年开花，即可结实。果实从坐果到成熟，需60～85天。果实成熟的特征是果柄黄枯。果皮稍黄，轻捏压时有弹性。罗汉果成熟期不一致，要分期分批采收。但不能过早采收，过早采收不但质量差，而且多为响果和苦果。采收后，把生果放在阴凉通风处摊晾，待其后熟，晾时果实切忌堆积，以防变质，每1～2天翻动1次，摊晾后熟时间一般为7～8天，待皮色部分转为黄色时即可。一般每亩果园可产4000个果实左右。

2. 加工

罗汉果需经过烘烤加工才能成为商品药材。将果实按大、中、小分级，分别装入烘果箱中。然后在地上挖一个坑灶，把烘果箱送入坑灶中烘烤。每灶可烘4～5箱，盖麻袋。第1轮温度在40～50℃，烘24h；第2轮温度升至65～70℃，烘2～3天；第3轮温度降至55～60℃，烘2天。烘时要每天按时换箱翻果，使其受热均匀，干燥一致。烘好的罗汉果皮色黄褐悦目，有清香，用手指轻弹声音清，表皮无焦黑，无烘焦气味，果实的皮与囊不分离，无焦果，无粉状。还可采用高低型温度曲线方法烘烤，入炉时，装果隔层温度为70～75℃，1天后降至55℃左右，保持2天，第4天降至45℃左右，烤1天即可出炉。此法烘果维生素C含量为旧法1.7倍，含糖量不降低，果色光亮悦目，加工成本可降低50%左右。

（二）分级

商品罗汉果以形圆、个大、实成、褐色、摇之不响者为佳。

小知识：罗汉果又叫汉果、拉江果、长滩果、青皮果等，产于我国广西。它是一种具有止咳定喘、解热抗痨作用的稀有水果。它具有一种特殊的甜味，是一种甜果。近年来，罗汉果已制成罗汉果露、罗汉果止咳糖浆、罗汉果晶冲剂等制剂，远销世界各地，深受人们的喜爱。罗汉果甘甜，长期保存其味不变，是一种可供食用，可作饮料、调料和药用的佳果。以罗汉果作饮料对人体很有好处。罗汉果含有丰富的蛋白质、葡萄糖，每100g鲜果含维生素C约400mg。另外，罗汉果中含有一种甜味物质为S-S糖苷，这种物质无一般食糖的作用，是糖尿病人一种最理想的甜味物质。

连 翘

连翘 *Forsythia suspensa*（Thunb.）Vahl. 别名连召、落翘、青翘、连壳等，为木犀科连翘属植物。以果实入药，中药名连翘。果实中含有连翘脂素、连翘酚、熊果酸、齐墩果酸、罗汉松脂素等。种子含三萜皂苷，枝叶含连翘苷及熊果酸，花含芦丁，连翘壳含齐墩果酸。现代药理试验表明，连翘果实有抑菌、强心、利尿、降血压、镇吐、抗肝损伤的作用。连翘性微寒，味苦，有清热解毒、散热消肿的功效，主治风热感冒、丹毒、颈淋巴结核、尿路感染、急慢性扁桃体炎、过敏性紫癜、急性肾炎、肾结核等病症。

连翘主产于河北、山西、河南、陕西、甘肃、宁夏、山东、四川、云南等省区。

一、种类

1. 东北连翘

叶下面及叶柄疏生短柔毛，叶较大，卵形、圆状卵形、椭圆形或近圆形。栽培绿化树种。

2. 金钟连翘

叶两面无毛，较东北连翘小，椭圆形、长圆形或长圆状披针形，基部楔形，先端较尖。叶缘有锯齿。栽培绿化树种。

3. 卵叶连翘

叶卵圆形或广卵形，两面无毛，几乎全部有锯齿或全缘。栽培绿化树种。

二、形态特征

落叶灌木，高2～3m。连翘植株形态见图4-7。茎丛生，枝条细长开展常下垂，小枝褐色，稍呈四棱，节间中空无髓。单叶对生，偶有三出复叶，叶片不裂或3全裂，卵形至长圆状卵形，长5～8cm，宽2～5cm，先端锐尖，基部圆形或阔楔形，边缘有不等的锯齿。花较叶先开放，单生或数朵簇生于叶腋；花冠4裂，长圆形，有睫毛；花冠4裂，裂片倒卵状椭圆形，金黄色；雄蕊2枚，着生于花冠基部，花丝极短；子房上位，花柱细，柱头2裂。蒴果狭卵圆形，稍扁，顶端长尖，表面散生瘤状突起，成熟时2裂，似鸟嘴。种子多数，有翅。

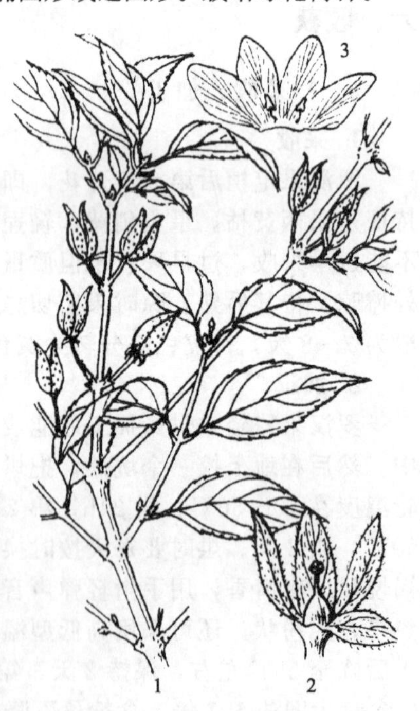

图4-7 连翘植株形态
1—果枝；2—花萼和雌蕊；3—花冠展开，示雄蕊

三、生物学特性

（一）生长特性

连翘萌芽力强，每对叶芽都抽枝梢，每年基部均长出大量新的枝条。生长枝1年能生长2次，但少数生长旺盛的枝条，在二次枝上当年还能抽生三次枝。连翘小枝一般于2月下旬至3月上旬萌动，3月中旬至下旬先开花，后放叶，花可延续到4月中旬。

连翘的花可分为两种：一种花柱长，柱头高于花药，称长花柱花；另一种花柱短，柱头低于花药，称短花柱花。这两种不同类型的花不生长在同一植株上。在自然生长情况下，单独有长花柱花的植株只开花，不结果；单独有短花柱花的植株也只开花，不结果。只有长花柱花植株和短花柱花植株混杂在一起，才能开花结果。连翘是同株自花不孕植物，在栽培上必须使其长花柱花与短花柱花混交，相互授粉，才能结果和提高产量。

（二）环境条件

连翘适应性强，常野生于海拔800～1600m的山坡、林下和路旁。对土壤要求不严，一般酸性、碱性土均可生长，只是盐碱地例外，但以酸碱度适中、深厚、肥沃、疏松的沙壤土较为适宜。性喜湿润、凉爽气候，较耐寒，不耐水湿，如土壤过于黏重，因不利通气排水，则生长不良。

连翘属阳性树种，幼龄阶段较耐阴，成年要求阳光充足，如在荫蔽处生长，则茎枝纤弱瘦长，开花少，甚至不开花。在阳光充足的地方则枝壮叶茂，结果多，产量高。

四、栽培技术

（一）播种

9月中、下旬到10月上旬采集成熟的果实，薄摊于通风阴凉处，阴干后脱粒。种子精选后，干藏，翌年3月上、中旬播种。连翘种子的种皮较坚硬，不经预处理直播圃地，需要1个多月时间才发芽出土。因此，在播前可进行催芽处理，将种子用25～30℃的温水浸泡4～6h，捞出，掺湿沙3倍，用木箱或小缸装好，上面封盖塑料薄膜，置于背风向阳处，每天翻动2次，经常保持湿润，10多天后，种子萌芽，即可播种。播后8～9天即可出苗，比不经预处理可提前20天左右。在畦面上开横沟条播，行距25～30cm，覆土不能过厚，一般为1cm左右，再盖草保持湿润。种苗出土后，随即揭草，当苗高10cm左右时按株距3～4cm定苗，及时松土、除草、追肥，天旱灌溉，雨后清沟排水，促进苗木生长。秋后，苗高可达到50～70cm，当年或翌春可出圃定植。每亩用种量为3kg左右。

（二）田间管理

1. 间作、中耕除草

连翘定植后到郁闭一般需5～6年时间，在郁闭前的4年内，要根据整地情况进行间种和中耕除草。如是全面整地，则应在株行间种植农作物或蔬菜，通过对这些作物的肥水管理来代替耕作，以促进苗木生长。若是局部整地，定植后的第1年和第2年，可于4、6、7月中、下旬在原整地范围内除草松土各1次，第3年和第4年可减少1次，仅在5月和7月中旬各进行1次。

2. 追肥

郁闭前，每年于4月下旬、6月上旬结合中耕除草各施肥1次，每次每亩施腐熟人粪尿水 2000～2500kg 或尿素 15kg，可在植株根际周围沟施。连翘定植后，一般于第 4 年开始结果，这时应适当增施磷肥，有助其生殖生长。郁闭后，为满足连翘生长发育需要，每隔一定时间，一般是 4 年，深翻林地 1 次。每年 5 月份和 10 月份各施肥 1 次，5 月份以化肥为主，10 月份施厩肥。化肥每株施复合肥 300g，厩肥每株施 30kg 于根际周围沟施。必要时，在开花前喷施 1%过磷酸钙水溶液，以提高坐果率。

3. 整形修剪

根据连翘自然树形生长的特点，其整形修剪所用树形以自然开心形和灌丛形为好。

(1) 自然开心形　定植后，当植株高达 1m 左右时，在主干离地面 70～80cm 处剪去顶梢，再于夏季使其摘心，多发分枝，在不同的方向上，选择 3～4 个发育充实的侧枝，培育成为主枝，以后在主枝上再选留 3～4 个壮枝，培育成为副主枝，在副主枝上，放出侧枝，通过几年的整形修剪，使其形成低于矮冠，内空外圆，通风透光，小枝疏密适中，提早结果的自然开心形树形。同时于每年冬季将枯枝、重叠枝、交叉枝、纤弱枝以及徒长枝和病虫枝剪除。生长期还要适当进行疏删短截。

对已经开花结果多年，开始衰老的结果枝群，也要进行短截或重剪（即剪去枝条的 2/3），可促使剪口以下抽生壮枝，恢复树势，提高结果率。

(2) 灌丛形　灌丛形是利用连翘萌芽力强的特性为其扦插繁殖培养插穗。定植的第 2 年早春，在选好作为插穗培养的地块上，将植株在离地面 20～25cm 处剪去上端。春季气温上升，根系开始活动，贮藏于根部的营养往上输送，集留于短小的树桩内，刺激隐芽萌发，通常可发生 6～8 条枝，此为一级枝（骨架枝）。在加强肥水管理的情况下，枝条生长很快，当其长至 25cm 左右时，摘去其顶芽，使其发生二次枝。每条一级枝上，大约可萌发 10 条以上的二级枝，这些枝条就可作为当年秋季或翌春扦插的材料。以后采穗，则是采集在二级茬上萌出的三级枝或四级枝。

五、病虫害及其防治

1. 钻心虫

(1) 危害　钻心虫的幼虫钻入茎秆木质部髓心为害，严重时，被害枝生长不良，不能开花结果，甚至整株枯死。

(2) 防治方法　用 80%敌敌畏原液蘸药棉堵塞蛀孔毒杀，亦可将受害枝剪除。

2. 蜗牛

(1) 危害　为害花及幼果。

(2) 防治方法　可在清晨撒石灰粉防治或人工捕杀。

六、收获

(一) 采收、加工

连翘果实采收分初熟与完熟两个时期。初熟期在 9 月上、中旬，果皮呈青色尚未成熟时采下，置沸水中稍煮片刻或放蒸笼内蒸约 0.5h，取出晒干，外表呈青绿色，商品称为“青翘”。完熟期在 10 月上、中旬，果实熟透变黄，果实裂开时采收，晒干，筛出种子及杂质，称为“黄翘”（也称“老翘”）。

(二) 分级

青翘以身干、不开裂、色较绿者为佳；黄翘以身干、瓣大、壳厚、色较黄者为佳。

小知识：如何区别迎春、连翘？

迎春、连翘都是木犀科花木，有很多相似之处，例如都是落叶灌木，叶对生，花黄色，先开花后长叶等，但两者的区别也是明显的。迎春老枝灰褐色，小枝四棱状，细长，呈拱形生长，绿色。叶全为三出复叶，呈十字形对称生长，叶片较小，卵状椭圆形，全缘，先端狭而突尖。花单生、黄色，高脚碟状，着生于头年生枝条的叶腋间。而连翘枝条为圆形，小枝浅褐色，茎内中空，常下垂，叶片较大，形至长椭圆形，上半部分有整齐的锯齿，下半部分全缘。单叶或3叶对生，其中顶叶较大，两侧叶小。花金黄色，花瓣较宽。迎春与连翘的主要区别是：迎春的花每朵有6枚瓣片，连翘只有4枚。

山茱萸

山茱萸 *Cornus officinalis*（Sieb. et Zucc.）Nakai，别名枣皮、山萸肉、药枣等。为山茱萸科灯台树属植物。以果肉入药，中药名山茱萸。果肉含山茱萸苷、莫罗忍冬苷、7-*O*-甲基莫罗忍冬苷、獐牙菜苷、番木鳖苷、熊果酸、没食子酸、苹果酸、酒石酸、16种氨基酸、维生素A、维生素B_2、维生素C、多种矿物质和糖类。药理实验表明：山茱萸有利尿降压、抑制痢疾杆菌及金黄色葡萄球菌，治疗因理化疗法引起的白细胞下降作用。山茱萸性微温，味酸、涩，具补肝益肾、逐寒健腰、涩精止汗的功效，主治腰膝酸痛、神经衰弱、眩晕耳鸣、阳痿遗精、小儿遗尿、月经过多、体虚多汗等。

山茱萸主产于河南、安徽、浙江、山东、陕西、四川等省。

一、种类

目前国内未形成稳定的栽培品种，一些产区只是根据当地风土习俗，按其果形、果色、成熟期、果实大小等划分成若干自然类型，如河南农业大学将伏牛山区的山茱萸初步划分为8个自然类型，并依其果实经济性状，将其中的石滚枣、珍珠红列为丰产优质型，马牙枣、大米枣、八月红列为中产保留型，小米枣、笨头枣、青头郎列为低产劣质型。

二、形态特征

落叶乔木或灌木，株高2～8m。山茱萸植株形态见图4-8。树皮灰棕色，小枝无毛。单叶对生，叶片卵形或长椭圆形，先端渐尖，基部圆形或间楔形，全缘，上面疏生平贴毛，下面粉绿色，被白色毛；脉腋有黄褐色毛丛。伞形花序顶生或腋生，先叶开放，花小；萼片4，不显著；花瓣4，黄色；雄蕊4，与花瓣互生；子房下位，通常1室。核果长椭圆形，成熟后红色，中果皮肉质，种子长椭圆形。花期3～4月份，果期4～11月份。

图4-8　山茱萸植株形态
1—花枝；2—花序；3—花；4—果枝；5—果实；6—果核

三、生物学特性

（一）生长特性

1. 生命周期

山茱萸从栽植成活起到衰老死亡可分为以下4个

阶段。

(1) 幼龄期　自苗木栽后成活到第1次开花结果，一般需3～8年。这一时期植株生长旺盛，枝条粗壮，顶端优势明显，分枝力强，分枝角度小。

(2) 结果初期　从第1次挂果到大量结果一般需10～20年。这一时期生长特点是树冠扩大，树体骨架基本形成，树枝的分枝角度逐渐扩大，结果枝增多，连年结果，且有一定的产量。

(3) 盛果期　由开始大量结果到树体开始衰老，一般可长达百年时间。其生长特点是树形开张，结果部位逐渐外移，花芽分化早，大小年明显，新梢生长减缓。

(4) 衰老期　从树体开始衰老直到死亡。其特点是树体内干枯枝增多，内膛空虚，少量外围枝挂果，产量明显下降，生长枝生长极弱，枝梢至根颈的芽逐渐失去萌芽力，直到最后枯死。

4个生长时期无明显的界限，每一阶段年限长短主要受环境条件和管理技术的制约。采用合理的栽培管理技术，创造良好的外部条件，可延长结果时期，推迟树体衰老，能获得更大的经济效益。

2. 年生育周期

山茱萸一般于3月上、中旬开花，4月上、中旬抽梢发叶，幼果在4月上旬形成，9月下旬至10月中旬果实成熟，11月中、下旬落叶，全年生长时间270天左右。

3. 树体生长发育

(1) 根　山茱萸根系较浅，由明显的主根与多数侧根和须根组成，侧根多呈水平方向伸展。在湿润、疏松、肥沃的土壤中，山茱萸的主根、侧根生长平衡，根系主要分布在30～50cm深的土层处。在土壤瘠薄的石质山地，主根生长受到很大影响，根系分布浅，多在10～20cm的土层处。春季枝芽萌动前，根系已开始活动，秋季落叶停止生长一段时间后，根系才进入休眠期。

(2) 芽和枝　山茱萸萌芽力很强，其芽按性质可分为叶芽和花芽。按着生位置花芽又可分为顶生花芽和侧生花芽。

山茱萸的枝条是从上年生枝顶芽中抽生出来的，通常直接着生于上年生枝顶端，分枝对生，一般可达10个左右，其枝条按长度可分为长果枝（30cm以上）、中果枝（10～30cm）、短果枝（10cm以下），不同树龄的结果树中，均以短果枝为主。

山茱萸的花芽为混合芽。花芽先抽生4～5cm长的短新梢，而后在其上开花。花谢后，在短新梢上抽1～2片叶，短枝结果后叶片略膨大称为“果台”。果台叶腋的芽具早熟性，在芽形成后，当年又能萌发抽枝，所抽生的枝称“果台副梢”，通常2个花芽；也有的1个花芽，另一个为叶芽。山茱萸各种类型的结果枝结果后，均能抽生果台副梢，于当年或次年形成花芽，开花结果后的果台副梢又能抽生果台副梢，接连结果，数年之后就形成了鸡爪状的结果枝群，这些结果枝群能连续结果7～8年，甚至10年以上。

(3) 花　山茱萸的花芽从5月下旬至6月上旬开始分化，到8月中旬左右形成花蕾，分化过程约2.5个月时间，每个花蕾包含一整个花序，有的多达50朵小花。花蕾越冬于翌春开放，初花期一般在3月上旬，每花序坐果3～5个，坐果率较低，整个花期约25天。此时日均气温应高于5℃，若遇低温雨雪，则坐果率极低，甚至颗粒无收。

(4) 果实　山茱萸的果实形状和大小变化很大，可分为椭圆形、卵圆形、长卵形、圆柱形，但基本形状是椭圆形。立地条件好的地方，果实发育良好，结果不多，但果实大；立地条件差的，果实多而小，最大的单果鲜重为2.2g，最小的仅0.5g。山茱萸的药用部位主要是果皮，通称“萸皮”，鲜果出鲜皮率为58%～88%，出干皮率为7%～18%。

山茱萸果实从4月上旬到10月中、下旬完全成熟，整个生长期为200天左右。4月下旬到6月下旬是果实迅速发育期，7～8月份是果肉干物质积累、果肉重量增加的关键阶段。这时需加强肥水管理，才能优质高产。

（二）对环境条件的要求

山茱萸在我国的自然分布区是在长江以北，秦岭、伏牛山以南和浙江天目山区的广大低山丘陵地区，在分布区内，大多生于海拔200～1400m处，冬季温度最低一般不低于－8℃，夏季最高温度不超过38℃，年平均气温14～15℃，无霜期220～240天，年降水量800～1400mm。山茱萸是喜光植物，不耐荫蔽，怕干旱，忌积水，适宜在酸碱度适中，且土层深厚、土质疏松、排水良好的沙质壤土上生长。

四、栽培技术

（一）播种

1. 播种

山茱萸种子的种皮具果胶，坚硬致密无透性，阻碍种子吸水透气，而种胚又生理未成熟，不能萌发，它是属深休眠性低温型的种子。因此，需通过低温阶段，才能打破休眠而萌发。常用的处理方法有以下几种。

（1）浸沤处理　用50～60℃温水浸种48～60h，再用水、尿各50%混合后浸泡种子，半月后取出，挖坑浸沤。沤坑可选在向阳处，坑的大小根据种子多少而定。坑挖好后，先在坑底铺上一层5～10cm厚的牛粪或驴粪，再在粪上铺种，如此层层交错，铺至离坑口5cm左右为止，然后再铺上10cm厚的牛粪或驴粪，使中间呈鼓凸状即可。也可将2份种子与3份粪灰（牛粪80%，草木灰20%）拌均匀后，放入坑内闷沤，保持坑内湿润，防止坑内积水，4个月后，若种皮裂口，即可取出提前播种育苗，反之，则可继续闷沤，直至种子萌动。

（2）层积处理　在室外阴凉干燥处挖一个深50cm左右的坑，长和宽视种子多少而定。层积前，先将种子和湿润细沙按1∶1比例拌匀，然后在坑底铺上一层厚约15cm的细沙，再铺放一层种沙混合体，厚约7cm，随即盖沙，厚约10cm，如此一层沙、一层种沙混合体相间铺放2～3层，最上面覆盖细土，厚约15cm，稍高出地面，使呈龟背形，以防坑内积水。坑顶盖杂草和杉木枝条，以防鼠兽危害。如层积层次较多，可在层积第一层时，就用稻草、麦秆等捆成一束，竖立在层积坑中，一直伸出坑顶外面，以便通气，有利种子催芽。层积期间要经常检查，天气干旱时，要洒水湿润，天气严寒或下雨雪时，要覆盖塑料薄膜，经5.5个月，种皮裂口，种胚才萌发。

2. 播种育苗

播种育苗分秋播和春播。秋播一般在9月中、下旬，最迟不得超过10月中旬，春播一般在3月上旬左右。在低温处理的种子露出芽嘴时，在整好的畦上进行条播，横向开沟，行距10cm，条宽10cm，深2cm，将种子拌草木灰或火土灰均匀地播入条沟内，播后覆盖细肥土，厚1cm左右，以不见种子为度，最后盖草，保湿防旱。秋播的2月中下旬出苗，春播的3月下旬左右出苗，出苗后要搭棚遮阴，加强肥水管理，促使苗株生长良好。

3. 用种量

每亩用种量为2kg左右。

（二）田间管理

1. 苗期管理

出苗前保持土壤湿润，防止地表干旱板结。见草就除，苗高15cm时，可结合锄草追肥1次。并按株距8～10cm间苗定苗。入冬前浇1次冻水，并加盖稻草或牛马粪。

2. 定植后管理

每年中耕除草4～5次，春秋两季各追肥1次。10年以上大树每株施人粪尿5～10kg，施肥时间以4月中旬幼果初期效果为佳。

3. 修剪

幼树高1m左右时，2月间打去顶梢，以促进侧枝生长。幼树期，每年早春将树基丛生枝条剪去。修剪以轻剪为主，剪除过密、过细及徒长的枝条。主干内侧的枝条，可在6月间采用环剥、摘心、扭枝等方法，削弱其生长势，促使养分集中，以达到早结果的目的。幼树每年培土1～2次，成年树可2～3年培土1次。

4. 灌溉

在灌溉方便的地方，一年应浇3次大水。第1次在春季发芽开花前，第2次在夏季果实灌浆期，第3次在入冬前。

五、病虫害及其防治

（一）病害

1. 灰色膏药病

（1）危害　多发生在20年以上的老树树干和枝条上，通风不良的潮湿地方或树势衰老时，发病尤重。

（2）防治方法　培育实生苗，砍去有病老树；对轻度感染的树干，用刀刮去菌丝膜，涂上石灰乳或5°Bé的石硫合剂；5～6月份发病初期，用1∶1∶100波尔多液喷施。

2. 白粉病

（1）危害　7～8月份多发，为害叶片。

（2）防治方法　发病初期，可用50%硫菌灵1000倍液或生物制剂B0-10的300倍液喷雾防治。

3. 炭疽病

（1）危害　6～7月份始发，为害幼果。

（2）防治方法　冬季清洁田园；发病初期，用1∶1∶100波尔多液喷雾；选育抗病品种。

4. 线虫病

（1）危害　3月份出苗后，为害鳞茎盘处，5月份以后最为严重，发病率达80%以上，导致鳞茎腐烂。

（2）防治方法

① 实行轮作，最好水旱轮作。

② 在整地时进行土壤消毒处理，每亩可施用3%甲基异硫磷5kg。

（二）虫害

1. 蛀果蛾

（1）危害　9～10月份，以幼虫为害果实。

（2）防治方法　于8～9月份羽化盛期用0.5%溴氰菊酯乳剂5000～8000倍液或26%杀灭菊酯2000～4000倍液喷雾；用2.5%敌百虫和2%甲胺磷按1∶400混合，处理土壤杀死冬茧。

2. 木橑尺蠖

（1）危害　7～10月份，以幼虫为害叶片。

（2）防治方法　于7月份幼虫盛发期及时喷施2.5%鱼藤精500～600倍液或90%的敌百虫1000倍液或2.5%溴氰菊酯乳剂5000倍液；早春在植株周围1m范围内挖土灭蛹或在

地面撒施甲基异硫磷，防止蛹羽化。

3. 大蓑蛾

（1）危害　6～8月份多发，以幼虫为害叶片，10～20年生的树较易发生。

（2）防治方法　人工捕杀，即于冬季落叶后，摘取悬挂在枝上的虫囊而杀之；放养蓑蛾瘤姬蜂等天敌；发生期用80%敌敌畏800倍液或90%敌百虫800倍液喷雾。

六、收获

（一）采收、加工

一般定植4年后开始开花结果，能结果100多年，宜在9～10月份，果实由绿变红时采收。采摘时下年花蕾已形成，故注意不要碰落花蕾及折损枝条。采收后除去枝梗和果柄，用炭火烘焙至果皮膨胀，冷后捏去种子，再将果肉晒干或烘干即成。也可将鲜果置沸水中煮10～15min，捞出，置冷水中，捏出种子，或将鲜果置蒸笼内蒸5min后捏出种子。

（二）分级

① 合格品：肉质果皮破裂皱缩，不完整或呈扁筒状，长约1.5cm，宽约0.5cm。新货表面呈紫红色，陈旧者则呈紫黑色，有光泽，基部有时可见果柄痕，顶部有一圆形宿萼痕迹。

② 佳品：药材以肉肥厚、色紫红色、油润、柔软者为佳。

小知识： 山茱萸主要生长在河南的伏牛山，及陕西、山西一带。山茱萸一般清明时节开带有黄色的花，秋分至寒露节气时会生长成熟。山茱萸的食用和药用历史已经有1500多年了，具有很高的营养价值和药用价值。山茱萸果肉呈不规则的片状或囊状，长1～1.5cm，宽0.5～1cm，表面紫红色至紫黑色，皱缩，有光泽。顶端或有圆形宿萼痕，基部有果柄痕。质柔软。气微，味酸、涩，微苦。以肉厚、柔软、色紫红者为佳。

茴　香

茴香 *Foeniculum vulgare* Mill. 为伞形科多年生草本植物，别名小香、香丝菜、小茴、谷茴香。以果实入药，中药名称小茴香，为常用中药。小茴香主要含挥发油，油中主要成分为反式茴香脑、柠檬烯、茴酮、爱草脑、γ-松油烯、月桂烯等。此外还含有的18%的脂肪油。本品味辛，性温。归肝、肾、脾、胃经，具有散寒止痛，理气和中的功效。用于阴寒腹痛、睾丸偏坠胀痛、少腹冷痛、痛经、中焦寒凝气滞等。本品除药用外，还是民间常用作料之一，是五香粉等的主要原料。

茴香主产于内蒙古自治区及山西、黑龙江等省，以山西省产量较多，内蒙古产品质佳。此外，我国南北各地均有栽培。

一、种类

茴香有大茴香、小茴香和球茎茴香三种。大茴香植株高大，高30～45cm，全株5～6片叶，叶柄较长，叶距大，生长快；小茴香植株小，高20～35cm，一般7～9片叶，叶柄短，叶距小，生长慢，抽薹迟；球茎茴香的性状与普通茴香相似，唯植株基部叶鞘部分肥大成球形，球茎可炒食、生食、叶也能作馅，生长慢，抽薹迟，产量高，但香味较淡。

二、形态特征

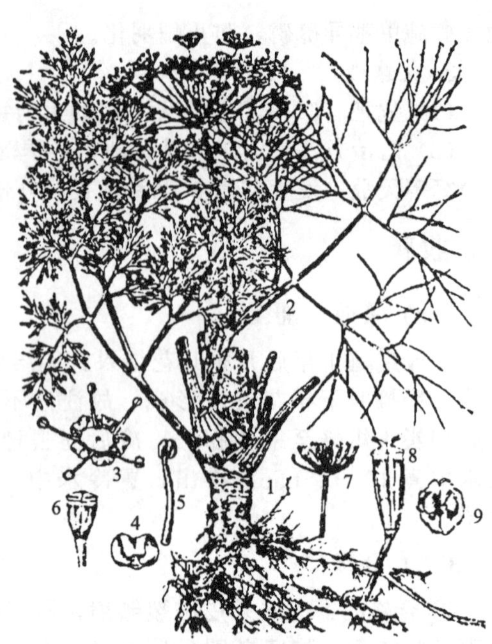

图 4-9　茴香植株形态

1—根及下部叶；2—花枝；3—花；4—花瓣；5—雄蕊；6—雌蕊；7—幼呆枝；8—果实；9—果实横切面，示油管的分布

多年生草本，全株无毛，有强烈香气。茴香植株形态见图 4-9。茎直立，高 0.5～2m，有浅纵沟纹，上部分枝开展。叶有柄，卵圆形至广三角形，长达 30cm，宽达 40cm，三回至四回羽状分裂，深绿色，末回裂片线状至丝状，长 2～4mm，宽约 1mm，茎下部的叶柄长7～14mm，基部鞘状，上部的叶柄部分或全部成鞘状。复伞形花序顶生或侧生，顶生的伞形花序大，直径可达 15cm；花序梗长 4～25cm，伞幅 8～30cm，无总苞及小总苞；花黄色，有梗；萼齿不显，花瓣 5，倒卵形，先端内折；雄蕊 5；雌蕊 1，子房下位。双悬果卵状长圆形，光滑，侧扁，长 3.5～6mm，宽 1.5～2.5mm；分果有 5 条隆起的纵棱，每棱槽中有油管 1，合生面有 2。花期 6～7 月份，果期 10 月份。

三、生物学特性

（一）生长特性

茴香的适应性比较强，我国南方和北方各省均可栽培。宜生长在排水良好和中等肥沃、疏松的沙质壤土，种植在微碱性土壤也能生长良好。但不宜栽培在过于黏重或地势低洼易涝地。种子在 6～8℃即可发芽，生长发育过程中要求有充足的阳光，生育期 130～160 天，6 月份孕蕾，7 月中旬进入盛花期，8～9 月份结果，分批成熟，10 月中旬地上部分枯萎。种植后可连续生长多年，第 1 年种子的产量不高，从第 2 年逐渐增多，到第 5 年产量开始下降。

（二）对环境条件的要求

1. 温度

喜冷凉气候，耐寒也耐热。种子发芽适温 16～23℃，生长适温 15～18℃，超过 24℃生长不良。

2. 水分

空气相对湿度 60％～70％生长良好。

3. 土壤质地

对土壤的适应性较强，各种土壤均可生长，以保肥保水强的肥沃壤土为佳。

4. 营养

要求氮、磷、钾肥均衡供应。

四、栽培技术

（一）播种

1. 播种

播种期一般在大寒前后播种。早的可于小寒播种，虽出苗期与大寒播种的差不多，但出苗后幼苗健壮，生长快，可提前 7 天收获，经济效益明显提高。最晚立春前播种。

2. 种子处理

人们通常所说的茴香种子，实际是双悬果，内含两粒种子，需在播前把种子搓开。茴香可干籽直播、浸种播和催芽播。大棚春季栽培一般采用干籽直播或浸种播，如播期晚可催芽播种。浸种播是播前用18～20℃清水浸泡24h；催芽播是指将浸泡过的种子放在20～22℃环境中催芽，每天用清水冲洗1次，以洗去黏液，6天左右可出芽。

播种当天先在整平的畦上浇足底水，水量根据土壤干湿、土质、地势等情况灵活掌握：低湿的黏壤土，水满畦即可；土干或渗透快的沙壤土，水量宜大。为做到播种均匀，可作两次撒种。播后筛撒盖土厚1cm。

3. 用种量

每亩用种量为8～10kg。

（二）田间管理

1. 吊挂天幕

播种后，立即在棚内距棚膜30～40cm处吊挂一层塑料薄膜，膜厚0.010～0.012mm，可增加棚内温度2～4℃。

2. 温度管理

播种后至出苗前，密闭大棚保温防寒。茴香出苗后，苗高7～8cm时开始放风，一般上午超过22℃时放风，下午低于20℃时关闭风口；中期早晨8～9℃时放风，一直到下午20℃时关闭风口；后期外界最低气温超过3℃时昼夜通风，白天风口要大，夜间风口要小，白天最高温度不能超过24℃，否则茴香易干尖。

3. 水肥管理

苗高20cm左右时，浇水1次，水量适中，结合浇水，每亩追施尿素10～15kg。

4. 采收

苗高30cm时即收获，可陆续采收或一次性采收，一般亩产1500～2000kg，最高亩产可达3000kg。

五、病虫害及其防治

（一）病害

1. 菌核病

（1）危害　主要危害茎和茎基部及叶柄。被害株外观呈凋萎状，患部褐色湿润状或变软腐烂，表面缠绕蛛丝状霉，即菌丝体，后病部表面及茎腔内产生黑褐色鼠粪状菌核。

（2）防治方法

① 重病地宜实行轮作，并注意田间卫生，及时收集病残体烧毁。

② 增施磷、钾肥，避免偏施、过施氮肥。

③ 发病初期开始喷洒50%速克灵可湿性粉剂1500～2000倍液，或40%菌核净可湿性粉剂1000倍液，或50%多菌灵可湿性粉剂500倍液，每隔7天左右喷洒1次，连喷3～4次。

2. 灰斑病

（1）危害　病原是真菌中一种半知菌。7～8月份发病。症状为茎叶上生圆形的灰色斑，后变黑色，严重时全株变黑死亡。

（2）防治方法

① 早播，使其在雨季前开花结果。

② 高温多雨季节喷1∶1∶120波尔多液，每7天喷1次。

(二) 虫害

1. 茴香蚜

(1) 危害　属同翅目蚜科。成虫及若虫危害茎、叶。

(2) 防治方法　在若虫期用40%乐果1000倍液喷雾防治。

2. 黄翅茴香螟

(1) 危害　属鳞翅目螟蛾科。现蕾及开花期发生，幼虫在花蕾上结网，咬食花与果实。

(2) 防治方法　傍晚用50%辛硫磷1500倍液或50%杀螟松1000倍液喷雾，7～10天1次。

3. 黄凤蝶

(1) 属鳞翅目凤蝶科。6～8月份发生，幼虫危害叶、花蕾，咬成缺刻或仅剩花梗。

(2) 防治方法

① 人工捕杀。

② 喷90%敌百虫800倍液，每隔5～7天1次，连续2～3次。

③ 青虫菌300倍液喷雾防治。

此外，还有金龟子、地老虎等害虫为害，用常规防治方法即可。

六、收获

(一) 采收、加工

播种当年8～10月份果实陆续成熟，即可收获。当果皮由绿色变黄绿色而呈现出淡黑色纵线时便可收获。若等果皮变黄，果实易脱落，造成损失。其花果期较长，最好分批采收。收获后日晒至七八成干时脱粒，晒至全干，扬去杂质，即得小茴香果。茴香的果实和茎、叶都含有挥发油，可用蒸馏法提取，农村可用蒸酒设备提取。

(二) 分级

1. 产量

每亩可产干燥果实50～125kg。

2. 质量

以颗粒均匀、黄绿色、气味浓厚、无杂质者为佳。

补骨脂

补骨脂 *Psoralea corylifolia* L. 为豆科补骨脂属植物，别名破故纸、川故子、黑故子等。以果实入药，中药名补骨脂。果实含挥发油、脂肪油、香豆素、黄酮类化合物、树脂及甾醇等成分。性大温，味辛、苦，具补肾助阳、止泻之功效，主治肾虚冷泻、遗尿、滑精、小便频数、阳痿、腰膝冷痛、虚寒喘嗽等症；外用治疗白癜风。补骨脂对因化疗、放疗所引起的白细胞下降，有使其升高的作用；补骨脂乙素有明显的扩张冠状动脉作用。

除东北、西北地区外，全国各地均产补骨脂。主产于四川、河南、陕西、山西、安徽等省。除云南、四川有野生的外，其他省区多为栽培。

一、形态特征

一年生草本，株高50～150cm。补骨脂植株形态见图4-10。茎直立，全株被黄白色毛及黑褐色油点。单叶互生；叶片近圆形、卵圆形、椭圆状卵形或三角状卵形，长5～9cm，宽3～

6cm，边缘具粗锯齿，有柄。花密集成头状的总状花序，腋生；花淡紫色或白色。荚果椭圆形或肾形，长约5cm，果皮黑色，粗糙而薄，与种子粘贴不易分离。种子1粒，具香气。花期6～8月份，果期7～10月份。

图4-10 补骨脂植株形态
1—花枝；2—花；3—花萼；4—分离花冠，示各瓣形态；5—雄蕊；6—雌蕊

二、生物学特性

（一）生长特性

补骨脂种子发芽的最适温度为15～30℃，在室温条件下贮藏18个月后，发芽率仍可达67%。

补骨脂于3月中、下旬播种，到10月下旬倒苗，整个生育期约210天。生育期需经历苗期、现蕾期、花期和果期4个阶段，各生育期有较明显的重叠现象，3～5月份为苗期；5～10月份为现蕾期；5月上旬至10月份为花期，6～10月份为果期。

补骨脂为直根系，主根最长的可达33.8cm。幼苗长出3片真叶时侧根开始发生，同时形成根瘤，主根在开花盛期伸长量最大。茎在高达7.5cm时，侧枝与花芽开始分化，其有效分枝3～6个。有效分枝个数与种植密度呈负相关，与氮、磷肥用量呈正相关。其顶端优势不强，打顶与否与分枝无多大关系。出叶速度为平均每2天1叶；单叶寿命约60天，主茎上生叶43～46片，开花盛期光合叶片面积最大，每株为65164cm^2。夏秋从叶腋处抽出总状花序，小花多数，密集于花轴上部呈头状；主茎花芽分化期一般是在叶展开达11片时开始发生。小穗等位叶分化不久，花芽开始发生。现蕾叶位是14叶，现蕾后半个月开始开花，同一花序的花约3天开放完毕。若遇阴雨天气开花时间延长。全天均可开花，尤以中午为盛，花开24h后即凋谢。开花前传粉受精，从受精到果实成熟约需36天。补骨脂落花落果现象比较严重，落花率为25%，落果率为36%。其原因主要是：落花绝大部分是由于未受精造成的；落果则是由于受精后果实发育不良所致。8月中、下旬采收的种子发芽率最高，当成熟果实占小穗粒数的75%时即可采收整个小穗，留作种用。

（二）环境条件

补骨脂喜温暖和干燥气候，宜生长于平坦向阳、光照充足的环境，在荫蔽多湿和寒冷的地方生长不良。对土壤要求不严，但以土层深厚、土质肥沃疏松、排水良好的夹沙土为好。凡过沙、过黏重、过于瘠薄的土壤，不宜种植。对前作无严格要求。

三、栽培技术

（一）播种

1. 种子处理

补骨脂发芽率较低，播种前可将种子用10～20mg/L的赤霉素（GA）浸种2h，待种子膨胀后，捞出稍晾干，即可播种，可提高发芽率。

为克服补骨脂易落花落果现象，据四川中药研究院丁德蓉等研究，用微肥与植物激素浸种能产生良好效应。钼酸铵、三十烷醇和赤霉素（GA）浸种能使株高、分枝、果穗、生物学产量等有所增加，并能减少落花落果，坐果率提高6.5%～17.4%，结实数增加21.6%～28.4%；同时，可增产31.46%～34.83%。

2. 播种期

播种期迟早对补骨脂的生长发育有较大影响。宜早不宜晚，太晚则果实难以成熟。一般于3月中旬至4月上旬播种。

3. 播种方法

播种穴播、条播均可。

穴播按行株距40cm×20cm挖穴，穴深7～10cm，每穴施入适量土杂肥，然后散开播入经处理过的种子7～9粒，播后覆盖细土或火土灰，厚约1.5cm，浇施腐熟稀薄人畜粪水。亦可采用条播，即在整好的地块上按行距35～40cm开沟，沟深3～5cm，然后将处理过的种子均匀撒入沟中，再覆盖细土或火土灰2cm左右，浇施腐熟稀薄人畜粪水。播后，经常保持土壤湿润，10～15天就可出苗。

4. 用种量

每亩用种量为1.5kg左右。

（二）田间管理

1. 间苗补苗

穴播的6～7天出苗，苗高10cm时进行间苗补苗，每穴留壮苗2～3株。条播的按行距25cm左右留一株。如有缺株应及时挖取壮苗带土补上。

2. 中耕除草

在生长期间，补骨脂需中耕除草3次，第1次结合间苗、补苗，浅锄表土；第2次当苗高30～40cm时，中耕可加深到10cm；第3次在苗高30cm左右时，中耕宜深，除草后培土，以防植株倒伏。

3. 追肥

补骨脂在生长期间应追肥3次，第1次施苗期肥，当幼苗长有3片真叶时，每亩施腐熟稀薄人畜粪水1500kg；第2次施分枝肥，当幼苗长出11片真叶时，结合第2次中耕除草后施入，每亩施腐熟人畜粪水2000kg，此次施肥对补骨脂植株生长发育、保花保果及提高产量关系甚大；第3次施花果肥，在盛花期开始时，用0.3%磷酸二氢钾加0.2%尿素混合液进行叶面喷肥，每10天1次，连续2～3次；也可在结果前每亩施入腐熟人畜粪水2000kg，加过磷酸钙20kg，在株旁挖穴或开沟施入，施后培土。补骨脂与根瘤菌共生，除初期施少量氮肥外，以后不宜多施氮肥，以免植株徒长，延期开花结果和种子成熟。

4. 灌溉排水

补骨脂喜干，忌潮湿，雨后要及时疏沟排积水，防植株死亡。但在干旱季节，应浇水抗旱保苗，否则影响开花结果，降低产量和质量。

5. 疏果

于9月上、中旬将上端果穗剪去，使养分集中于中、下部的果实发育充实而饱满，可提高种子的品质和产量。

四、病虫害及其防治

（一）病害

1. 根腐病

（1）危害　5～6月份发生。发病初期须根先变成褐色而腐烂，再逐渐扩展蔓延至主根。

主根腐烂后，地上部位的叶片逐渐变黄，严重时导致植株死亡。

（2）防治方法

① 发现病株及时拔除烧毁，病穴浇灌5%石灰乳或5%硫菌灵1000倍液。

② 注意排水，降低田间湿度，降低发病率。

③ 与禾本科作物轮作，切忌用种过白术、贝母、红花、烟草以及其他易患根腐病的作物地种植。

2. 变叶病

（1）危害　节间缩短，叶片丛生，叶片较正常植株小，花器返祖变成小叶。

（2）防治方法　发病初期喷洒四环素族抗生素4000倍液。

（二）虫害

1. 地老虎

（1）危害　咬断嫩茎。

（2）防治方法　用90%敌百虫1000～1500倍液淋穴，或用50%辛硫磷乳油100～150g溶解于3～5kg水中，喷洒在15～20kg切碎的鲜草上，拌匀做成鲜草毒，于傍晚撒在幼苗周围进行诱杀，对消灭高龄地老虎效果显著。

2. 卷叶虫

（1）危害　咬食叶片，造成缺刻，严重时整片叶均被食光。

（2）防治方法　用90%敌百虫1000倍液喷杀。

3. 蜗牛

（1）危害　为害幼苗。

（2）防治方法　可在清晨撒石灰粉杀灭。

五、收获

（一）采收、加工

1. 留种

选择生长健壮、开花结果多、无病虫害的优良单株留种。采种时间一般在8月上、中旬当种子绝大部分成熟变黑时采集，采后置通风阴凉处晾干，切忌暴晒或火烤，以免降低发芽率。干后的种子切不可用塑料袋盛装，必须装于布袋或竹筐内，才能保存发芽能力。

2. 采收

补骨脂的花果期较长，7～10月份果实陆续成熟，需分批采收。当果穗上的种子有80%变成黄黑色或黑色时即可采集。一般每隔7～10天采收1次，最后连茎秆割回脱粒。补骨脂种子成熟后极易被风吹落，遇有大风雨天气，应提前收获。

3. 加工

采下的种子，一经晒干，筛净杂物，即可药用。也可以种子采下后，可放在布袋等容器中闷一夜，使之发热，再晒干，这样气味浓。还可将采下的种子加5%盐水拌炒至干燥发出香气时即可。一般每亩干品产量为150～200kg。

（二）分级

以身干、粒大饱满、色黑、具香气者为佳。

【本章小结】

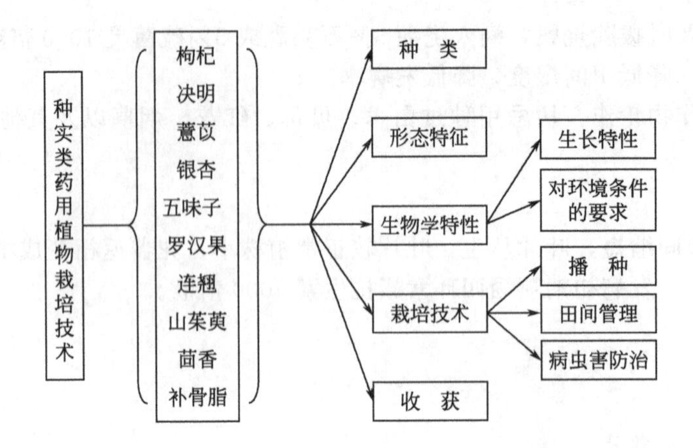

【复习思考题】

1. 枸杞对栽培的环境条件有哪些要求？灰斑病的防治方法是什么？
2. 采下的枸杞怎样进行干燥？
3. 怎样做好决明的水肥管理？
4. 薏苡有哪些地方品种？可随意引种吗？薏苡的病虫害怎样防治？
5. 由于环境的破坏，野生五味子资源逐年减少，急需引为家种，五味子是如何繁殖的？
6. 五味子何时采收和如何加工？
7. 银杏有哪些优良品种？
8. 怎样使银杏苗提早结果、多结果？
9. 罗汉果要求什么环境条件？如何选地？
10. 如何促进罗汉果雄株提前开花？怎样进行人工授粉？

模块五　皮类药用植物栽培技术

【学习目标】

了解主要皮类药用植物的生物学特性和栽培特点，掌握牡丹、肉桂、杜仲、黄柏、厚朴等皮类药用植物的高产、优质栽培技术。

牡　丹

牡丹 *Paeonia suffruticosa* Andr. 为毛茛科芍药属植物，以根皮入药，中药名牡丹皮，别名丹皮、凤丹皮、牡丹皮、粉丹皮等。根皮含牡丹酚、芍药苷、挥发油等成分。性微寒，味苦、辛。具清热凉血、活血化瘀等功效，主治热病吐血、血热斑疹、血瘀经痛、跌打瘀血疼痛等症。现代药理研究表明，丹皮酚有降血压、镇静、止痛、抗惊厥、退热和抗炎杀菌等作用。

牡丹主产于安徽、山东、河南、湖北等省。尤以安徽铜陵、南陵交界的“三山”地区所产的“凤丹”质量最佳，久负盛誉，畅销海内外，“凤丹皮”被视为牡丹皮中之珍品。

一、种类

同属有两个变种和两个近似种，其根皮在不同地区也作牡丹皮入药。

1. 矮牡丹 P. sdmucosa Andr. var. spontanea Rehd.

植株较矮小，小叶片较短，近于圆形，分布陕西、山西及甘肃。

2. 粉牡丹 P. suffruticosa Andr. var. papaveracea Kerner.

花瓣中央有一块明显黑斑，分布于四川广元及陕西太白山一带。

3. 黄牡丹 P. lutea Franch

花盘发育成肉质盘状，花黄色，分布于四川、云南及西藏。

4. 川牡丹 P. szechuanica Fang

心皮无毛，仅下半部为花盘所包围，小叶片较小，无毛，分布于四川。

另外，供观赏的牡丹品种多达200余个。

二、形态特征

多年生落叶小灌木，生长缓慢，株型小，株高多在0.5～2m之间。牡丹植株形态见图5-1。根肉质，粗而长，中心木质化，长度一般在0.5～0.8m，极少数根长度可达2m；根皮和根肉的色泽因品种而异。枝干直立而脆，圆形，为从根茎处丛生数枝而成灌木状；当年生枝光滑、草本呈黄褐色，常开裂而剥落。叶互生，叶片通常为三回三出复叶，枝上部常为单叶，小叶片有披针、卵圆、椭圆等形状，顶生小叶常为2～3裂，叶上面深绿色或黄绿色，下为灰绿色，光滑或有毛；总叶柄长8～20cm，表面有凹槽。花单生于当年枝顶，两性，花大色艳，形美多姿，花径10～30cm；花的颜色有白色、黄色、粉色、红色、紫红色、紫色、墨紫（黑）色、雪青（粉蓝）色、绿色、复色十大色；雄、雌蕊常有瓣化现象，花瓣自然增多和雄、雌蕊瓣化的程度与品种、栽培环境条件、生长年限等有关；正常花的雄蕊多数，结籽力强，种子成熟度也高；雌蕊瓣化严重的花，结籽少而不实或不结籽；完全花雄蕊离生，心皮一般5枚，少有8枚，各有瓶状子房一室，边缘胎座，多数胚珠。骨果五角，每一果角结籽7～13粒，种子类圆形，成熟时为淡黄色，老时变成黑褐色，成熟种子直径0.6～0.9cm，千粒重约400g。

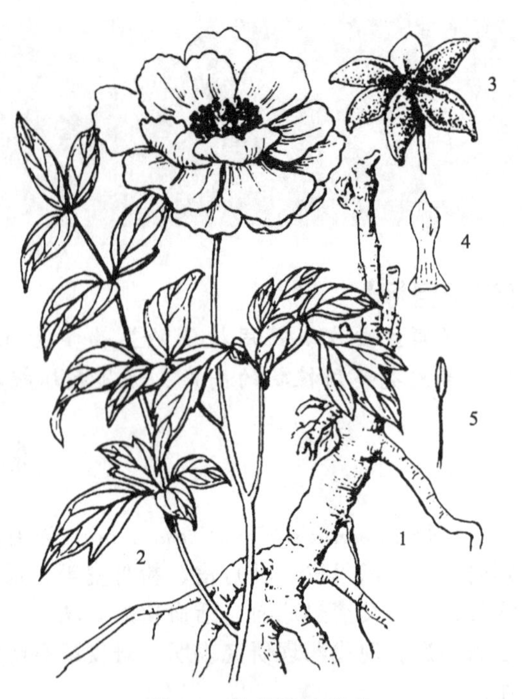

图5-1 牡丹植株形态

1—根；2—花枝；3—果实；4—苞片；5—雄蕊

三、生物学特性

（一）生长特性

牡丹种子寿命不长，隔年陈种子发芽率仅30%左右。种子具有上胚轴休眠习性，需要在5℃的低温条件下生活80天左右，才能解除休眠。生产上一般是9月份播种，当年生根不长苗，通过自然条件的低温冷冻作用，第2年早春上胚轴生长，幼苗出土。所以播种过晚，第2年就不能出苗。

牡丹为宿根植物，早春萌苗，4～5月份开花，7～8月份果熟，10月中旬地上部枯萎，其生育期为250天左右。

（二）对环境条件的要求

牡丹喜夏凉冬暖气候，要求阳光充足，雨量适中，夏季怕炎热，冬季怕严寒，能耐旱，但忌水涝。根长而粗，要求土层深厚、土质疏松肥沃、排水性能良好、喜中性或微酸性的沙质壤土或轻壤土，对土壤中微量元素铜颇敏感，不宜在盐碱地、黏质土、低湿地及荫蔽地栽种。

四、栽培技术

牡丹在定植后第2年春季一般有70%植株开花结果，第3年春季开始进入盛花期，每株开1～3朵花，第4～6年春季每株可开5～15朵花，每朵花的果实内有种子30～70粒。7月下旬种子成熟时，采回摊放室内，其厚度以20cm为宜。室内不要过于通风，以保持一定的湿度。若天气过于干燥，宜喷洒少量水，每天翻动1～2次，以免发热，待10～15天后，果实自行裂开，即可除去果壳，收集种子，当年进行秋播。播种前，种子需用湿沙进行层积贮藏。

（一）播种

1. 播种

8月下旬至11月中旬均可播种，以9月中、下旬为最佳播种时期。选择籽粒饱满、黑色光亮的种子进行播种。播种前用45℃温水浸种24h。一般采用穴播或条播。苗畦宽度以1.3～2m为宜。

（1）穴播　行距30cm，株距20cm，穴位呈品字形排列。挖圆穴，穴深约12cm，直径约5cm，穴底要平坦。每穴施入适量的饼肥末、过磷酸钙作为基肥，上覆2cm厚的细土，压实整平。然后每穴下种子20粒左右，种子在穴内应分布均匀，保持相距1～2cm。

（2）条播　按行距25cm，播幅宽10～20cm，横向开6cm深的播种沟。将种子均匀播入沟内。

穴播或条播后即行封土，使畦面平整无凹陷，再加盖茅草。第2年2月下旬至3月上旬幼苗即出土生长，2年后可移栽定植。

牡丹除上述种子繁殖生产以外，也可进行分根繁殖，产区习称“打老蔸”。一般选3～4年生植株，挖取其全株，将主根切下供药用，截取茎基与根头部交接处带侧根的一段（长12～15cm）作为种根，尽量保留细根，顺着其自然生长的形态进行栽种。田间管理同种子繁殖。分根繁殖系数极小，不适宜大规模药材生产。目前产区通常已不采用此法生产。

2. 用种量

穴播和条播每亩用种量为80～100kg。

（二）田间管理

1. 中耕除草

移栽后的第2年春季，待牡丹幼苗萌发出土后即揭去盖草，开始中耕除草。牡丹幼苗最怕草荒，春、夏季易生杂草，宜勤锄草、松土，做到田间无杂草。一般前2年每年锄草3～4次，可在4～9月份分期进行。2年后由于植株已长大，杂草较少，可视情况进行锄草。锄草、松土宜浅，以免损伤根系。最好在雨后天晴时进行。这可增加土壤的通透性。

2. 亮根

在栽后第2年春季，揭开盖草时，扒开根际周围的泥土，暴露根蔸，让阳光照射，谓之亮根。其目的是让须根萎缩，使养分集中于主根生长，2～3天后结合中耕除草，再培上肥土。

3. 追肥

牡丹耐肥力强，需多施肥料。除应施足基肥外，每年于春、秋、冬季各追肥1次。若未用基肥或基肥不足，则分期追肥更为重要。宜多施富含磷、钾的肥料，如以猪粪、牛粪、羊粪、鸡粪、水粪土、绿肥等混合腐熟的堆肥，以及饼肥、骨粉、过磷酸钙等，于每年清明、白露、霜降前后分3次施入。第1次施用人畜粪水，第2次施人畜粪水加适量磷、钾肥，第3次施用腐熟堆肥加饼肥、过磷酸钙等。挖穴或开沟施入，然后覆土盖肥。施肥宜严格把握“春秋少，腊冬多”的原则。施肥量可按植株大小酌情而定。

4. 灌溉排水

牡丹怕涝，雨季应及时疏沟排水，以防积水烂根。生长期如遇干旱，可在傍晚进行浇灌，一次灌足，不宜积水。

5. 摘蕾修枝

除留种植株外，于春季将花蕾全部摘除，以使养分集中供根部生长，可提高产量。摘蕾一般宜在晴天上午进行，以利伤口愈合，防止感染病菌。每年于霜降时，茎叶开始枯萎，结合中耕锄草，剪去枯枝，清除枯叶杂草，运出田外堆积沤肥，既可促进植株健壮，又可减少病虫害发生。

6. 培土防寒

霜降前后，结合中耕锄草施肥时，可在植株根际培土15cm左右或盖一层草，以防寒越冬，次年长势更盛。

五、病虫害及其防治

（一）病害

1. 叶斑病

（1）危害　多发于夏至到立秋之间。叶面初时出现黄色或黄褐色小斑点，1～3天后变为黑色斑点，此后逐步扩大成不整齐的轮纹，严重时叶片全部枯焦凋落。天气燥热，蔓延尤为迅速，常常整片地块全部染病。

(2) 防治方法

① 清洁田园。

② 用1∶1∶150波尔多液喷洒叶面，7天1次，连喷数次。若当时气温高，可用稀释为1∶1∶200的波尔多液喷洒。

2. 根腐病

(1) 危害　根腐病为一种真菌侵袭植物体所致。该病初发时难以发现，待从叶片上看出病态时，其根皮多已溃烂成黑色，病株根部四周的土壤中常有黄色网状菌丝。该病为常见病害，呈散在性发生，植株染病初期叶片萎缩，继而凋落，最后全部枯死。若不及时防治，将蔓延到周围植株。尤其是阴雨天土壤过湿，蔓延较迅速。

(2) 防治方法

① 伏天（7月份）应翻晒地块。

② 发现病害后，应及时清除病株及其四周带菌土壤，并用1∶100硫酸亚铁溶液浇灌周围的植株，以防蔓延感染。

3. 锈病

(1) 危害　叶面初现黄褐色小斑点，不久膨大成橙黄色大斑，破裂后散发黄色粉末。多花期开始发病。

(2) 防治方法

① 喷0.3～0.4°Bé石硫合剂或97%敌锈钠200倍液，于发病初期喷用，每周1次，连喷2～3次。

② 选地势高燥、排水良好的地方种植。

4. 灰霉病

(1) 危害　为害叶、茎、花。发病时，叶片上出现紫褐色或褐色具不明显轮纹的近圆形病斑，在潮湿的条件下，病部长出灰色霉状物。茎上病斑呈多棱状，后期茎秆呈软腐状折倒。

(2) 防治方法　同叶斑病。

5. 白绢病

(1) 危害　为害根、茎。发病初期茎叶无明显症状，随着温、湿度的增大，菌丝由根茎部穿出土表，在根茎周围长出一层白色绢状物，并有油菜籽大小的褐色菌核。由于植物输导组织受损，致使萎蔫枯死。此病多由土壤及肥料传染所致。尤以红薯、豆科、茄科为前作的地块发病严重。

(2) 防治方法

① 避免与根茎类药用植物和红薯、豆类、茄科作物轮作。

② 每亩用30%菲醌1.5kg进行土壤消毒。

③ 用木霉菌防治，此菌在土壤中能放出挥发性气体，使白绢病菌丝溶解，并能寄生于白绢病菌上，使菌丝、菌核死亡。

(二) 虫害

主要虫害有蛴螬、白蚁、钻心虫等，蛴螬可用90%敌百虫1000倍液防治；白蚁、钻心虫可用80%敌敌畏5000倍液灌注根部。

六、收获

(一) 采收、加工

定植后3～5年即可收获，以4年为佳。8月份采收者称“伏货”，水分较多，容易加工，质韧色白，但其质量和产量均偏低。10月份采收者称“秋货”，质地较硬，加工较难，但其质量和产量均较高。采挖要选在晴天进行，将植株根部全部挖出，抖去泥土，剪下鲜根，置阴凉处堆放1～2天，待其稍失水分而变软（习称“跑水”），除去须根（丹须），用手握紧鲜根，扭裂根皮，抽出木心。优质药材凤丹皮均不刮皮，直接晒干。根条较粗直、粉性较足的根皮，用竹刀或碎碗片刮去外表栓皮，晒干，即为刮丹皮，又称刮丹、粉丹皮。根条较细、粉性较差或有虫疤的根皮，不刮外皮，直接晒干，称连丹皮，又称连皮丹皮、连皮丹、连丹。在加工时，根据根条粗细和粉性大小，按不同商品规格分开摊晒，以便投售。

（二）分级

质量以条长粗壮、皮细肉厚、断面白色、圆直均匀、粉性足、芳香气浓者为佳。

小知识：牡丹常以根皮入药，称牡丹皮。牡丹是中国传统名花，它端丽妩媚，雍容华贵，兼有色、香、韵三者之美，让人倾倒。历史上不少诗人为它作诗赞美。如唐诗赞它：“佳名唤作百花王”。宋词《爱莲说》中有“牡丹，花之富贵者也”的名句流传至今。“百花之王”、“富贵花”亦因之成了赞美牡丹的别号。

肉　桂

肉桂 *Cinnamomum cassia* Presl 为樟科常绿乔木，又名玉桂、牡桂，其树皮、枝、叶、果、花梗都可提取芳香油，用于制作食品、饮料、香烟及药品，但常用作香料、化妆品、日用品的香精。树皮出油率为2.15%，桂枝出油率为0.35%，桂叶出油率为0.39%，桂子（幼果）出油率为2.04%。各部位又可分别入药，树皮也就是人们常说的桂皮，有抗菌作用，可缓解消化道及呼吸道感染，减轻经痛，治疗白带，舒缓肌肉痉挛及治疗风湿病；抗老化，促进血液循环，具有收敛作用；抗沮丧、安抚情绪、消除紧张，赋予活力，还能祛风健胃、活血祛瘀、散寒止痛之效；树枝则能发汗祛风，通经脉。

肉桂原产我国，分布于广西、广东、福建、台湾、云南等湿热地区，其中尤以广西最多。在国外，越南、老挝、印度尼西亚等地亦有分布。肉桂大多为人工栽培，且以种子繁殖为主，这样可使其后代保持亲本的特性，以获得枝下较高的树干，有利于剥取桂皮，因此在生产上很少用无性繁殖方法培育苗木种植。

一、品种类型

（一）中国肉桂

1. 白芽肉桂（又名黑油桂）

春初萌发出来的新芽和嫩叶均呈淡绿色，叶柄水平伸展，叶片小，下垂，老叶主脉两边的叶面向上翘起，呈鸡胸状。花序总柄较短，结实较多。韧皮部易于形成油层，皮采剥晒干后，油层呈黑色，与非油层界限明显。这个品种的桂皮品质较优，除幼苗期外，需要更充足的阳光，而且较耐旱。

2. 红芽肉桂（又名黄油桂）

新芽与嫩叶呈红色，叶片较大，叶柄向上弯翘。花序总柄较长，小花较疏，结实较少，实亦较小。韧皮部油层呈黄色，桂皮和桂油的品质较白芽桂差，但生长较快，且抗旱力不强。

（二）大叶清化肉桂

大叶清化肉桂（*Cinnamomum cassia* Presl var. *macrophyllum* Chuv）为中国肉桂的变种，原产越南，我国广西、广东及云南于20世纪60年代中期开始引种，通过十多年的试种，生长良好，结实正常，引种已成功。该种与国产肉桂的植物形态相似，唯叶较大，嫩叶色较红，并对温度的适应性较强，短期－1～3℃低温不致发生冻害，是耐寒力较强的肉桂品种。其质量与中国肉桂相近。

(三) 锡兰肉桂

锡兰肉桂（*Cinnamomum zeylanicium* Blumo）原产斯里兰卡、印度和越南，我国海南岛从20世纪60年代初期首先从斯里兰卡引入试种，以后福建、云南、广西等地先后引种成功。该种叶片灰色无毛，花序有绢状短毛。树皮厚而粗，粉黄褐色，内皮很薄，棕红色，我国热带、亚热带地区都是引种锡兰肉桂的适生环境。

含量测定结果证明，在引种地区的新生境条件下，大叶清化肉桂和锡兰肉桂的次生物质均能正常形成、转化和积累，从而保持了它们原有的经济性状。

我国栽培的以上3种肉桂都具有浓厚的香气，味甜稍辣，作药材和调料均较好，除以上3种以外的其他樟科植物的树皮也有作桂皮用的，但它们的桂皮醛和挥发油含量均较低，香气及甜味也弱，且辛辣，因此种植时千万避免选上劣质种类。

二、形态特征

树高10～15m，主干较通直。肉桂植株形态见图5-2。树干及老枝树皮深灰褐色，幼枝略呈四棱形，被褐色绒毛。叶互生或近对生，革质。叶片长圆形至披针形，长8～16cm，宽4～5cm，先端渐尖，基部钝，全缘，表面光亮绿色，背面灰绿色，被疏生细柔毛，离基三出脉，主脉及侧脉显著；叶柄粗壮，长1.2～1.5cm。圆锥花序腋生或顶生，长8～16cm，花小，黄绿色，花梗长2～8cm；花被管长约2mm，6裂，裂片与花被管约等长；发育雄蕊9枚，与花冠等长；雌蕊稍短于雄蕊，子房1室。核果紫黑色，椭圆形，长约1cm，直径约9mm，内藏种子1枚，果下有宿存花被，边缘有锯齿而呈浅杯状；种子长卵形，紫色。

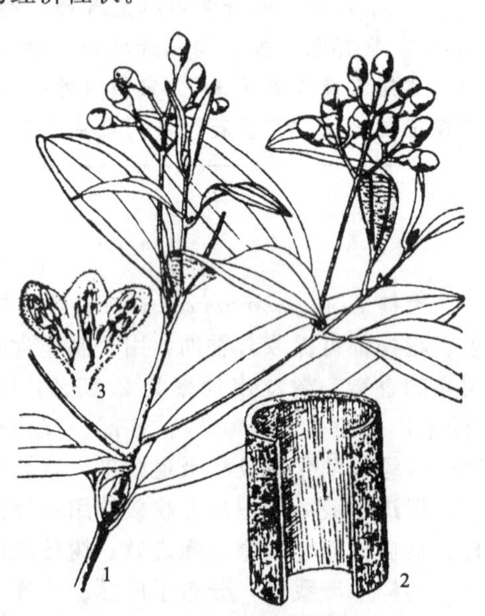

图5-2 肉桂植株形态

1—果枝；2—树皮；3—花纵剖图

三、生物学特性

(一) 生长特性

肉桂实生幼苗主根发达，侧根疏生。幼年阶段，主茎较发达，侧枝生长慢。树的高度，生长到2～3年后，逐渐加快，到近成熟期，又逐渐减慢。实生植株，10～11年开始结实。一般100～120年开始衰退。萌蘖植株初期生长迅速，70～80年开始衰退。如在开花前即采伐，进行矮林作业，能维持萌芽更新10多次，年龄可延续到100多年。

肉桂花为虫媒花，正常情况下，成果率为25%～30%。秋季种子成熟时，发芽率可达90%以上，种子晾干或晒干后均易失去发芽能力。故生产上应随采随播或用低温沙藏。

肉桂性喜温暖、湿润气候，适于热带与亚热带的温暖气候，忌积水，不耐干旱。

(二) 对环境条件的要求

1. 温度

肉桂分布在北纬18°～22°的南亚热带地区，喜温暖气候，年平均温度为19～22.5℃，1

月份平均温度7～16℃，绝对最低温度－4.9℃，生长发育的最适温度为26～30℃。在广西、广东地区日平均温度达到20℃以上时，才开始萌芽生长，日平均温度低于20℃以下时，即停止生长。如遇5天以上的霜冻，小树整株冻死，大树则树皮冻裂，枝叶凋萎。

2. 水分

肉桂喜湿润，不耐干旱。在年降水量1200～2000mm地区，4～8月份雨量较多，空气湿度较大，一般相对湿度大于80%，生长旺盛，但耐涝力较差，排水不良的低洼地易患根腐病，不宜种植肉桂。过于干燥的山脊，水分不足则生长不良，而以山中部对生长较为适合。

3. 光照

肉桂是一种耐阴树种，但其对光的需要量随树龄的增长而改变，幼树耐阴，适当的荫蔽对提高成苗率效果显著。在60%～70%荫蔽度下，可以促进幼苗的生长和防止旱害。成林后则需要较充足的阳光。

四、栽培技术

（一）播种

1. 播种

（1）种子准备　选择生长迅速、主干通直、皮厚油多、无病虫害的白芽肉桂或大叶清化肉桂优良母树留种，肉桂果熟期为2～3月份，当果皮呈紫黑色时，即可分批选收。采回的鲜果，应随即除去果皮。方法是先把果皮搓破脱开，再用清水冲洗，冲掉浆质，浮去果皮，然后将种子摊放阴凉处晾干表面水分，去掉黄色未熟的空粒后即可播种，种子千粒重为370～385g。

肉桂种子晾干久放或晒干均容易丧失发芽力。及时播种，发芽率可高达99%，晾干2天播种，发芽率为86%，而晒干或晾干时间在2天以上几乎完全丧失发芽力。因此，肉桂种子不能干燥贮藏，应随采随播。如果气候不适，或苗圃地没有整好，不能随采随播，可采用1份种子与3份湿沙混合置阴凉处贮藏，能够延长种子寿命，种子生活力可维持3～4周。但播种期最迟不能超过5月上旬，而去果皮袋挂室内通风处，10天则完全丧失发芽力。去果皮瓶装放置室内40天尚有发芽率51.3%，50天则完全丧失发芽力，留果皮瓶装放置冰箱贮藏40天，发芽率为40%，60天仍有8.3%。

（2）播种育苗　采用条播，行距20～24cm，株距5～7cm，每$1hm^2$播种量180～240kg，覆土深度1～1.5cm，播后盖草，淋水，保持土壤湿润。播后3～4周，种子开始发芽出土，1/3的种子发芽出土后，立即揭草并搭盖荫棚，透光度以不超过30%～40%为宜，苗期要注意除草、松土和施肥。当幼苗3～5片真叶时，开始追施稀薄的人粪尿或尿素液肥，以后每隔1～2个月追肥一次，8～9月份最后一次追肥，施以草木灰或草皮泥等，以免徒长和延长生长期，使嫩芽免受冻害，霜冻过后，逐步拆除荫棚。培育1年的壮苗，苗木高24～30cm，树苗地面直径0.5cm以上，即可上山定植。

2. 用种量

每亩用种量为16～18kg。

（二）田间管理

1. 中耕除草

定植后每季中耕除草1次。定植后的第2～3年，因行间地面空旷、裸露，杂草生长较快，可间种花生或豆类等作物，在管理作物的同时，又可管理肉桂。

2. 追肥

每年追肥3次。第1次于2～3月份，施促芽肥，以氮肥为主；第2次在7～8月份，以施磷、氮肥为主；第3次于11～12月份，施磷、钾肥为主。每次追肥后均要培土。

3. 修剪

为获得优质肉桂树皮，应逐年修枝，将树干下部的下垂侧枝、病虫枝、纤弱和过密枝剪去，促使树干挺直粗壮。

矮林的栽培目的是采叶蒸油和生产桂通、桂心等产品，矮林的抚育，可混种木薯、芋头等农作物，结合农作物的中耕除草对肉桂幼树进行抚育。2～3 年后停止混种农作物，每年夏季和秋季各铲草 1 次，并将杂草铺于林地，使其腐烂作肥料，以提高肉桂含油量。此外，矮林肉桂林地最忌放牧和火灾。

乔木林（俗称大桂）栽培的主要目的，是培养韧皮部形成含有丰富油层的桂皮和"桂子"。所谓桂子就是指 10 月下旬采收未成熟的果实，名为"桂子"。对乔木林应加强抚育和追肥，幼林期宜混种农作物，施放草木灰和有机肥，胸径达 15cm 以上的大桂，首先要注意多施磷肥，以促进油桂的形成。凡过于郁闭的林冠，影响油分的形成和开花结实，要进行间伐，使其行株距保持在 10m×8m 左右为宜。

五、病虫害及其防治

（一）病害

1. 根腐病

（1）危害　梅雨季节，在排水不良的苗圃地表现严重。为害根部。

（2）防治方法

① 防治积水。

② 及时发现病株并拔除烧毁，以生石灰消毒畦面。

2. 桂叶褐斑病

（1）危害　4～5 月份发生，为害新叶片。

（2）防治方法　可用波尔多液喷洒。

（二）虫害

1. 肉桂木蛾

（1）危害　肉桂木蛾以幼虫为害肉桂等枝叶，又名肉桂盆蛾，分布于我国的广东、福建、湖南等省。受害植株树叶被食，侧枝因被钻蛀而干枯，易被风折断。天敌有姬蜂、茧蜂、蚂蚁、白僵菌等。

（2）防治方法

① 在其幼虫孵化时期，可用 50%磷胺乳油 1000～1500 倍液或 2.5%敌杀死 4000 倍液喷雾，10 天 1 次，共喷 2～3 次。

② 用白僵菌喷粉防治。

③ 结合剪枝，剪除害枝。

2. 卷叶虫

（1）危害　幼虫于夏秋间将数叶卷曲成巢、潜伏其中，为害苗叶。

（2）防治方法　用敌百虫 1000 倍液或 80%敌敌畏乳剂 1500 倍液喷雾。

3. 肉桂褐色天牛

（1）危害　为害树干。

（2）防治方法

① 夏秋季用铁丝插入树干幼虫蛀孔内，刺死幼虫，或用蘸有敌敌畏原液的棉花塞入虫孔毒杀。

② 4 月初，发现成虫，进行人工捕杀。

六、收获

(一) 采收、加工

在造林3～5年后，平均每亩可采剥桂皮40～50kg，同时每年还可采收桂叶蒸油1.5～1.7kg，桂皮采剥时间以3月下旬为宜，这时树皮易削离，且发根萌芽快。

造林后15～20年采伐剥桂皮，2～3月份采收的称春桂，品质差，可在6月下旬，在树基部先剥去一圈树皮。既可增加韧皮部油分积累，又利于剥皮。

桂皮采收后，应进行加工，加工规格有以下3种。

① 全边桂：剥取10年以上的桂皮，两端削齐夹在木制的凹凸板内，晒干。

② 板桂：将桂皮夹在桂夹内，晒至七八成干，取出纵横堆叠加压、干燥即成。

③ 官桂（桂通）：剥取5～6年生幼树的干皮和粗枝皮，晾晒1～2天，卷成筒状阴干即可。

(二) 分级

外表面灰棕色，稍粗糙，有横向微突起的皮孔及细皱纹；内表面棕红色，平滑，有细纵纹，划之显油痕。质硬脆，断面颗粒性，外层棕色，内层红棕色而油润，两层间有1条淡黄色线纹（石细胞带）。气香浓烈，味甜、辣。

小知识：桂皮，又称肉桂、官桂或香桂。桂皮因含有挥发油而香气馥郁，加入肉类菜肴中可祛腥解腻，芳香可口，进而令人食欲大增。桂皮性热，在日常饮食中适量添加桂皮，具有暖胃祛寒、活血舒筋、通脉止痛和止泻的功效，一般人都可食用，每次用量约5g。受潮发霉的桂皮不可食用。用量不宜太多，香味过重反而会影响菜肴本身的味道。桂皮香气浓郁，含有可以致癌的黄樟素，所以食用量越少越好，且不宜长期食用。桂皮性热，所以夏季应忌食。桂皮有活血的作用，孕妇少食。

杜 仲

杜仲 *Eucommia ulmoides* Oliv. 为杜仲科植物，以干燥树皮入药，中药名杜仲，又名丝棉皮、丝连皮、玉丝皮。杜仲是我国名贵特产，是幸存的古老树种之一。杜仲具补肝肾、强筋骨、安胎、降血压等功效，是一种天然的抗衰老药物。

杜仲原产中国，分布于长江流域，已有近千年栽培历史。现主产于贵州、四川、陕西、湖北、湖南、云南等省，一些邻近省区有栽培。

一、种类

从树皮来分有粗皮（青冈皮）与光皮（白杨皮）两种类型，前者成年后，树皮条状分裂、粗糙、皮色灰暗；后者树皮较光滑，色灰白。以光皮杜仲的内皮较厚，质量较好。

二、形态特征

落叶乔木，高达20m。杜仲植株形态见图5-3。小枝光滑，黄褐色或较淡，具片状髓。皮、枝及叶均含胶质。单叶 互生；椭圆形或卵形，长7～15cm，宽3.5～6.5cm，先端渐尖，基部广楔形，边缘有锯齿，幼叶上面疏被柔毛，下面毛较密，老叶上面光滑，下面叶脉处疏被毛；叶柄长1～2cm。花单性，雌雄异株，与叶同时开放，或先叶开放，生于1年生枝基部苞片的腋内，有花柄；无花被；雄花有雄蕊6～10枚；雌花有一裸露而延长的子房，子房1室，顶端有二叉状花柱。翅果卵状长椭圆形而扁，先端下凹，内有种子1粒。花期

4～5月份。果期9月份。

三、生物学特性

(一) 生长特性

杜仲根系发达，主根长可达1.35m，侧根、支根分布范围可达9m，但主要分布在地表层5～30cm之间，并向着湿润和肥沃处生长。植株萌芽力极强，休眠芽因受机械损伤常可萌发。树高生长速度初期较为缓慢，速生期出现在10～20年间；20～35年生树的年生长速度渐缓；其后几乎停滞。胸径生长速生期在15～25年，25～45年渐缓，其后几乎停滞。树皮的生长过程基本上与胸径生长过程相一致，树皮产量随树龄变化而异，同时亦受环境条件影响。杜仲喜光，对土壤、气温要求不严，在气温－20℃时可安全越冬。但在湿润、温度较高的地区生长发育较快，而南方冬季气温过高，缺乏冬眠所需的低温条件，则对生长发育不利。分布长江中游及南部各省，河南、陕西、甘肃等地均有栽培。

图5-3 杜仲植株形态
1—果枝；2—雄花；3—雌花；4—种子；5—树皮，示胶丝

种子有一定的休眠特性，经8～10℃低温层积50～70天，发芽率可达90%左右，种子寿命较短，一般不超过1年，干燥后更易失去发芽能力，故种子采收后宜即行播种。

(二) 适生条件

杜仲喜温暖气候，亦能耐－20℃的低温，对土壤有一定的选择性，以土层深厚、土质疏松、肥沃温润、排水良好的酸性和中性壤土上生长最好。在土壤过于潮湿、黏重、贫瘠、干燥的情况下，生长不良，顶芽、侧枝枯萎、叶片凋落、生长停滞。

杜仲是阳性树种，萌芽力强，不耐荫蔽，在阳光不足的环境下，树干弯曲、枝叶稀疏、树冠畸形。深根性，主根明显，入土层1～2m，侧根发达。

树皮产量受立地条件影响很大，一株成年杜仲，生长在土层深厚、肥沃和光照充足的地方，单株树皮比生长在干燥、贫瘠、光照条件稍差的树重3倍。

四、栽培技术

(一) 播种

1. 播种

(1) 种子处理　杜仲种子只能保存0.5～1年，存放时间太长，便丧失了发芽力。杜仲果皮含有胶质，阻碍吸水，因此未处理的种子发芽率很低。播种前通常用下述方法处理，使种皮软化，提高发芽率。

① 将种子与干净河沙混匀，或分层放在木箱中，种子量多也可露地挖坑，仿照前法堆放。河沙应保持湿润，以捏之成团而无水渗出为宜，经15～20天，种子露白即可播种。倘若播种期已到，多数种子尚未露白，可用20℃温水浸种36h，每隔12h换水1次，捞出晾干再播。

② 先用60℃热水浸种，不停搅拌，待水冷却后，再用20℃温水浸泡2～3天，每天换

水 2 次，捞出晾干再播。

③ 先用清水浸泡种子 2～3 天，捞出与沙混匀堆放，覆盖塑料布，待种子露白后播种。

(2) 播种时间　春播 2 月下旬至 3 月中旬进行；秋播 11 月份进行，播后浇水。

(3) 圃地选择　苗圃宜以向阳、肥沃、疏松、微酸性到中酸性壤土或沙质壤土为好。春播于冬前深翻土地，冬后施入基肥，每亩施腐熟的厩肥 2000kg，草木灰 150kg，与土混匀，整细、耙平、作苗床，床高 15～20cm，宽 1m，长 10～15m，四周修好排水沟。

(4) 播种方法　一般采用条播，行距 20～25cm，播种沟深 2～4cm，将处理过的种子均匀撒入，每亩用种 8～10kg，覆盖 1～2cm 疏松肥沃的细土，浇透水盖上草。每 1kg 种子 12400 粒左右，发芽率按 60%计算，可出苗 7440 株左右。

2. 用种量

每亩用种量为 8～10kg。

(二) 田间管理

1. 土壤管理

新栽植杜仲园，做好土地平整。山坡地挖好鱼鳞坑或等高梯田，并留 1.5m 营养带。营养带冬季深翻风冻，中耕蓄水保墒，增加土壤通透性和提高地温，以改良土壤理化性能。

2. 施肥

(1) 基肥　秋冬（10 月份至翌年 3 月份）以施有机肥为主，方法是在树冠投影区树干两侧挖平行沟，宽、深各为 40cm，长度不限。每株成龄结果树施基肥 50～70kg，第 2 年施肥挖沟应挖树干另外两侧，隔年轮换。

(2) 追肥　以萌芽期、坐果期为主追肥 2 次，每株追施人粪尿 20kg 或有机复合肥 1～2kg。

叶面喷肥结合治虫或单独进行。4 月下旬至 8 月中旬可进行 2～3 次 3‰的磷酸二氢钾、5‰尿素溶液叶面施肥。

3. 灌溉

(1) 灌溉时间　杜仲树萌芽期、花期和果实膨大期为重要需水期，应各浇水 1 次，但其他生长时期当土壤干旱、杜仲树出现萎蔫时应及时灌溉。

(2) 灌溉方法　分喷灌、畦灌、沟灌、株灌几种。

4. 整形修剪

(1) 整形

① 主干疏层形：有明显中心干，全树留 5 个主枝，分两层着生在中心干上。

② 多主枝自然圆头形：中心干错落着生 4～6 个主枝，不分层，斜上方自然生长。

③ 自然开心形：无中心领导干，3～4 个主枝均匀辐射四方，主枝上着生 2～3 个侧枝。

(2) 修剪

① 幼树期：一般为定植后 1～5 年。幼树修剪要注重各级骨干枝培养，加速树冠的形成和树形的造就。夏季摘心、拉枝、别枝。冬季疏除、长放。

② 生长结果期：一般为 5～8 年。主要是开张角度，疏除直立枝、过密枝，辅以环割。

③ 盛果期：一般为 8～15 年，采用对老结果枝组留基部 2 个主芽回缩，萌生芽头摘心，培养新枝组，控制利用结长枝，疏除无用枝和病虫枝，短截更新下垂枝为主要方法，使结果枝群老、中、青合理配置，主体结果。

④ 结果更新期：一般在 15 年以后。中、小型枝组进行一次更新，即从基部剪除，刺激隐芽萌发新芽头培养新枝组。大型枝组分 2～3 次更新。

五、病虫害及其防治

（一）病害

1. 立枯病

（1）危害　多发生在低温高湿和土壤黏重、苗过密、揭草过晚的苗床内。幼苗倒伏。

（2）防治方法　整地时每亩撒7～10kg的硫酸亚铁粉或喷洒40%甲醛溶液3kg，然后盖草，进行土壤消毒；播种时，每亩用50%多菌灵2.5kg与细土混合后撒在苗床上或播种沟内；发病期间，用50%多菌灵1000倍液浇灌。

2. 根腐病

（1）危害　一般于6～8月份多雨时易发生。为害根部。宜选择地势高、排水良好、土壤疏松的地块作苗圃。

（2）防治方法　发病初期用50%硫菌灵1000倍液浇灌。

3. 叶枯病

（1）危害　为害叶片，严重时叶片枯死。

（2）防治方法　清洁田园；生长期喷1∶1∶100波尔多液。

（二）虫害

1. 地老虎

（1）危害　咬食幼茎幼芽，是苗圃中危害严重的地下害虫。

（2）防治方法　及时除草，减少产卵场所和幼虫食料，利用它喜食的杂草，堆放圃地进行诱杀，三龄幼虫喷80%敌百虫800～1000倍液。

2. 刺蛾

（1）危害　有黄、青、扁刺蛾3种，幼虫蚕吃叶片。

（2）防治方法　人工消灭虫茧，幼虫喷洒80%敌百虫800倍液或青虫菌粉（每1g含孢子100亿个）5000倍液，加少量敌百虫。

3. 褐蓑蛾

（1）危害　幼虫啃食叶片，并吐丝附着枯枝做成袋囊，藏于其中。

（2）防治方法　每7～10天喷1次80%敌百虫800倍液。

4. 木囊蛾

（1）危害　幼虫孵化后，蛀食树皮，并蛀入韧皮部形成层和木质部，形成空洞，使树势衰弱，以致树干折断而死。

（2）防治方法　清除被害木，消灭越冬幼虫，用40%乐果乳剂400～800倍液喷杀幼虫，也可用蘸有敌敌畏原液的棉花塞入虫孔，再用泥封口。

5. 豹纹木蚕蛾

（1）危害　幼虫蛀害枝干，致使树势衰退。

（2）防治方法　冬季清洁田园；6月初，在成虫产卵前，用涂白剂涂刷树干；幼虫孵化期，在树干上喷洒40%乐果乳剂400～800倍液。

六、收获

（一）采收、加工

1. 采收

剥皮年限以树龄15～25年较为适宜，剥皮时期宜在4～6月份树木生长旺盛时期，树皮容易剥落，也易于愈合再生。具体采收方法主要有以下几种。

① 部分剥皮：即在树干离地面10～20cm以上部位交错地剥落树干周围面积1/4～1/3的树皮，每年可更换部位，如此陆续局部剥皮。

② 砍树剥皮：多在老树砍伐时采用，于齐地面处绕树干锯一环状切口，按商品规格向上再锯第2道切口，在两切口之间纵割环剥树皮，然后把树砍下，如法剥取，不合长度的和较粗树枝的皮剥下后作碎皮供药用。茎干的萌芽和再生能力强，砍伐后在树桩上能很快萌发新梢，育成新树。

③ 大面积环状剥皮：于6～7月份高温湿润季节（气温25～30℃，相对湿度80%以上），在树干分枝处以下离地面10cm以上，大面积环状剥取树皮。只要善于掌握剥皮的适宜时期和剥皮技术，环剥部位的维管形成层及木质部母细胞可重新分裂，使新皮再生。所以，剥皮时不要损伤木质部，并尽量少损伤形成层，则树可保持成活。2～3年后，树皮可以长成正常厚度，能继续依法剥皮。此外，采叶入药时，可选5年生以上树，在10～11月间叶将落前采摘，去叶柄后，晒干即成，折干率约3∶1。

2. 加工

树皮采收后用沸水烫泡，展平，将皮的内面两两相对，层层重叠压紧，上下四周围草，使其“发汗”，约经1周，内皮呈暗紫色时可取出晒干，刮去表面粗皮，修切整齐即可。折干率（1.5～2）∶1。

（二）分级

1. 杜仲雄花

一级：花蕊整齐，无其他杂物，无花粉泄漏现象，无雨淋现象。

二级：花蕊整齐，无其他杂物，无花粉泄漏现象。

三级：花蕊较整齐，无其他杂物，无花粉泄漏现象。

2. 杜仲籽

一级：完全成熟，籽仁饱满，大小均匀，色泽一致，无其他杂物，无霉变现象。

二级：完全成熟，籽仁饱满，大小较均匀，色泽较一致，无其他杂物，无霉变现象。

三级：完全成熟，籽仁饱满，无其他杂物，无霉变现象。

3. 杜仲叶

一级：叶片大小一致，色泽一致，不发黑，无霉变。

二级：叶片大小较一致，色泽较一致，不发黑，无霉变。

三级：叶片色泽一般，不发黑，无霉变。

4. 杜仲皮

一级：宽度30cm以上，厚度4mm以上，无霉变现象。

二级：宽度15～30cm，厚度2～4mm，无霉变现象。

三级：宽度15cm左右，厚度2mm左右，无霉变现象。

> **小知识：**杜仲是著名中药材，药用部位是树皮。此药材在市场上缺少，导致自然资源大量破坏，而杜仲又是我国特有单属科、单种属植物，在植物分类系统学的研究中具有重要意义，已被定为国家二级保护植物。

黄 柏

黄柏原植物为芸香科植物黄皮树 *Phellodendron chinense* Schneid. 和黄檗 *Phellodendron. amurense* Rupr.，干燥树皮入药，中药名黄柏，别名黄蘗、蘗木、黄坡椤、黄菠萝。

前者习称川黄柏，后者习称关黄柏。有清热解毒，泻火燥湿等功效；清下焦湿热、泻火，治湿热引起的泻痢、黄疸、小便淋沥涩痛、黄疸、赤白带下、痔疮便血、热毒疮疡、湿疹及阴虚火旺引起的骨蒸劳热、目赤耳鸣、盗汗、口舌生疮等，并有抑菌作用。

关黄柏分布于东北、华北及宁夏等地；川黄柏分布于陕西、甘肃、湖北、广西、四川、贵州、云南等省区。

黄柏木质细腻，是建筑和制作家具的上等原料，可以说黄柏是药木两用植物。目前黄柏野生资源严重缺乏，被列为国家一级重点保护植物，人工栽培前景广阔。

一、形态特征

（一）川黄柏

落叶乔木，高10～12m。川黄柏植株形态见图5-4。树皮分内外层，外层灰褐色，甚薄，无加厚的木栓层，内皮黄色。叶对生，奇数羽状复叶，小叶通常7～15片，长圆形至长卵形，先端渐尖，基部平截或圆形，上面暗绿色，仅中脉被毛，下面浅绿色，有长柔毛。花单性，淡黄色，顶生圆锥花序。花瓣5～8，雄花有雄蕊5～6枚，雌花有退化雄蕊5～6枚，雌蕊1枚，子房上位，柱头5裂。浆果状核果肉质，圆球形，黑色，密集成团，种子4～6粒，卵状长圆形或半椭圆形，褐色或黑褐色，花期5～6月份，果期6～10月份。

（二）关黄柏

与川黄柏的主要区别为树具有加厚的木栓层。小叶5～13片，卵状披针形或近卵形，边缘有个明显的钝锯齿及缘毛。花瓣5；雄蕊5；雌花内有退化雄蕊呈鳞片状。花期5～7月份，果期6～9月份。

图5-4 川黄柏植株形态
1—叶；2—果枝

二、生物学特性

（一）生长特性

黄柏种子的种皮具骨质，故特别坚硬，水分和氧气难以透入种内，致使种胚休眠。除随采随播（秋播）或冬播外，春播一定要层积催芽，否则当年发芽率仅20%左右，大部分种子需要到翌春才能发芽。

黄柏萌蘖性不强。砍伐后的树桩萌生能力较弱，而萌发的芽也多数死亡，但侧枝萌芽力强，且生长速度比结果枝快。侧枝一砍伐，当年萌枝可长70cm，次春于枝端二歧分枝，如此继续下去，3年可达135cm，5年可达210cm。

成年树上的结果枝每年增长14～22cm，枝端开花结果后，次年于侧芽对生分枝，3年枝仅长52cm。

黄柏生长较缓慢。5年生的植株，最高达183.3cm，地径（距地面10cm处）17.1mm；最低153.4cm，地径13.6mm。一般8年生开花结果，15年进入剥皮期。寿命较长，100年生大树，高达20m，胸径25cm以上，还能正常生长。

黄柏树皮随树龄增大而增厚。如20年生树，胸径12.9cm，树皮厚4.2mm；25年生树胸径达15.8cm，皮厚5mm，但到50年后，树皮增厚则十分缓慢。

黄柏树皮可进行环剥，再生新皮生长较快。据四川中药学校测定，剥皮后生长180天的再生新皮可增厚0.9mm，生长5年的再生新皮，皮厚可达1.2mm。

黄柏根系可塑性大，在一般情况下，根系壮大，有主根，但入土不深，仅80cm左右，侧根一般分布在20～30cm处。如土壤瘠薄，则主根短，侧根发达，其长度可达3～4m。在肥沃深厚的沙质壤土上，主、侧根发达，主根可深入1m以下的土层里，侧根则密布于15～25cm的土层间，上面侧根较粗，下面侧根较细，整个根系呈圆锥状。

黄柏于3月下旬展叶，5月中旬开花，9月下旬果熟，10月上旬落叶。春季发芽晚，秋季落叶早，年生育期仅200天左右。

（二）适生条件

黄柏适应性强，高山、低山均可生长，但以高山生长为好。性喜凉爽湿润气候，耐寒。野生的一般分布在海拔1000～1800m的常绿和落叶阔叶混交林中，但因不合理的开发多遭受破坏，现已濒于灭绝。

黄柏为阳性树种，幼年较耐阴，随着树龄和树体的增大，则耐阴性减弱就不能在密闭的林冠下生长。

黄柏要求一定的土壤条件。它最适宜在平缓山谷呈弱酸性反应、富含腐殖质、土层深厚的沙质土壤上生长；在山麓和山腰土层深厚含有少量粗石沙土的地方也生长较好；但在土壤瘠薄、水分不足或土质过于黏重的地方则生长不良。

三、栽培技术

（一）播种

生产中多采用种子育苗，也可用萌芽更新及扦插繁殖。10月下旬，黄柏果实呈黑色，种子即已成熟，采后堆放于房角或木桶内，盖上稻草，沤10～15天后放簸箕内用手搓脱粒，把果皮捣碎，用筛子在清水中漂洗，除去果皮杂质，捞起种子晒干或阴干，存放在干燥通风处供播种用。秋播或春播，如春播种子需经沙藏冷冻处理，沙子和种子的比例为3∶1，为了保持一定湿度，少量种子沙藏后可装入花盆埋入室外土内。种子多时可挖坑，深度30cm左右，把种子混入沙中装入坑内，覆土2～3cm，上面再覆盖一些稻草或杂草。秋播可在11～12月间或封冻前进行。第2年春季出苗。春播3～4月份，播种宜早不宜迟。否则出苗晚，幼苗遇到气温高的季节，多生长不良。育苗地每亩施厩肥2500～5000kg。育苗时在已做好的畦面按30～45cm距离横向开沟，深1cm左右，南方在沟内施稀人粪1500～2000kg/hm^2，然后将种子均匀撒入沟内。播完后用熏土和细土混合盖种，厚0.5～1cm，稍加镇压，浇水，再盖一层稻草或地面培土1cm，以保持土壤湿润，在种子发芽未出土前，除去覆盖物，摊平培高的土，以利出苗。每亩用种量为2～3kg。

（二）田间管理

1. 间苗、定苗

苗齐后应拔除弱苗和过密苗。一般在苗高7～10cm时，按株距3～4cm间苗，苗高17～20cm时，按株距7～10cm定苗。

2. 中耕除草

一般在播种后至出苗前除草1次，出苗后至郁闭前中耕除草2次。定值当年和发后2年内，每年夏秋两季，应中耕除草2～3次，3～4年后，树已长大，只需每隔2～3年在夏季中耕除草1次，疏松土层，并将杂草翻入土内。

3. 追肥

育苗期，结合间苗中耕除草应追肥2～3次，每次每亩施人畜粪水2000～3000kg，夏季在封行前也可追施1次。定植后，于每年入冬前施1次农家肥，每株沟施10～15kg。

4. 排灌

播种后出苗期间及定植半月以内，应经常浇水，以保持土壤湿润，夏季高温也应及时浇水降温，以利幼苗生长。郁闭后，可适当少浇或不浇。多雨积水时应及时排除，以防烂根。

四、病虫害及其防治

(一) 病害

1. 锈病

(1) 危害　锈病是危害黄柏叶部的主要病害，病原是真菌中的一种担子菌，学名 *Coleosporium phellodendri* Kam。发病初期叶片上出现黄绿色近圆形边缘不明显的小点，发病后期叶背成橙黄色微突起小疱斑，这就是病原菌的夏孢子堆，疱斑破裂后散出橙黄色夏孢子，叶片上病斑增多以至叶片枯死。根据文献报道，本病在东北一带发病重，一般在5月中旬发生，6～7月份危害严重，时晴时雨有利发病。

(2) 防治方法　发病期喷敌锈钠400倍液或0.2～0.3°Bé石硫合剂或50%二硝散200倍液，每隔7～10天1次，连续喷2～3次。

2. 轮纹病

(1) 危害　危害叶片，6～8月份发生。发病初期叶片上出现近圆形病斑，暗褐色，有轮纹；后期病斑上生小黑点。

(2) 防治方法　发病期可用1∶1∶160的波尔多液或65%代森锌500倍液，每隔5～7天喷1次，连喷2～3次。

3. 霜霉病

(1) 危害　危害叶片。7～8月份发生。发病时叶片正面病斑褐色，呈多角形或不规则形，病叶背面生白色霜状物。

(2) 防治方法　主要是针对1～3年幼树，病情严重时，可喷施58%瑞毒霉可湿性粉剂500～800倍液防治。

(二) 虫害

1. 地老虎

(1) 危害　危害幼苗。常4～5月份发生严重。

(2) 防治方法　可在清晨捕杀；用90%晶体敌百虫800倍液浇灌。

2. 桔黑黄凤蝶

(1) 危害　又名凤蝶，属鳞翅目凤蝶科。幼虫危害黄柏叶，5～8月份发生。

(2) 防治方法

① 在凤蝶的蛹上曾发现大腿小蜂和另一种寄生蜂寄生，因此在人工捕捉幼虫和采蛹时把蛹放入纱笼内，保护天敌，使寄生蜂羽化后能飞出笼外，继续寄生，抑制凤蝶发生。

② 在幼虫幼龄时期喷90%敌百虫800倍液，每隔5～7天1次，连续喷1～2次。

③ 幼虫三龄后喷含菌量100亿个的青虫菌300倍液，每隔10～15天1次，连续2～3次。

3. 蛞蝓

(1) 危害　苗期为害，舔食叶、茎和幼芽。

(2) 防治方法　发生期用瓜果皮或蔬菜诱杀；早、晚喷撒石灰粉或喷1%～3%石灰水防治。

4. 牡蛎蚧

(1) 危害　危害树皮。群栖于树干和树枝的表皮，致使植株发育不良，甚至枯死。

（2）防治方法　可在4～7月份喷16～18倍的松脂合剂或喷20～25倍的机油乳剂，每隔7～10天喷1次，连喷3～4次。

5. 蚜虫

（1）危害　危害嫩茎、叶。以成虫、若虫吸食茎叶汁液，严重者造成茎叶发黄。

（2）防治方法　发生期喷40％乐果乳油1500～2000倍液或20％氰戊菊酯乳油1500～2000倍液，每7～12天喷1次，连喷2～3次。

五、收获

（一）采收、加工

定植后10～15年可以收获。收获宜在5～6月间进行，此时植株水分充足，有黏液，容易将皮剥离，先砍倒树，按长60cm左右依次剥下树皮、枝皮和根皮。树干越粗，树皮质量越好。

也可采用不砍树，只纵向剥下一部分树皮，以使树木继续生长，即先在树干上横切一刀，再纵切剥下树皮，趁鲜刮去粗皮，至显黄色为度，在阳光下晒至半干，重叠成堆，用石板压平，再晒干。

黄柏打捆包装储运，放通风干燥处，防受潮发霉和虫蛀。

（二）分级

品质规格以身干、鲜黄色、粗皮去净、皮厚者为佳。

厚　朴

厚朴原植物为木兰科植物厚朴 *Magnolia officinalis* Rehd. et Wills. 和凹叶厚朴 *Magnotia biloba*（Rehd. et wils）Cheng.，以干燥树皮和根皮入药，中药名称厚朴。厚朴又名川厚朴，凹叶厚朴又名庐山厚朴、温朴等。具温中、下气、燥湿、消痰功效。其花及果实也可入药，具理气、化湿功效。厚朴材质轻软细致，为板料、家具、细木工等优良用材；种子含油量35％，可供制皂。厚朴叶大浓荫，花大洁白、干直枝疏、树态雅致，可观赏。

厚朴主产于四川、湖北、陕西、湖南等省；凹叶厚朴主产于浙江、江西、安徽、江苏、湖南等省。

一、形态特征

（一）厚朴

落叶乔木，树高15～20cm。厚朴植株形态见图5-5。树干通直，树皮灰棕色，具纵裂纹，内皮紫褐色或暗褐色。顶芽大，小枝具环状托叶痕。单叶互生于枝顶端，椭圆状倒卵形，长15～30cm，宽8～17cm，顶端有凹缺或成2钝圆浅裂片，基部楔形，叶缘微波状，叶背面有毛及白粉；叶柄较粗。花大，白色，与叶同时开放，单生枝顶；花被9～10片，肉质；雄蕊多数，螺旋排列；心皮多数，螺旋排列于花托上。聚合蓇葖果，圆柱状椭圆形或卵状椭圆形。种子红色，三角状倒卵形。花期4～5月，果熟期10～11月。

图5-5　厚朴植株形态
1—花枝；2—雄蕊和雌蕊；3—果实；4—树皮

(二) 凹叶厚朴

形态特征与上种相似，主要区别为：为乔木或灌木；叶片倒卵形，先端2圆裂，裂深可达2～3.5cm。花期3～4月份，果熟期9～11月份。

二、生物学特性

(一) 生长特性

厚朴种子的外种皮富含油脂，内种皮厚而坚硬，水分不易渗入，阻碍种子萌发。因此，春播前需进行预处理才能及时发芽。否则需经1年以上才出苗，而且出苗率不高。种子寿命可保持2年左右。

厚朴萌蘖力强，故常出现萌芽而形成多干条现象，影响主干的形成与生长，尤以凹叶厚朴为甚，如其主干被折断，会形成灌木状。

厚朴生长速度较快，凹叶厚朴更快。10年生凹叶厚朴成年树平均树高7.3～9.7m，最高达11.5m；而厚朴10年生树平均树高仅5m左右，最高不超过7m。但10年生以上树高的增长较缓慢。如凹叶厚朴25年生以上平均树高仅15m左右，50年生树平均树高不超过20m；而厚朴增长高度则更低。厚朴寿命较长，100年以上老树仍能开花结果。

凹叶厚朴进入成年期比厚朴早，前者5年生树龄就能开花，而后者则需8年以上才现蕾，现蕾后孕果与否与海拔高度有密切关系，如生长在海拔800～1700m的地方能正常开花结果，超过1700m只开花不结果。

(二) 环境条件

厚朴性喜温暖、潮湿、雨雾多的气候，能耐寒，绝对最低气温在－10℃以下也不受冻害。怕炎热，在夏季高温达到35℃以上的地方栽培，生长极为缓慢。凹叶厚朴喜温暖湿润环境，也能耐寒，但不及厚朴，如海拔超过1000m，则生长缓慢。能耐炎热，在气温高达40℃的情况下还生长正常，只是在低海拔地区生长，病虫害多，需加强防治。

厚朴为阳性树种，但幼苗怕强光高温，因此，在苗圃育苗时应予适当遮阴，免受日灼高温为害。幼林较耐阴，成年树要求阳光充足，如遇荫蔽，则生长不良。

厚朴主根较粗大，深入土层达1m左右，侧根发达，多分布在10～30cm深的表土层里，在疏松、深厚、肥沃、湿润的土壤上，幼树年生长量最高可达60～70cm；在土壤瘠薄的地方生长较差，年生长量在30～40cm。厚朴对土壤的适应性较强，只要不是强酸性或强碱性的土壤均可生长，但以微酸性至中性土壤为好。

三、栽培技术

(一) 播种

9～11月份果实成熟时，采收种子，趁鲜播种，或用湿沙贮放至翌年春播种。

1. 种子处理

可采用以下几种方法对种子进行处理。

① 浸种48h后，用沙搓去种子表面的蜡质层。

② 浸种24～48h，盛竹箩内在水中用脚踩去蜡质层。

③ 浓茶水浸种24～48h，搓去蜡质层。

2. 播种

条播为主，行距为25～30cm，粒距5～7cm，播后覆土、盖草。

也可以采用撒播。一般3～4月份出苗，1～2年后当苗高30～50cm时即可移栽，时间在10～11月份落叶后或2～3月份萌芽前，每穴栽苗1株，浇水。

3. 用种量

每亩用种量为15～20kg。

（二）田间管理

1. 间作

在栽植当年至郁闭前，行间可间作豆类、玉米、蔬菜以及1～2年生中药材，以短养长，增加效益，促进厚朴生长发育。

2. 中耕除草

栽植后头3年内，每年至少中耕除草2次。分别于春季和秋季，可结合间作物进行。当幼林郁闭后，不能间种，每隔1～2年中耕培土1次，深度约10cm，避免过深挖伤根系。杂草翻压土中作肥料。

3. 特殊管理

对15年以上的厚朴，于春季可在树干上用利刀将树皮斜割2～3刀，深达木质部，使养分积聚，树皮增厚，割后4～5年即可剥皮。

四、病虫害及其防治

（一）病害

1. 叶枯病

（1）危害　为害叶片。

（2）防治方法　清除病叶；发病初期用1∶1∶100波尔多液喷雾。

2. 根腐病

（1）危害　苗期易发，为害根部。

（2）防治方法　发病初期用50%托布津1000倍液浇灌。

3. 立枯病

（1）危害　苗期多发，幼苗倒伏。

（2）防治方法　整地时每亩撒7～10kg的硫酸亚铁粉或喷洒40%甲醛溶液3kg，然后盖草，进行土壤消毒；播种时，每亩用50%多菌灵2.5kg与细土混合后撒在苗床上或播种沟内；发病期间，用50%多菌灵1000倍液浇灌。

（二）虫害

1. 褐天牛

（1）危害　幼虫蛀食枝干。

（2）防治方法　捕杀成虫；树干刷涂白剂防止成虫产卵；用80%敌敌畏乳油浸棉球塞入蛀孔毒杀。

2. 褐边刺蛾和褐刺蛾

（1）危害　幼虫咬食叶片。

（2）防治方法　可喷90%敌百虫800倍液或Bt乳剂300倍液毒杀。

3. 白蚁

（1）危害　为害根部。

（2）防治方法　可用灭蚁灵粉毒杀；或挖巢灭蚁。

五、收获

（一）采收、加工

1. 采收

选择20～25年生厚朴采剥树皮，一般于5～6月份进行。剥皮后，自然成卷筒形。

2. 加工

（1）烘干　树皮层叠整齐，放在木甑里，以少量花椒、白矾和水蒸煮，待蒸到木甑上蒸气均匀后，取出堆于阴凉处，盖上杂草或棉絮，使其“发汗”12～24h，再取出两端用麻绳捆好，再用炭火烘干即成产品。

（2）晾干　厚朴皮放在通风处风干或先用开水烫至发软后，取出堆积“发汗”，然后晾晒干透。以室内风干为最佳，油分足，味香浓。一般经“三伏”天后，充分干燥，打捆即成产品。

（二）分级

1. 树皮

以皮细、内面色棕、油性足、断面有小亮星、气味浓厚者为佳。

2. 花

以含苞未放、干透、柄短、色棕红、完整、无霉烂、无虫蛀、香气浓者为佳。

【本章小结】

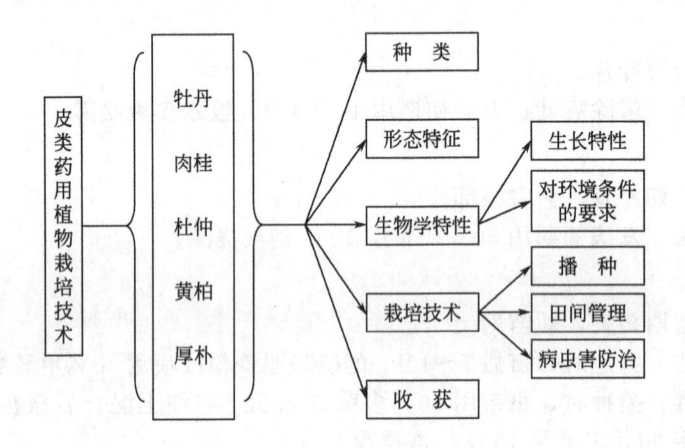

【复习思考题】

1. 牡丹是怎样栽培的？牡丹的病虫害怎样防治？
2. 牡丹皮何时采收？怎样加工？
3. 肉桂如何采收、加工和储藏？
4. 怎样提高杜仲种子的发芽率？
5. 怎样做大面积环状剥皮和保护新皮再生？
6. 黄柏怎样进行育苗？怎样进行活树剥皮？
7. 厚朴定植后如何管理才能提高树皮的质量和产量？
8. 厚朴怎样进行正常剥皮，怎样活树剥皮？厚朴剥皮后怎样加工？

模块六　花类药用植物栽培技术

【学习目标】

了解主要花类药用植物的生物学特性和栽培特点，掌握忍冬、食用菊、黄花菜、食用玫瑰、番红花等花类药用植物的高产、优质栽培技术。

忍　冬

忍冬 *Lonicera japonica* Thunb. 为忍冬科忍冬属半常绿灌木植物，同属的还有红腺忍冬、山银花及毛花柱忍冬。常以未开放的花蕾和藤叶入药，药材名分别为金银花和忍冬藤。金银花又名金花、银花、双花、二花等，味甘，性寒；具有清热解毒，散风消肿的功效，主治风热感冒、咽喉肿痛等病症。

忍冬主产于山东（称东银花）、河南（称南银花）等省，以山东产的品质为最佳，全国大部分地区均有产。红腺忍冬主产浙江、江西、福建、湖南、广东、广西、四川等省区。山银花主产广东、广西、云南等省区。毛花柱忍冬主产广西。

忍冬喜温暖湿润、阳光充足的气候，适应性很强。富有观赏性及药用功能的变种或品种有红花金银花、白花金银花、黄脉金银花、紫脉金银花、四季金银花等。

一、形态特征

属半常绿灌木，高达9m左右。忍冬植株形态见图6-1。茎细，多分枝，中空，幼时密被黄褐色柔毛和腺毛。单叶对生，叶片卵形至长卵形，全缘，嫩叶有短柔毛。花成对，腋生，两性，初开时花一大一小，并蒂，先白色后变为黄色，偶见叶状苞。花萼绿色，先端5裂，裂片有毛，长约2mm。开放者花冠筒状，先端二唇形；雄蕊5，附于筒壁，黄色；雌蕊1，子房无毛。气清香，味淡、微苦。浆果球形，成熟时黑色，种子4～7粒。花期5～9月份；果期8～10月份。

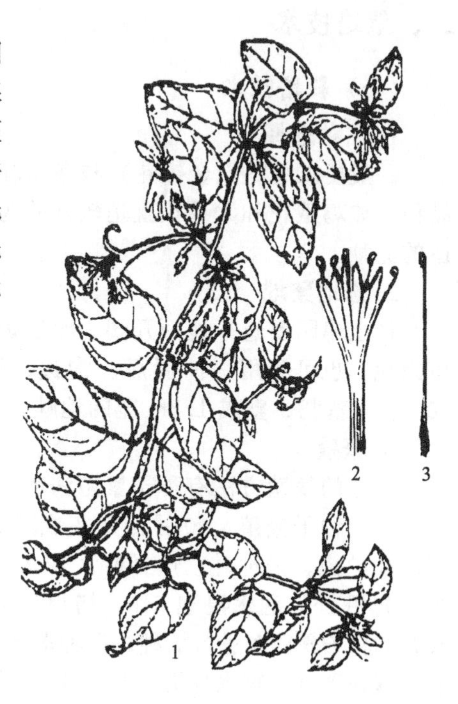

图6-1　忍冬植株形态

1—叶；2—雄蕊；3—雌蕊

二、生物学特性

（一）生长习性

1. 气候、土壤

忍冬生活力很强，适应范围较广，耐寒、耐热、耐旱，在四川及重庆各地高山、平坝、丘陵等地都能正常生长。喜向阳，在阴凉处生长不良。

2. 开花习性

在当年早春抽出的新枝上孕蕾开花。每年开花2次：第1次5～6月份，第2次8～9月份。第1次花多，第2次只有极少。花蕾开始为淡绿色，后为白色；开花初呈白色，后变为金黄色。

忍冬年生长发育阶段可分为6个时期，即萌芽期、新梢旺长期、现蕾期、开花期、缓慢生长期和越冬期。

(1) 萌芽期　植株枝条茎节处出现米粒状绿色芽体，芽体开始明显膨大，伸长，芽尖端松弛，芽第1对和第2对叶片伸展。

(2) 新梢旺长期　日平均气温达16℃，进入新梢旺长期，新梢叶腋露出花总梗和苞片，花蕾似米粒状。

(3) 现蕾期　果枝的叶腋随着花总梗伸长，花蕾膨大。

(4) 开花期　从5月中旬至9月底，产量主要集中于5～6月份。

(5) 缓慢生长期　植株生长缓慢，叶片脱落，不再形成新枝，但枝条茎节处出现绿色芽体，主干茎或主枝分支处形成大量的越冬芽，此期为贮藏营养回流期。

(6) 越冬期　当日平均温度在3℃时，生长处于极缓慢状态，越冬芽变红褐色，但部分叶片不凋。由于各地气候条件不同，忍冬的生育期有较大差别。

(二) 对环境条件的要求

忍冬最佳适种区域是北纬32°～35°，东经105°～110°，海拔600～1200m的山地、丘陵和平原；对土壤要求不严，特别适于pH值在5.5～7.8之间、土质疏松肥沃、排水良好的泥沙土；对光、热、湿度条件要求也不高，只要满足年均光照时数在1300～1800h，年均降水量在1000mm左右，即可生长良好。灌溉水质条件只要达到国家农田灌溉水质标准，即旱作农业的情况下，水质pH值在5.5～8.5之间，总砷、铬、铅的含量均不超过0.1mg/t，铜的含量≤1mg/t；忍冬生长环境的大气必须保证无污染、无毒害、无工业三废及垃圾场所。

总之，忍冬耐寒、耐旱、耐涝，平原、山区均能栽培，对土壤要求不严，根系密，萌蘖性强，荒坡、堤坝、田埂、房前屋后、庭院围篱边均可种植，还可缸栽盆养，制作树桩盆景。

三、栽培技术

(一) 栽培技术

1. 品种选择

一般要求忍冬（金银花）枝条粗壮，结构合理，开花次数多、花量多、质优、产量高的品种。如鸡爪花和大毛花就是较好的药栽品种。当然，各地也要根据当地的栽培条件选择合适的品种。

2. 选地整地

择土建园要选择地面开阔、土层疏松、排灌方便、富含腐殖质的沙质壤土地块。作为栽植园地，也可利用房前屋后、沟边、池塘边等零星地块，进行深翻改土，每亩施农家肥500kg为基肥，整成1.2m宽的地畦。

3. 繁殖

忍冬的繁殖方法有种子繁殖法和无性繁殖法。

(1) 种子繁殖　10月份果实成熟后，采集装入纱布袋中揉碎，洗去果肉，捞出种子阴干层积贮藏。采种时宜选择叶大花大、品质优良、无病虫害的优良品种。春季4月上旬播种，先用25℃温水浸泡24h，捞出后与湿沙混匀，室温下催芽，每天搅拌1次，待30%～40%的种子露白时进行播种。播种多开沟条播，每亩用种量为1.5kg左右。播后覆细土2cm左右，覆盖稻草，喷水保温。10天后出苗，除去覆盖物，每天喷水。苗高10cm左右时喷施杀菌剂防治立枯病。注意经常松土中耕，适当追肥、摘心。翌年春定植，一般采用行距150～180cm、株距100～120cm。

(2) 扦插繁殖　选取健壮、无病虫害、优良品种母株上的1～2年生枝条，长20cm左右，留顶部至2～3片叶，将下端切成斜口，插入基质中2/3左右，踏实浇透水。20天左右即可生根长芽，当年深秋或翌年春季可出圃定植。若用低浓度吲哚乙酸（500mg/kg）浸泡一下插口，可提高成活率。

(3) 压条繁殖　选取健壮的1年生枝条，将有节处割伤弯曲埋入土中固定，枝梢露出地面。长出新根后，即可截离母体，单独定植。

(4) 分株繁殖　于冬末春初、萌动前挖取母株进行分株。分株时根系修剪至50cm，地上基段修剪至30cm，挖穴栽植或盆栽，每穴或每盆3株，第2年即可开花。

(二) 田间管理

1. 除草

中耕除草可以抑制杂草、疏松土壤、提温保湿。一般移栽后前3年每年中耕除草2～3次，发新叶时进行第1次，7～8月份进行第2次，秋末冬初霜冻前进行第3次。从第4年起只在早春、秋末冬初各进行1次。中耕时，在植株周围浅松土，以免伤根，要防止根系露出地面，并培土以保护植株，尤其是冬季。

2. 追肥

忍冬是多年生、多次开花的植物，应一年多次施肥，至少一年施2次肥料。第1次在每年秋末，以农家肥和磷肥、饼肥为好。做法是将花墩周围30cm的土壤深翻，每墩施入土杂肥5～10kg或化肥50～100g，有条件加施0.1kg过磷酸钙，整成四周高、中间低的凹槽形。山地的花墩施肥后，根据地形，将花墩整成鱼鳞坑或盆形，以利积蓄雨雪。同时可以清除花基部的枯枝落叶，剥去枝干栓皮，可减少来年病虫危害。第2次在头茬花采摘后，每株可施用农家肥5～10kg或化肥50～100g，以提高二茬花、三茬花的产量。可以视实际情况需要，每采摘一次花蕾施一次速效氮肥。施肥后要及时浇水。

3. 打顶与修剪

当年新抽枝能发育成花枝，打顶能促使多发新枝，达到枝多花多的目的。打顶的方法是：从母株长出的主干留1～2节，3节以上摘掉；以后从2级分支上长出的花枝一般不打顶，让其自然开花。一般节密、叶细的幼枝即是花枝，应保留；无花的生长枝节长，叶较大，枝条较粗，消耗养分应去掉。通过打顶使每一株都形成丛生的小灌木状，增大营养空间，促使大批花蕾提早形成，进而达到高产的目的。

修剪使树体有良好的立体结构，主次分明，占有最大的结实空间，这是提高忍冬产量的重要措施之一。药用忍冬的理想株形是矮小直立、分枝级数多的伞状小型灌木。其方法是：定植的1～2年生植株，培养主干高15～20cm，选留主干3～4个。主干发芽后也选取合适的主枝3～4个进行培养，然后再在20cm左右的主枝上培养侧枝3～5个。几年修剪后，干高30～40cm，株高达1.2m左右灌木状，通风透光好。每年冬季至萌芽前，剪去枯、老、细弱及过密的枝条，使其多发新枝条，多开花。剪枝后提高了树体各部位的光能利用率，减少了养分的消耗，提高了单株产量。

4. 设立支架

对藤蔓细长的品种，可架设1.7m高的篱状支架，枝条缠绕，且枝条分布均匀、生长良好。如果是灰毡毛品种，不用设支架。

四、病虫害及防治

(一) 病害

1. 白粉病

(1) 危害　危害忍冬叶片和嫩茎。叶片发病初期，出现圆形白色绒状霉斑，后不断扩大，连接成片，形成大小不一的白色粉斑。最后引起落花、凋叶，使枝条干枯。

(2) 防治方法

① 选育抗病品种。凡枝粗、节密而短、叶片浓绿而质厚、密生绒毛的品种，大多为抗病力强的品种。

② 合理密植，整形修剪，改善通风透光条件，可增强抗病力。

③ 用50%胶体硫100g，加90%敌百虫100g，加50%乐果15g，对水20kg进行喷雾，还可兼治蚜虫。

④ 发病严重时喷25%粉锈宁1500倍液或50%硫菌灵1000倍液，每7天1次，连喷3～4次。

2. 褐斑病

(1) 危害　危害叶片，夏季7～8月份发病严重，发病后，叶片上病斑呈圆形或受叶脉所限呈多角形，黄褐色，潮湿时背面生有灰色霉状物。

(2) 防治方法

① 清除病枝病叶，减少病菌来源。

② 加强栽培管理，增施有机肥料，增强抗病力。

③ 用0.005%井冈霉素液或1∶1.5∶200的波尔多液在发病初期喷施，每隔7～10天1次，连用2～3次。

3. 其他病害

其他病害如炭疽病，可用敌克松原粉500～1000倍液灌注；锈病，选用三唑酮药剂防治时可在50kg的药液中加50～100g洗衣粉作黏着剂。

(二) 虫害

1. 蚜虫

(1) 危害　4～5月份发生。导致叶和花蕾卷缩，枝条停止发育，造成严重减产。

(2) 防治方法　发病时开始喷施40%乐果乳油800～1500倍液或80%敌敌畏乳油2000倍液防治，连续2～3次，虫情严重可加大喷药次数。但采花前15～20天停止喷药，防止影响花的质量和残毒。

2. 叶蜂

(1) 危害　4～9月份发生。幼虫危害叶片，初孵幼虫喜爬到嫩叶上取食，从叶的边缘向内吃成整齐的缺刻，全叶吃光后再转移到邻近叶片。发生严重时，可将全株叶片吃光，使植株不能开花，不但严重影响当年花的产量，而且使次年发叶较晚，受害枝条枯死。

(2) 防治方法

① 发生数量较大时可在冬、春两季在树下挖虫茧，减少越冬虫源。

② 幼虫发生期喷90%敌百虫1000倍液或25%速灭菊酯1000倍液。

3. 红蜘蛛

(1) 危害　5～6月高温干燥气候有利其繁殖，种类很多，体微小、红色。多集中于植株背面吸取汁液。被害叶初期呈红黄色，后期严重时则全叶干枯。该虫害繁殖力很强，受其为害的药用植物也很多，除忍冬外还有三七、当归、地黄、酸橙、红花、川芎等。

(2) 防治方法

① 剪除病虫枝和枯枝，清除落叶枯枝并烧毁。

② 用30%螨窝端乳油1000倍液或5%克大螨乳油2000倍液或5%尼索郎乳油2000倍液或20%卵螨净可湿性粉剂2500倍液喷雾防治。

五、采收、加工和分级

(一) 采收标准

花蕾由绿色变白，上白下绿，上部膨胀，尚未开放。金银花开放的时间比较集中，为15天左右。因此适时采收是提高金银花产量和质量及保证花的药用品质的关键。一般于5月中下旬采头茬花，以后每隔1个月采二茬花、三茬花。一天之内，以清晨至上午9时前所采的花蕾质量最佳，折干率高，花香气浓，色泽鲜艳，且不会损伤未成熟的花蕾。采收时盛具要通风透气，采摘花时要轻摘轻放，不要用手压。为保证花的药用品质性能，采后的鲜花应及时加工干燥。

(二) 加工方法

分日晒、烘干和熏蒸干燥几种方法。日晒即将鲜花平摊在干净席箔或石板、水泥地上，厚度视阳光强弱可在2cm左右。置阳光下暴晒，未干前不能淋雨或翻动，否则会变黑。当干花捏而有声、抓而即碎就可以贮存了；烘干加工在烘干室进行，房内设分层烘架，底部放加热装置。把室温加热到30℃，将鲜花放在竹筐上，摊花厚度不超过1cm，上架烘干可热到55℃，几经排潮和密闭门窗直至烘干。烘干过程要连续进行，一烘而干，中途不能停烘或随意翻动。也可先轻晒后再烘至足干。

(三) 分级

一等：干货，花蕾呈棒状，上粗下细，略弯曲。表面绿白色，气清香，味甘微苦，无开放花朵，破裂花蕾及黄条不超过5%。无黑头、黑条、枝叶、杂质、虫蛀、霉变。

二等：干货，黑头、破裂花蕾及黄条不超过10%。余同一等。

三等：干货，开放花朵、黑头、黑条、破裂花蕾及黄条不超过30%。余同一等。

四等：干货，花蕾及开放花朵兼有。色泽不分。枝叶不超过3%。余同一等。

食用菊

食用菊是菊科菊属多年生草本植物，为大宗常用中药，以其头状花序入药，药材名为菊花。菊花味甘、性微寒，入肺、脾、肝、肾经。有疏风散热、清肝明目及解毒的功效，主治外感风热、头晕头痛、心胸烦躁、肿毒等症，被广泛用于保健茶饮。菊花又名九花、黄花，原产我国，全国各地均有栽培。其中著名的有安徽亳州的亳菊和安徽歙县的贡菊，浙江的杭白菊，河南的怀菊花，河北安国的祁菊花。菊花为我国重要的出口中药材，不仅在中国内地广泛使用，在港澳台地区也十分受欢迎，其中亳菊品质最佳。

菊花喜温暖气候和阳光充足的环境，不耐荫蔽，能耐寒，怕水涝。对土壤要求不严，但低洼盐碱地不宜栽种。菊花属短日照植物，对日照长短反应很敏感，每天不超过10h的光照，才能现蕾开花。

近年来，随着人们对健康饮食的重视，食用菊内销和出口的量不断增大，这促使食用菊的种植和研究有了较大的发展。因此，如何稳定菊花质量改良品种、进一步提高栽培产量及改进传统加工方法将是今后研究的重点。

一、形态特征

多年生草本植物，高30～150cm。食用菊植株形态见图6-2。茎直立，茎部木质化，上部多分枝，具细毛或绒毛；单叶互生，叶有柄，叶形变化丰富，从卵形到广披针形，边缘有缺刻及锯齿；秋冬开花，头状花序大小不等，由许多无柄的小花聚宿而成，一般由200～

400朵小花组成，花序被总苞包围，这些小花就着生在托盘上。外缘小花舌状，雌性；中央的盘花管状，两性。花单生枝端或叶腋，花形变化多，花色丰富。瘦果，果内结一粒无胚乳的种子，翌年1～2月份成熟。

图6-2 食用菊植株形态

二、生物学特性

（一）生长特性

入冬后，地上大部分茎叶枯死，根状茎仍在土中不断发育，地下根茎耐低温极限为－10℃，但品种类型不同，对温度反应也有所不同。开春后，当气温稳定在10℃以上时，根际的茎节萌发成芽丛，随着茎节的伸长，基部密生许多须根。苗期生长缓慢，苗高10cm以后，生长加快；一般来说，在5～6月份和秋冬11月份到翌年1月份开花的品种，每天14.5h的长日照下进行茎叶营养生长，每天11h以上的黑暗、温度达15℃以上且昼夜温差大于10℃时，适于花芽分化，即从营养生长转为生殖生长，此时植株不再增高和分枝；花芽分化后，5～6月份开花的品种可在日照渐长、温度渐高的条件下开花。而11月份到翌年1月份开花的品种，则要求在日照渐短的条件下开花。此时若用长日照处理可延迟开花。夏菊和早秋菊的花芽分化，则与日照长短没有太大的相关性。从花芽开始分化到完全分化要10～15天，分化后到开花的时间随品种和温度高低而异，一般45～60天，花期30天左右。授粉后种子成熟期50～60天，寿命不长，能在低温下发芽。

一般母株能活3～4年。随着茎的衰老死亡，根丛相继死亡。

（二）对环境条件的要求

食用菊的适应性强，喜凉，较耐寒，生长适温18～21℃，最高32℃，最低10℃，地下根茎耐低温极限为－10℃。花期最低夜温17℃，开花期（中、后）可降至13～15℃。食用菊喜充足阳光，稍耐阴。食用菊为长夜短日性植物，在每天14.5h的长日照条件下进行茎叶营养生长，每天11h以上的黑暗与10℃的夜温则适于花芽发育。但品种不同对日照的反应也不同。夏季强日照时应适当遮阳。食用菊对土壤要求不严，但不宜栽种在低洼盐碱地，最忌积涝。于地势高燥、土层深厚、富含腐殖质、疏松肥沃而排水良好的沙壤土栽种为宜。在微酸性到中性的土壤中均能生长。忌连作。

总的来说，食用菊对寒、暑的适应性很强，喜凉，较耐寒，但品种类型不同，其对温度反应有差异。

三、栽培技术

（一）栽培技术

1. 品种选择

食用菊栽培历史悠久，全国栽培地区广泛，品种也较多。以花色分有白菊和黄菊两大类；以地区分有杭菊、亳菊、贡菊、怀菊、济菊、川菊等；以花期分有早熟和晚熟两种。各地栽种可根据当地自然条件和栽培条件进行品种选择。

2. 选地整地

食用菊对土壤要求不严，一般排水良好的农田均可栽培。但以地势高爽、排水畅通、有机质含量较高的壤土、沙壤土种植为好。食用菊栽培时要施足底肥。一般每亩施农家肥3000～4000kg或精制有机肥500kg，磷酸二铵20～25kg。化肥和有机肥应混合施用，精制有机肥以沟施为主，农家肥以撒施为主，深翻25～30cm。平地可做成畦背宽50cm、畦高10cm，沟深20cm的畦。

3. 繁殖

食用菊主要有分株繁殖和扦插繁殖。

(1) 分株繁殖　一般在清明前后进行。把植株挖出，依根的自然形态分开，选择粗壮和须根多的种苗，并将过长的根和老根以及苗的顶端切掉，每株应带有白根5～6根。栽后压实土且及时浇水。早熟品种株距为20～25cm；中晚熟品种株距为28～30cm，定植时将菊花苗的根朝下尽量舒展，卧栽有利于根系生长。定植苗8～10cm高为好。

(2) 扦插繁殖　可分为芽插、嫩枝插、叶芽插。芽插在秋冬切取植株脚芽扦插。选芽的标准是距植株较远，芽头丰满。除去下部叶片，按株距3～4cm、行距4～5cm，插于温室或大棚内，保持8℃左右室温，春暖后栽于室外。嫩枝插于4～5月份扦插，截取嫩枝8～10cm为插穗，在18～21℃的温度下，3周左右生根，约4周即可定植。介质以沙为好，插床上应遮阴。全光照喷雾插床无需遮阴。叶芽插，从枝条上剪取一张带腋芽的叶片扦插，此法仅用于繁殖珍稀品种。育苗期间注意温湿的控制，苗高20cm后可选阴天或晴天进行移植。

此外，随着科学技术的发展，组织培养技术也用于繁殖菊花，这种方法有繁殖迅速、成苗量大、脱毒及保持品种特性等优点。

(二) 田间管理

1. 除草与水肥管理

食用菊是浅根性植物，保根、发根、壮根是栽菊的第一个重点和基本功，关键在于土壤通气透水。除了肥沃和通气土壤外，最好的方法是中耕除草，使表土干松，底下湿润，使根下扎。一般进行3次中耕，同时进行合理的水肥施用，不使土壤板结，以利根系发育。

定植后要浇足定植水，开花前要始终保持湿润，需浇水3～4次，开花期适当控制水分，以保证花质。食用菊怕涝，雨季时要及时排水。在高温季节可经常进行叶面喷水，以补充水分，增加空气湿度，降低叶面温度，延长叶的寿命，提高光合能力。

另外，食用菊喜肥，除用腐熟厩肥、蹄片、骨粉作基肥外，追肥尤为重要。前期每次摘心后施微量尿素催芽，或每半个月施1次薄肥。营养生长期虽需氮肥较多，但不能偏于氮肥，可适当施一些磷钾肥。至立秋后菊株生长迅速，进入施肥关键时期。适当增加浓度和施肥量，每10天施一次量较大的复合肥。菊株转向生殖生长时，应停止追肥以利花芽分化，待现蕾后可重施追肥。花蕾出现时起，每5天施1次尿素与磷酸二氢钾各0.2%的混合溶液。注意施肥应于傍晚进行，第2天清早再浇1次水，以保证根部正常呼吸；施肥时不可沾污叶面；追肥要根据季节和生长期不同，采用不同的浓度和肥料；高温季节施肥不宜过多过浓，否则会损伤根系，造成脚叶枯黄。追肥可用复合肥料或尿素，也可用腐熟的豆饼水加适量的硫酸钙、过磷酸钙。

2. 摘心与植株调整

适时摘心可以控制植株的高度，也是促使菊主枝粗壮，分枝增多，减少倒伏，增生花朵，提高产量和产品质量的关键措施之一。做法是当苗高15cm左右或接穗长出3～4枚叶片时开始摘心，可摘2～3次。生长迅速次数要多，相反则次数减少，最后一次在立秋前后进行。摘心应在晴天上午露水干后进行。

食用菊栽培中植株调整是很关键的技术。从定植起50天左右，即8月下旬开始必须经常性进行植株调整，主要包括整枝、打杈和绑蔓。要及时打掉植株下部老叶以保证田间通风良好，太高的植株要及时打尖。每株留4～5个侧枝，经常剥除侧芽，现蕾期及时疏蕾，每枝留5～8朵花。

四、病虫害及防治

食用菊和一般菊的病虫害防治技术基本一致，只是在施农药时要选一些高效低毒为主的农药。食用菊栽培过程中要贯彻“预防为主、综合防治”的植保方针，对病虫害以农业防治为基础，辅以物理、生物防治，科学合理地进行化学防治。虫害主要有蚜虫、红蜘蛛、尺蠖、菊虎（菊天牛）、蛴螬、潜叶蛾幼虫、蚱蜢及蜗牛等，可分别通过加强栽培管理、人工捕杀和喷药进行防治。一般可选用20%吡虫啉（康福多）可溶剂3000～4000倍液，或25%噻虫嗪（阿克泰）水分散粒剂4000～6000倍液，或50%抗蚜威可湿性粉剂2000～3000倍液等进行喷雾防治。

食用菊常见的病害有褐斑病、白粉病及根腐病等，主要皆因土壤湿度太大、排水及通风透光不良所致。需注意排涝，清除病株、病叶，烧毁残根。生长期中可用80%代森锌可湿性粉剂或50%甲基硫菌灵悬浮剂对水喷雾防治。

五、采收、加工

早熟品种可于9月底至10月初开始采收，晚熟品种11月上、中旬可采收。采花标准是花瓣平直，有80%的花心散开，花色洁白。每次采收充分展开的花，从花下5～10cm处剪下，捆扎后置竹篓或竹筐中带回加工地及时加工。通常在晴天露水干后或午后采收，不宜采露水花，以免露水流入花瓣内不易干燥而引起腐烂。

加工方法因产地或品种不同而有所不同。

亳菊和怀菊等的产地加工方法，是将采收后的菊花成把倒挂在通风的空间内阴至八成干时，将花摘下装入篓中，不要超过篓子容量的3/4。随后再用硫黄连续熏24～36h、晒1天后过筛除杂。

杭菊主要产区采用传统的蒸煮杀青工艺进行加工。鲜花采收后首先进行分级，大小花朵分开，置芦帘或竹帘上摊晾2～3h，散去花头表面水分。接着就可以加工，步骤是先上笼，一般4朵花厚；再蒸气蒸煮1～2min；最后日晒5～10天，过程中要翻1～2次。

晒干的产品，就可以包装、贮藏。

黄花菜

黄花菜又名萱草、金针菜、安神菜、忘忧草等，为百合科多年生草本植物。食用的黄花菜就是其花蕾干制而成，其色泽金黄，香味浓郁，食之清香、甘甜，常与木耳齐名为“席上珍品”。黄花菜原产亚洲和欧洲，我国自古栽培，是我国传统的出口商品，远销日本、美国和东南亚、非洲等20多个国家和地区。我国的主要产区有甘肃庆阳、湖南邵阳、陕西大荔、江苏宿迁、河南淮阳、云南下关和山西大同等地，其中前四者为我国黄花菜四大著名产区。

黄花菜的药用价值很高，它含有γ-羟基谷氨酸、琥珀酸、β-谷甾醇、天门冬素、秋水仙碱、海藻糖酶等成分。李时珍在《本草纲目》中说黄花“消食、利湿热”，有利胸膈、安五脏、安神、消炎、解热、利尿、通乳健胃、轻身明目等功效。黄花菜味甘、性凉，具有很好的利水凉血、安神明目、健脑、抗衰老功能，并能显著降低血清胆固醇含量，所以对于体弱的脑力劳动者及高血压患者有好的保健作用。日本把黄花菜列为“植物性食品中最有代表性的健脑食物”之一，尤其对胎儿发育更为有益。

黄花菜烹制菜肴荤素皆宜，其味香、鲜、嫩、甜。烹调方法多样，不仅鲜美可口，而且用于晚餐还具有安眠之效。但是，鲜黄花菜中含有秋水仙碱，人体吸收后，它会严重刺激肠道、肾脏等器官而引起中毒。如果吃鲜黄花菜，一定要先用清水浸泡，再用沸水烫焯，然后弃汤烹调，可解除毒性，每次以不超过 100g 为安全，且不要连续食用。干黄花菜无毒。

图 6-3 黄花菜植株形态

一、植物形态特征

黄花菜是百合科萱草属多年生草本植物，高 30～90cm。黄花菜植株形态见图 6-3。根系丛生、条状，先端常肥大成块状，外皮黄色。叶基生，狭长，对生于短缩茎节上。花薹由叶丛中抽出，顶端生总状或假二歧状圆锥花序，有花枝 4～8 个。分枝处有披针形苞片，分枝上着生单花。每一花薹陆续开数朵花，花大，橙红色或黄红色，白昼开放。花被基部合生呈筒状，上部 6 裂；雄蕊 6，雌蕊 1，花期 6～7 月份。蒴果，果期 7～8 月份。

二、生物学特性

（一）生长特性

黄花菜根系丛生，不定根从短缩根状茎节处发生，它具有一年一层、自下而上、发根部位逐年上移的特点，主要分布在距地面 20～50cm 土层内，因此适当深栽利于植株成活发旺，适栽深度为 10～15cm。黄花菜地上部不耐寒，地下部耐－10℃低温。忌土壤过湿或积水。旬均温 5℃以上时幼苗开始出土，叶片生长适温为 15～20℃；抽薹吐蕾最适气温为18～20℃。开花期要求较高温度，20～25℃较为适宜。黄花菜生长最适气温为 15～30℃，根芽分生组织活跃，全年都可长芽。

（二）对环境条件的要求

黄花菜适应范围广，除盐碱地、水洼地和年平均气温高于 22℃或低于 10℃气候区不宜栽种外，其余地方均可种植。对光照适应范围广，可和较为高大的作物间作。

三、栽培技术

（一）栽培技术

1. 品种选择

要选择具有优质、高产、早熟、肉质厚、抗病虫、抗旱等较强的品种，如缙云县的盘龙种、四月花等。根据市场需求、品种特性及当地的自然环境选择适宜的品种。早熟品种有湖南四月花，5 月下旬开始采摘；中熟品种有江苏大乌嘴，浙江仙居花、茶子花、猛子花，6 月上中旬开始采摘；晚熟品种有荆州花、长嘴子花和茄子花，6 月下旬开始采摘。

2. 选地整地

黄花菜对土壤要求不严格，耐贫瘠，适应性强，不管是黏壤土还是沙壤土均能生长良好，无论山坡，平地都可以种植。因为一经栽植就要生长 10 年以上，所以仍要注意选择土层深厚肥水充足的地块。黄花菜是多年生作物，深翻土壤有利于根系生长，深度为 33cm 以上，按平，打埂、修渠。平地作畦，宽2m，畦间沟宽25cm左右，深15～18cm。

3. 施足基肥

底肥以有机肥为主，一般每亩施优质农家肥4000kg，过磷酸钙50kg。分层施入，施后覆盖5～7cm细土，不使种苗根系直接接触肥料，以防发生“烧根现象”。然后填进表层熟土，整平后即可栽植。在栽植前，结合整地，按行距开挖30cm以上的定植沟或深15～20cm、宽25～30cm的定植穴。

4. 繁殖

黄花菜可以分株繁殖或种子繁殖，生产上常用分株繁殖。

分株一般在采收至秋苗长出前进行，选择长势旺盛、花多质好的株丛挖取一部分分蘖为种苗。分株时将生长5～6年的大丛黄花菜头挖起，分割成2～4个单株为1丛备用，并剪去肉质根，只保留1～2层新根，新根长4～5cm，同时将根部的黑须剪掉，并除去残叶。这样有利于减少病菌来源和栽后新根群的旺盛发育。栽植前，将种苗投入50%多菌灵可湿性粉剂或50%甲基硫菌灵可湿性粉剂1000倍溶液中浸10min，晾至表面不显水湿状后，再进行栽植。分株种植时每穴1丛，根要向四面平铺，盖土压紧后浇水。黄花菜分蘖旺盛，除盛苗期至采摘期，为了获取经济产量而不宜取苗栽植外，其余时段均可取苗栽种。但为了确保挖取壮株健芽、促其早花高产，取苗栽种时间最好选择采摘后至“冬苗”前的10月间或“冬苗”排芽后的3～4月份，挖取宿根分株栽培为好。每年12月份是其根茎移植最佳期。

播种多在10月份，采收成熟种子立即播种，次春发芽出苗。春播者需将种子进行沙藏。

（二）田间管理

1. 中耕除草

黄花菜根系是肉质根，需要有一个肥沃疏松的土壤环境条件，才能有利根群的生长发育，生育期间应根据生长和土壤板结情况，中耕3～4次，第1次在幼苗正出土时进行，第2～4次在抽薹期结合中耕进行培土。多雨天气放晴后，要注意中耕松土，防土壤板结。分株或播种后第1年需随时除草，第2年可松土1～2次，兼行除草。

2. 水肥管理

黄花菜好湿润，干旱或渍水对黄花菜植株生长和花蕾形成都十分不利，注意保持园地湿润。新植移栽期，需维持土壤持水量70%～80%，干旱时应及时浇水。黄花菜在抽薹期和蕾期对水分敏感，此期缺水会造成严重减产，表现花薹难产、有时虽能抽生、但花薹细小、参差不齐、落蕾率高、萌蕾力弱、蕾数明显减少。因而应根据土壤情况适时灌水2～3次，避免因干旱而减产。遇上久雨天气，畦沟的积水要注意及时排除。冬季地上部分枯萎后，可将茎叶割除并覆土一层以保湿防寒。

黄花菜追肥原则是施足冬肥（基肥），早施苗肥，重施薹肥，补施蕾肥。冬肥应在黄花菜地上部分停止生长，即秋苗经霜凋萎后或种植时进行，以有机肥为主，每亩用50kg人粪尿，掺50kg水；苗肥主要用于出苗、长叶，促进叶片早生快发。苗肥宜早不宜迟，应在黄花菜开始萌芽时追施，一般催苗肥以氮磷为主，每亩用复合肥5kg，掺水100kg浇穴；黄花菜抽薹期是从营养生长转入生殖生长的重要时期，此期需肥较多，应在花薹开始抽出时追施，一般每亩用腐熟人粪尿150kg加复合肥5kg，掺水150kg，结合中耕培土浇穴；蕾肥可防止黄花菜脱肥早衰，提高成蕾率，延长采摘期，增加产量。应在开始采摘7～10天追肥，一般每亩施复合肥10kg，掺水150kg浇施。

四、病虫害及防治

黄花菜常见的虫害主要有红蜘蛛、蚜虫、蓟马、潜叶蝇等；病害有叶斑病、叶枯病、锈病、炭疽病和茎枯病等。防治病虫害，首先要搞好农业防治，在黄花菜采摘完后，地上部枯死后应及时割刈并运离黄花菜地，以减少菌源、虫源；做好黄花菜的追肥、冬培工作，以增强抗病能力；适时更新复壮；选用抗病品种等。应加强田间管理结合在发病初期进行喷药防治，病害可用75%百菌清800倍液或70%甲基硫菌灵500～1000倍液喷雾防治，虫害可用人工捕捉成虫结合喷艾美乐3000倍液或40%乐果1000倍液防治。

五、采收和加工

黄花菜采摘时间要求极为严格，过早过迟均不行，过早采摘，鲜蕾重量减轻，颜色差，过迟采摘花蕾成熟过度，质量差。成熟的黄花菜花蕾呈黄绿色，个子饱满，花瓣上纵沟明显，含苞待放。采收适期为花蕾在裂嘴前1～2h，这时黄花菜产量高，质量好。黄花菜每天应及时采摘，早成熟的先采，迟成熟的后采。过早采收，花蕾未充分膨大，产量低；过迟采收花蕾裂嘴或开放也会影响产量和品质。

采摘后的黄花菜应及时蒸制晒干成干品。首先将采收来的黄花菜整齐排放入蒸筛内蒸制，高度不超过5cm。高温蒸制至黄花菜颜色由黄绿变淡绿，用拇指与食指轻轻搓捏花蕾，发出声响即可。蒸制的作用是迅速杀死花蕾内部细胞的活性，便于干燥。蒸制适度所得的干花率高，品质好。蒸制不足，干品的品质差；蒸制过度则干花率低，且干燥后呈黑黄色，品质差。将蒸制好的花分筛放到通风清洁处晒干或烘干。晒干与烘干的干花颜色不同应分装。

食用玫瑰

食用玫瑰为蔷薇科蔷薇属落叶灌木，是我国传统的观赏花卉，其花色鲜艳，花姿优美，香气浓郁，以象征友谊和爱情而著称。玫瑰也是水土保持和城市园林建设的优良树种。玫瑰花含有人体所需的18种氨基酸和多种微量元素，具有通经活血、美容养颜等功效。国内外医药专家研究表明，玫瑰花对治疗心血管疾病具有特效，故玫瑰花有药膳之功。近年来，随着人民群众生活水平不断提高，更加强化了人们回归追求天然产品的趋势，玫瑰花对人体没有任何不良影响，且有益于人民的身体健康。随着对玫瑰花药食、美容、保健、治病及化工等多方面的研究开发，玫瑰花蕴含着无限的市场潜力。因此我国玫瑰的发展相当迅速，随着食用玫瑰需求的增加，栽培面积将进一步扩大。目前，不仅中国广泛栽培，日本、朝鲜及欧美各国也有大量栽培。

一、品种类型

我国是玫瑰的故乡，栽培历史悠久，培育出的玫瑰品种类型较多。根据花瓣的颜色可以分为紫红色、大红色、粉红色、白色、黄色等；根据花瓣数量的多少可以分为重瓣花型、复瓣花型、单瓣花型；根据叶片的形状可以分为皱叶玫瑰、光叶玫瑰、蔷薇型玫瑰、小叶玫瑰等。

二、植物形态特征

落叶灌木，茎直立，一般株高80～120cm。食用玫瑰植株形态见图6-4。枝杆多刺；奇数羽状复叶，小叶5～9片，椭圆形，边缘有锯齿，表面多皱纹；花单生或数朵聚生，紫红色、粉红色、黄色、白色，单瓣或重瓣，有芳香；果扁球形，红色。

图6-4 食用玫瑰植株形态

三、生物学特性

（一）生长特性

玫瑰喜温暖气候和阳光充足、雨量适中的环境，耐寒、耐旱、怕水涝，适宜在肥沃疏松、排水良好的沙壤土栽植。玫瑰于2月下旬芽萌动，3月中下旬展叶，4月中下旬现蕾，5月盛花。玫瑰的花芽萌动要求平均气温7℃以上，若夜温低于6℃，将严重影响生长与开花。花期要求气候凉爽，昼夜温差大，开花数量随气温升高而增加，10月中下旬开始落叶进入冬季休眠期。玫瑰在生产发育的过程中有两次停止生长期（一般在6～7月份称夏眠；11～12月份称冬眠），此时不发枝，枝条不伸长。夏眠期是采花苗木的最佳修剪期，冬眠期可配施底肥、灌好越冬水，为来年花蕾的稳产高产奠定基础。

（二）对环境条件的要求

玫瑰花性喜阳光，每天至少需要6～8h的直射光。有的品种对光敏感，光照不足时生长细弱，开花少，甚至不开花。多数品种生长适温为夜温15～18℃，昼温23～25℃。在夏季的强光条件下，有的品种花色会发生褐变或出现畸形花，为了增加花蕾或鲜花产量也可适当遮阴。根系发达，水平根系较垂直根系发达粗壮，对土壤要求不严，但在肥沃和排水良好的中性或微酸性壤土之中（pH6.5～7.5），生长较好。玫瑰忌低洼易涝地，遇涝时下部叶片变黄脱落乃至全株死亡。在黏土上生长不良，开花不多。玫瑰喜温暖湿润的环境条件，最忌干热风和土壤干旱，环境相对湿度不高于80%，有水利条件的田块可进行1次蕾期灌水。因此，玫瑰应栽植在通风向阳及浇灌、排水条件好的田间、地边的肥沃壤土中。

四、栽培技术

（一）栽培技术

1. 品种选择

（1）紫枝玫瑰　又叫四季玫瑰。株形直立开张；花单生，复瓣，浅紫。4月底始花，5～6月份盛花。植株抗锈病能力强，产量高。

（2）平阴一号　株形直立开张；花单生或数朵簇生于当年生枝条顶端，重瓣，浅紫色。4月底始花，5～6月份盛花。植株抗性较强，产量高，种植面积广。

（3）平阴三号　株形紧凑；花复瓣，浅紫。花期在4月底至5月底，产量高。

其他品种还有保加利亚玫瑰、苦水玫瑰、繁花玫瑰及北京白玫瑰等。

2. 选地整地

玫瑰对土壤的适应范围广，但要想获得理想的产量和品质，必须选择排水良好、含丰富有机质的壤土。玫瑰是比较喜肥的植物，先施入农家肥，进行耕翻。平原地以畦面宽2m整成高畦，畦高15～20cm。按株距50cm、行距150～200cm挖坑，坑深50cm。栽种之前要在栽植穴内施入农家肥或生物有机肥作为基肥，栽后灌足水。栽植时间以10月中下旬为好，可以带叶进行栽植。

3. 繁殖

玫瑰的繁殖主要采用分株繁殖和嫁接繁殖，也可进行扦插繁殖。

（1）分株繁殖　在春、冬及雨季进行。因玫瑰植株分株力极强，可于分株的头一年，选择生长健壮、无病母株，加强管理，并有意伤根，促进根部大量萌蘖。在冬季休眠期或早春萌芽前进行分株。挖取母株旁生长健壮的苗，连根挖起移栽。栽后覆细土压实，浇透水，地上茎枝留2～25cm高，上部剪去。

（2）嫁接繁殖　通常在3月中旬或7月上中旬至9月中旬进行，此时砧木的树皮容易剥离，操作方便，成活率高。所用砧木为野蔷薇、粉团蔷薇或无刺狗蔷薇，以无刺狗蔷薇最理想，要求砧木根系发达，苗木胸径在 0.3cm 以上，株高不低于 30cm。嫁接在生长季节进行，待接穗成活后剪除切口以上部分。3～5 个月后，即可成苗。

(3) 扦插繁殖　可在 11 月中旬至 12 月初进行，2 年后即可应用。选取当年生健壮、无病、发育充实、完全木质化的硬枝，剪成 10～15cm 长、具 3～4 个节位的插条。插条下部削成斜面，并用生根粉处理，然后插于基质上。待生根发芽后移栽。扦插法成活率不高，而且扦插苗根系不旺，寿命较短，只是偶尔采用。

此外还可以用压条法进行繁殖。于梅雨季节，选取当年生健壮枝条，弯曲压入土内。将枝条入土部分刻伤，施入肥土，使其生根。待生根发芽后，截离母体，带土另行栽植。

(二) 田间管理

玫瑰多是露地栽培，其适应性较强，管理可以较为粗放一些。但为了提高观赏价值和高产丰收，仍需要加强管理。

1. 中耕除草

玫瑰生长期间要勤除草，浅松土，保持田间无杂草，慎重施用除草剂。在春、夏、秋三季，都应适时进行中耕浅刨，以破除土壤板结层，保持土壤湿润。中耕深度以 10～15cm 为宜。中耕的同时可结合玫瑰根部培土，这可以增加产量。培土宜在玫瑰花发芽前或落叶后及时进行，培土厚度一般在 4～8cm。

2. 水肥管理

一般情况下，春季开始的生长期要充分地浇水，蕾期不能干旱。在玫瑰开花期间要控制浇水，这是可以开出好花的秘诀。这个时期如果过量浇水的话，玫瑰花就会吸收过多的肥料养分，而不会很好地开花。

施肥以有机肥为主，配合施用氮、磷、钾等化学肥料。一般年追肥 4 次，清明节前后第 1 次浇施入畜粪水，称萌动肥，并及时浇水；4 月下旬孕蕾或采花前第 2 次施人畜粪水，以促使花蕾多而饱满；5 月底追施第 3 次肥；秋末施越冬肥，保证苗木安全越冬。此时正值玫瑰由营养生长向生殖生长转化阶段，营养物质大量积累和回流，及时追施氮肥配合有机肥，对提高翌年产花量至关重要。

总之，要根据地的肥力、苗的长势及时追施苗木所需的肥料。施肥时，不能距植株太近或直接施在植株上。山坡栽种的玫瑰追肥可结合培土、中耕除草分 3～4 次进行。

3. 修剪

修剪是玫瑰管理工作中重要的一环，可于 6 月份开花后和冬季休眠期进行。花期修剪是在第一批花开放后，在花枝基部以上 15～20cm 处短截，促发新枝，则第 2 次开花多而质好。休眠期修剪剪除衰老枝、病虫枝、纤弱枝，以蓬生新枝。玫瑰萌生力强，在当年生枝条上开花的，如不及时修剪，常因株丛郁闭造成开花少，甚至枝条生长瘦弱枯死。修剪时应根据株龄、生长状况、肥水及管理条件进行，采取以疏剪为主、短截为辅的原则，达到株老枝不老，枝多不密，通风透光。5 年以上的老枝应及时疏除，以扶持新枝生长。对于生长衰弱基本失去开花能力的玫瑰，可以重剪，促生新枝。

五、病虫害及防治

玫瑰的主要病害有锈病、白粉病、褐斑病。防治锈病可摘除病芽深埋或从 7 月上旬开始用 50%的百菌清 600 倍液，每隔 10 天喷雾 1 次，连喷 3 次即可。白粉病主要发病时间为4～9 月间，常是在发病前喷波尔多液预防，也可以在发病期间用 20%的粉锈宁乳剂 3000 倍稀释液喷洒。

玫瑰的主要虫害有金龟子、大袋蛾、红蜘蛛、蚜虫、介壳虫、天牛等。金龟子、大袋蛾主要危害玫瑰嫩梢和叶片，在发生期间可喷洒40%氧化乐果。金龟子活动盛期，可震落捕杀；红蜘蛛、蚜虫、介壳虫主要吸食玫瑰汁液，造成生长衰弱，可喷洒40%乐果1000倍液或在花后用20%三氯杀螨醇500～1000倍液进行喷雾防治。天牛是毁灭性害虫，应捕杀其成虫以抑制其发生。

与其他农作物一样，玫瑰病虫害的防治要以防为主，以治为辅。预防办法有栽植壮苗、合理施肥、整枝修剪、喷施保护剂等。

六、采收和加工保管

玫瑰的采收时间不同，产量与质量有较大差异。通常在4月下旬至5月下旬，分期分批采收已充分膨大但尚未开的玫瑰花蕾，即花蕾纵径是花萼3倍时采收最好。采收时，留下的花柄要短，以不超过1cm长为好。也可以采收玫瑰花瓣进行精油加工或制玫瑰糖。

玫瑰花的加工保存常根据采收的方式进行。如果采收的是花蕾，一般要进行烘干或用于精油提取。玫瑰花采后要立即烘干，烘时将花摊薄，花冠向下，并注意勤翻动，烘干温度不能超过80℃。当花蕾干至花萼、花瓣能用手指揉成粉片状，即可进入市场。如果是花瓣，可先将洁净的鲜玫瑰花瓣与糖（最好用红糖）以1∶1的比例拌匀，反复揉搓至花瓣破碎，然后装入容器内。在阳光下晾晒2～3天，即可密封存放数年。

玫瑰花的花托、花瓣、花萼均含有油，其中花瓣含油量最多。不同部位的油质，香气各不相同，而以半开期含油量最高，油质最好。全开后油分挥发，含量降低，质量下降。一般在清晨10时之前带露水采摘结束，否则随温度升高，花很快全开放。

番红花

番红花为鸢尾科番红花属多年生草本，又名藏红花、西红花，干燥花柱头入药，中药名称藏红花。柱头中含有番红花苷、番红花苦苷、番红花酸、异鼠李素、维生素B_2等多种成分。藏红花性平，味甘，有活血化瘀、凉血解毒、解郁安神、健胃等功效，为名贵的传统妇科药，此外还用于香料、美容、染料等方面。现代药理研究证明，藏红花有治疗心血管疾病、抗肿瘤等作用。番红花原产地中海沿岸。我国自1965年和1980年2次引种，现上海、江苏、浙江等地已有较大面积栽培。

除了药用外，番红花叶丛纤细刚劲，花朵娇柔优雅，花色多样，具特异芳香，是点缀花坛和布置岩石园的好材料，也可盆栽或水养供室内观赏。

近年来对番红花的研究较多，主要集中在番红花的引种和栽培技术等方面。在番红花生产中还存在开花率低、结实率低及产量低的难题未来解决。

一、形态特征

多年生草本植物，株高15～40cm。番红花植株形态见图6-5。鳞茎扁球形，大小不一，直径0.5～10cm，外被褐色膜质鳞叶；自鳞茎抽生株丛，叶线形，边缘反卷，具细毛，基部被3～5个膜质鳞苞片；花顶生，花期10～11月份；花被6片，倒卵圆形，淡紫色；雄蕊3，雌蕊

图6-5 番红花植株形态

1；子房下位，3室，花柱细长，黄色，干燥后质脆易断，味微苦；柱头3裂，伸出花被筒外而下垂，深红色。蒴果长圆形。种子多数，球形，不孕。

二、生物学特性

（一）生长特性

番红花生长特点是夏季休眠，秋季发根长叶，在一般栽培条件下不结实。球茎秋播后从根上生出大量营养根，花芽叶芽随后迅速伸长，在叶鞘保护下伸出土面。10月下旬开花，由花芽芽鞘内抽出淡紫色花，每个花芽开1～8朵，花期约20天。12月份丛叶基部缩短的节开始膨大，贮藏根生出。翌年2月份最肥大，3～4月份新球茎迅速膨大，贮藏根逐渐萎缩，5月份地上部也枯萎，球茎停止生长进入夏休眠。5～9月份是新球茎上的叶芽和花芽形成期，夏休眠结束后，可秋播进入下一个生活周期。

（二）对环境条件的要求

番红花性喜温暖湿润的环境，怕酷热，怕涝，忌积水。喜阳光充足，也能耐半阴，较耐寒。要求疏松、排水畅通而又腐殖质丰富的沙质壤土。生长后期（2～4月份）如气温在15℃～20℃，持续时间越长，越有利于球茎生长发育，而球茎越大花芽越多。花芽分化适宜温度24～27℃，花芽分化至成花需一个变温过程，但不宜低于24℃或高于30℃。

三、栽培技术

（一）栽培技术

1. 选地整地

应选择地势高燥、排水良好，土壤肥沃的地块。栽植前要耕翻土地，并施入腐熟的厩肥或饼肥及少量的过磷酸钙，整地耙细做成宽1.5m左右、高20cm、沟宽30cm、沟深15cm的畦。忌连作。

2. 繁殖

以球茎繁殖。分两种方法：种茎直播大田法和先室内开花后露地繁球法。

(1) 种茎直播大田法　直播法一般在8月下旬至9月中旬进行，不迟于9月下旬。播种前，球茎应剔除侧芽。8g以下的球茎不用；8～15g的球茎留一个生芽，其余均用消毒的利刀剔除；15～25g或25g以上的球茎可留顶芽2～3个。剔芽后晾干促使伤口愈合。根据球茎的大小，在整好的畦上，按行距15～20cm，开5～8cm深的沟。然后浇水，待水下渗后，将球茎放入沟内，主芽向上，覆土。每年8～9月份将新球茎挖出栽种，当年可开花。

(2) 先室内开花后露地繁球法　这是日本推广使用的方法，即将球茎排放室内匾架上，到秋天，在室内萌芽开花。待采花后，再将带芽球茎栽入田间进行营养生长以培养新球茎。室内栽培最好选择宽敞明亮的房子（如养蚕室等），有利开花。一般在8月中旬以前，将10g以上的球茎按大小分档，分别排放在室内的匾框里，分层上架，每层间隔30cm。严格掌握室内的温度和湿度，盛夏季节尽可能保持室温在24～27℃，利于花芽分化，避免30℃以上的持续高温，空气相对湿度保持在80%左右。待花摘下后应及时将球茎移入大田进行露地栽培。

（二）田间管理

1. 中耕除草

松土除草是项经常性工作。浇水和雨后，应及时中耕除草，但4月份以后不再锄草，因为此后的田间杂草可起遮阴保湿作用，有利于番红花的后期生长。

2. 水肥管理

种植后应保持土壤湿润，有利于生根。出苗后因球茎上小芽较多，可剔除部分而保留强壮小芽。番红花生长期间对水分要求较高。栽植后需浇透水，有利于发根生长。春天新球茎膨大期间，要保持田土湿润，同时疏通排灌沟渠，防旱排涝。孕蕾期要增施 1 次速效磷肥，以促使花大色艳。花后要及时追施 1 次腐熟的饼肥水，以促使球茎的生长。北方地区，冬季需覆盖草帘等物防寒。第 2 年春季注意浇水，促使新球茎膨大。

3. 激素的应用

休眠期和生长期用 100mg/L 赤霉素浸球 24h 或喷施 1～2 次，可使花增产 10%～30% 和促进营养生长。

四、病虫害及防治

番红花常见的病害有腐败病、腐烂病、病毒病。虫害有蚜虫、蛴螬、蝼蛄、螨类等，一旦发现用相应的药剂喷施防治。除化学防治外，要注意结合农业防治。农业防治方法有：选用无病植株的球茎作种；贮藏球茎必须剔除受伤或有病球茎，以防球茎变质及病菌的感染和蔓延；栽种前用 5%石灰液浸种 20min；及时拔除病株，并用石灰粉消毒等。

五、采收与加工

（一）收球与贮藏

5 月上、中旬，当叶片完全枯黄时，立即挖取球茎，洗净，剪去残叶，除去底部的球茎残体，大小分档。然后将球茎在阴凉处摊开、阴干，按大小分级，放于冷藏室内贮藏或于 17～23℃的干燥室内贮藏。采用室内开花法者，可直接将球茎排于室内的匾框里，上架贮藏。

（二）采收和加工

番红花于 10 月份至 11 月份中旬开花，花期较为集中，盛花期短，必须当天及时采收。晴天采花，采收时将整朵花连管状的花冠筒一起带回。于室内摘取柱头及花柱黄色部分，薄摊于白纸上晒干或置 35～45℃烘箱内烘 4h。干后收藏在清洁干燥的盒子里或瓶内，避光保存。药材暗红棕色或有时黄棕，松散而不黏结。本品经进一步加工，使之呈红色，油润有光泽，且常彼此粘连，商品称西红花或湿西红花。

【本章小结】

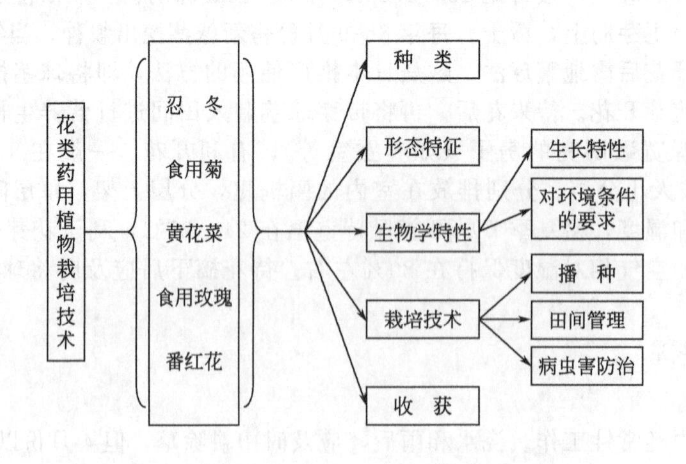

【复习思考题】

1. 忍冬的繁殖方法有哪几种？各有什么优缺点？
2. 以秋天开花的菊为例，叙述如何进行菊的栽培和管理。
3. 黄花菜的采收标准是什么，如何制成干品？
4. 以10年生的玫瑰为例，叙述如何对其进行复壮。

模块七　叶及全草类药用植物栽培技术

【学习目标】

了解主要叶与全草类药用植物的生物学特性和栽培特点，掌握芦荟、穿心莲、益母草、颠茄、薄荷、肉苁蓉等叶与全草类药用植物的高产、优质栽培技术。

芦　荟

芦荟为百合科多年生肉质草本。药用品种主要有库拉索芦荟 *Aloe barbadensis* Miller、好望角芦荟 *Aloe ferox* Miller、中国芦荟 *Aloe vera* Linn. var. *chinesis*（haw.）Berger（又称斑纹芦荟）等。本书以中国芦荟为例介绍栽培技术。芦荟以叶的汁液浓缩干燥物入药。中医认为芦荟性寒、味苦，清肝热、通便，用于便秘、小儿疳积惊风；外治湿癣。芦荟叶中含有蒽醌类、酮类、氨基酸类等十几类化合物。

一、形态特征

多年生草本。芦荟植株形态见图 7-1。根须状，茎短。叶呈莲座状，斜举或直立，肉质肥厚，切断时有黏液流出；叶片狭披针形或披针形，长 10～30cm，宽 1.5～4cm，厚 5～8mm，先端长渐尖，基部宽，粉绿色，两面有长圆形白色斑纹，边缘有齿状刺，刺黄色。7～8 月份开花，花黄色或有红色斑点，或红色，排成总状花序，花序长 9～20cm；花梗长 6mm，下弯；花被筒状，长约 2.5cm，6 裂，裂片披针形；雄蕊 6 枚，与花被筒等长。8～9 月份结果，果实三角形。

图 7-1　芦荟植株形态
1—植株；2—花

二、生物学特性

（一）生长特性

芦荟 12 月份至翌年 3 月份开花，一般取下部老叶药用，幼叶基本无有效成分。种植年限越长，其老叶成分含量越高。

（二）对环境条件的要求

芦荟性喜温暖和湿润的气候条件，生长所需的适宜温度为 15～35℃，适宜相对湿度为 75%～85%。气温高于 38℃或低于 5℃停止生长，降至 0℃时，即受寒害。喜阳光，但阳光过于强烈会处于半休眠状态或停止生长。不耐阴，过于荫蔽叶片徒长细窄。对土壤要求不严，耐干旱和盐碱，以排水良好、肥沃的沙质壤土为好，忌重黏性土。

三、栽培技术

（一）繁殖方法

1. 栽培方式

我国海南、广东、广西等地可露地栽培。长江流域可在塑料大棚中栽培，华北平原、东北平原等温带地区应以温室栽培。

2. 整地

栽植土壤一般可采用腐叶土和粗沙各半，种植前翻耕深度为15～20cm，结合整地每亩施腐熟有机肥2500kg、氮磷钾复合肥20～30kg。宜做成高畦。畦宽100cm、畦高15～20cm、畦间距40cm。一般每畦2行，株行距为40cm×50cm。

3. 繁殖方法

主要靠无性繁殖。

（1）分株法　4～6月份进行分株。有两种方法：一种是将母株丛从地里挖出或脱盆，然后用利刀将整个株丛分劈成单株，放到阴凉通风处干燥2～7天，使其剥离伤口完全愈合后再栽植。注意第一周不必浇水，待伤口结膜后再浇透水。另外一种方法是在不影响母株的前提下，先用分株刀将母株上萌发的幼苗与母株分离，暂时不将幼株拔出，等到幼苗已基本形成独立的根系后，即长到4～5片小叶和3～5条小根时，再浇水使根部周围土壤湿润后移栽即可。但此法因分株数少，繁殖数量较少。

（2）扦插法　多采用扦插繁殖。扦插条件以温度15～28℃，湿度75%～85%最为适宜。春、夏、秋均需遮阴，夏季遮光率需70%～80%，并经常喷雾降温。具体方法是在3～4月份从茎的顶部10～12cm处切断，或剪取主茎基部长10～15cm（含3～5节）的新芽，切口用利刀削平，去掉底部左右两叶片，放置阴凉干燥的地方，夏季宜0.5～1天，春、秋季宜2～3天，待伤口结膜后扦插于掺有少量培养土的粗沙中。插深6～8cm，沙土保持稍湿即可。放半阴的环境中，20～30天即可生根，然后可全天见光，但不能强光直射，2个月后可单独栽植。用生根粉处理可提高成活率和提前生根时间。生根后可喷施0.1%磷酸二氢钾，在苗床上培育2个月左右即可出圃定植。

4. 定植

春秋季为移栽的最佳季节，栽时不宜太深，以覆盖底下叶片基部为度，栽苗后将苗四周的松土稍踏实，然后浇少量水使土壤湿润。幼苗怕晒，需及时遮阴。

（二）田间管理

1. 水分管理

怕积水，不需大水。干旱时每隔5～7天浇透水1次，保持土壤稍湿即可，12月份至次年2月份不再浇水。

2. 肥料

不需大肥，4～5月份芦荟生长旺盛，每隔3～4周施入腐熟的人粪尿1次，或向叶面喷洒无机肥500～800倍液1次，氮：磷：钾大致比为（5～10）：20：20，注意不宜施肥过浓，不要沾污叶片，以免烂叶。伏天不宜施肥，以免烂根。

3. 光照

不耐强光，7～8月份天气干燥，日光强烈，有条件的可用50%遮阳网覆盖。

4. 其他管理

加强中耕、保墒、保温的管理或移入温室中防寒，若室内温度低于8℃时，应采取增温措施并注意通风换气。雨季注意排水，及时摘除烂叶，清除杂草以保证田间通风及透光。

四、病虫害及防治

（一）病害

1. 危害

（1）褐斑病　病害发生在叶片上，初期为墨绿色水渍状小点，以后扩展成圆形或不规则形的病斑，中央凹陷，呈红褐色至灰褐色，质地较炭疽病硬，病斑可穿透叶片两面，但不会穿孔，在叶面产生成堆黑色小点。时而有病叶杂生炭疽病菌。一年四季都可发病，但在6～10月份高温多雨条件下更容易发病。

（2）炭疽病　发病部位在叶片多靠近叶尖，初期针尖大小，逐渐发展成圆形或近圆形的黑褐色病斑。后期中央凹陷呈灰白色，温暖潮湿情况下，病斑表面有黏湿的粉红色孢子团。严重时病斑可穿透叶片，呈薄膜状，甚至出现穿孔，病叶正面有小黑点。此菌生长适温为25～30℃，多雨、多雾或温室大棚内空气相对湿度高时最易流行蔓延。

（3）叶枯病　病害发生在叶片的正面，先从叶间和叶缘开始发生，初为褐色小点，后扩展为半圆形的干枯皱缩病斑，中央灰褐色，边缘为水渍状暗褐色的环带，其上的小黑点呈同心圆状排列。全年都有发生，在各芦荟种植基地发病普遍，但发病程度轻于炭疽病。

（4）白绢病　一种毁灭性的根部病害，危害根、茎、叶和芽。发病初期叶片发黄、萎垂，植株长势减弱，直至芽心腐烂。在根部可见大量白色菌丝，且有蘑菇味道，芽叶全部腐烂，菌丝呈黄色，并产生近球形菜籽状棕褐色颗粒，即菌核。在广东已有发现，但不普遍，高温多雨时节盛发。

（5）软腐病　主要为害叶片和茎。从叶基部开始发病，初期呈水渍状斑点，逐渐向叶片上部发展并变色腐烂，挤压病部可流出褐色黏液，伴有臭味。整个生长季节均可发生。该病病菌主要通过雨水、灌溉水及介体动物传播，从伤口侵入。发病部位产生的黏液物质中有大量细菌，是多次再侵染的来源。高温高湿季节发生严重。

（6）疫病　多发生于苗期叶片上。病斑初呈水渍状、暗绿色，后扩展至叶基部，病叶渐渐下垂腐烂。在苗圃或温室中较常见，阴湿多雨、氮肥偏多及灌水过多的田块易发病。

2. 防治措施

（1）植物检疫　植物检疫是防治芦荟病害发生的第一道防线。对引入的种苗要加强检查，严格执行禁运、销毁和消毒处理等措施。如发现有毁灭性病害的疫区，则应果断进行封锁，严格禁止从疫区调运种苗。从国外引进芦荟种应在指定的机构执行，为了保证在引种时不引进任何芦荟病害，引种材料应在具有隔离条件的温室或试验场地进行。

（2）农艺措施防治　选用抗病品种，一般皂质芦荟最为抗病，其次是库拉索芦荟。建立种苗基地，提供优质无病的种苗。保持芦荟群体植株通风透气性良好，及时排除田间积水，控制土壤湿度，消除低温高湿和高温高湿对芦荟生长的危害，及时根除杂草，促进芦荟健壮生长，以达到良好的防病效果。及时清除病株病叶，对于植株下部老叶也应及时去除，以压缩再侵染的病原物的数量。搞好肥水管理，增强芦荟的抗病能力。

（3）物理防治　用电热熏器将抗菌杀病药剂蒸发到空气中，从固态或液态药剂分离出来的有效成分很快传播分布均匀，起到防治病害的效果，该方法具有成本低、操作简单、作用效果长、无污染、灭菌效果好等特点。该方法适用温室、大棚芦荟。

（4）化学防治　用化学药剂来消灭病原体，是直接防治的方法。目前常用的预防性药剂有70％代森锌可湿性粉剂、16.7％乙烯利可湿性粉剂与50％百菌清可湿性粉剂混合剂、噻枯灵、施宝克等，可在发病前每隔1周左右喷1次，连续3～5次后可达到明显的预防效果，上述药剂对早期的炭疽病和褐斑病也有治疗作用。针对芦荟软腐病还可以在发病初期向植株基部喷洒1∶1∶100的波尔多液或稀释4000倍农用链霉素，连续2～3次，每次间隔10天。

总之，为了在芦荟整个生长过程中尽量避免病菌的侵袭，应该遵循“预防为主，综合防治”的防治原则，通过利用抗病品种和合理的栽培管理措施，提高植株抗病能力；改善环境使芦荟健康生长；注意消灭病原物及控制它们的繁殖和扩散。

(二) 虫害

主要有红蜘蛛、蚜虫、棉铃虫、介壳虫。这些害虫主要危害幼苗或嫩叶，发生量不多。

1. 红蜘蛛、蚜虫

(1) 危害　主要在春、夏、秋三个季节发生，主要吸食汁液。

(2) 防治方法　物理防治方法，虫量不多时，可喷清水冲洗。喷40%氧化乐果乳油1200倍液有良好的防治效果。

2. 棉铃虫

(1) 危害　棉铃虫又名菜青虫，是目前芦荟上发生最危险的一种虫害，为害严重。主要咬食花朵，造成叶片残缺和落花。

(2) 防治方法

① 用黑光灯或杨树林诱杀成虫。

② 搞好栽植区域周边其他植物（如棉花、玉米）的统一协防工作。

③ 药剂防治。在幼虫初卵期，选用40%氧化乐果乳油600倍液或50%杀螟松乳油1000倍液，或40%菊杀乳油2000～3000倍液，或50%辛硫磷乳油1000倍液等喷雾防治。

3. 介壳虫

(1) 危害　主要发生在皂素芦荟上，其他品种的芦荟上很少发生此种虫害。介壳虫从幼虫常粘在叶片背面，有时叶片的正面也发生。当幼虫造好栖身之地后，开始静卧结壳，而形成成虫，并长期在一处吸食叶片汁液。它们还排出大量的蜜液来污染叶片，同时也导致了污染病的发生。

介壳虫的特点是繁殖迅速，成虫外被结壳，不容易被药剂杀死。

(2) 防治方法　如果受害的叶片比较少，可以用手工除杀的方法防治。

五、收获与加工

(一) 采收

一般2～3年后收获。在芦荟生长发育旺盛季节，分批采收基部和中部生长肥大的叶片。由下自上收获2～3片叶，收时连同叶鞘一起剥下。

(二) 加工、分级

将叶切口向下竖立于容器中，取流出液，经日晒干燥后成块，粉碎后就是“芦荟末”；收集汁液，蒸发浓缩，冷却凝固，即得“肝色芦荟”干胶；将汁液用大火煮沸过滤浓缩，冷却凝固，可得“光亮芦荟”干胶。

穿心莲

穿心莲 *Andrographis paniculata*（Burm. f.）Nees 为爵床科穿心莲属一年生草本。

一、形态特征

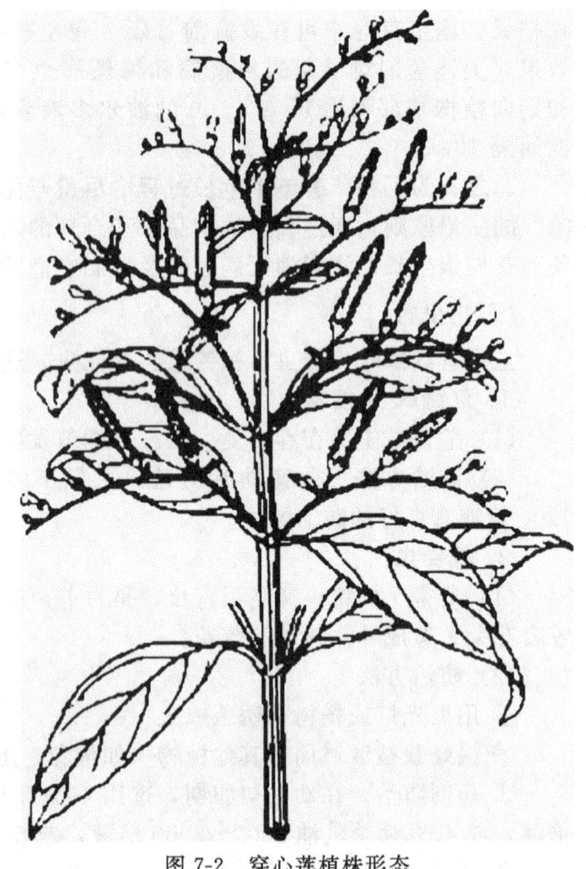
图 7-2 穿心莲植株形态

一年生草本，高 30～90cm。穿心莲植株形态见图 7-2。茎直立，四棱形，下部多分枝，节膨大。单叶对生，深绿色，卵状矩圆形至矩圆状披针形，长 6～8cm，宽 1.5～2.5cm，先端渐尖，基部稍卵圆形或楔形，全缘或浅波状，下面色较淡；近于无柄。花由总状花序组成疏散的圆锥花序，顶生或腋生，花枝横展。花小，浅紫白色，花萼裂片条状披针形，长约 3mm，有短柔毛；花冠二唇形，长约 6mm，常有紫红色斑纹，筒部长约 5mm，上唇顶端极浅 2 裂，下唇深 3 裂；雄蕊 2，花药紫黑色，花丝全部被长软毛。花期 9～10 月份。果梗长约 0.5cm。蒴果直立，似橄榄核而稍扁，长 1～1.5cm，宽 0.2～0.3cm，表面中间有一浅沟，疏生腺毛，成熟时开裂，种子射出。种子多数，细小，短圆形或近四方形，黄色至茶褐色。果期 10～11 月份。茎、叶干后变成黑色，搓碎后闻之有刺激感，口尝时味道初不甚苦，及至喉部，苦味持久。

二、生物学特性

（一）生长特性

穿心莲原产于亚热带地区，现我国长江以南地区均有种植，山东、北京、陕西等地也有栽培。穿心莲内酯等苦味素是抗菌和抗钩端螺旋体的有效成分，未开花或现花蕾初期采收，在叶中的含量达 2%以上；若迟到来年 1 月份采收，其含量降至 0.5%，根和种子中无。生育期为 160～200 天。

（二）对环境条件的要求

穿心莲系“四喜一怕”的植物，即喜温暖、喜湿润、喜阳光、喜肥料、怕干旱。

1. 温度

种子萌发的适宜温度为 25～30℃，低于 20℃发芽势显著降低，15℃以下不能萌发。幼苗生长的最适温度为 25～30℃，气温降至 15～20℃时生长变慢，7℃左右叶变红紫色，停止生长，0℃左右或遇霜冻，植株枯萎。

2. 水分

空气相对湿度 80%～90%时有利于生长，忌干旱。土壤含水量 25%～30%（即要经常保持湿润，但不宜过湿）。

3. 土壤

对土壤的要求是地势平坦、背风向阳、肥沃、疏松、保水良好、pH 值为 5.6～7.4 的微酸性或中性沙壤土或壤土，不适于干旱和盐碱地，也可与幼龄果树或其他树木类药材间作或与小麦轮作，但不宜在荫蔽和低洼渍水地种植。避免与茄科的前茬作物轮作，以免感染黑茎病。

三、栽培技术

（一）播种与移栽

1. 整地

头年深翻，使土壤风化熟化。结合整地，每亩施熟腐厩肥、堆肥 2000kg，钙镁磷肥 20～30kg，再深耕耙细，做成宽 1.5m 的高畦，大田四周开 30cm 深的排灌沟。直播的生长期短，更要施足底肥。种植前可用农药泼洒消毒，以杀灭地下害虫。

2. 育苗移栽

穿心莲种子细小，幼苗顶土能力差，苗床需深翻细作。播种时间选择在清明节前后，播前按每份种子加入 2 份河沙，混匀后装入布袋内反复搓揉直至表面失去光泽。然后用 40～45℃的温水浸种 1～2 天，取出摊开，用湿纱布覆盖保湿，每天用水冲 1～2 次，如室温23～30℃，约 4 天有少量种子萌芽，此时可播种，播种时将种子与草木灰拌匀撒播在苗床后，再撒盖一层厚约 3mm 的细土，随即用喷雾器淋清水，使土壤湿透。播完后盖上农膜，农膜上再覆盖一层稻草，一般在上午 10 时或下午 4 时打开薄膜喷水，以保温保湿。播种量按每 $30m^2$ 苗床播种 50～60g 为宜（培育出的苗数可供 1～2 亩大田定植）。平均地温 20℃，土壤湿润条件下，约 15 天齐苗。当苗床出芽率达 50%～70%时，及时揭除贴地农膜及稻草，改为小拱棚覆盖。晚上需加草帘保温，次日温度达 20℃后再揭开薄膜两侧通风。出苗后可减少浇水，防止猝倒病的发生。结合浇水每隔 7 天淋 1 次稀粪水，促进幼苗快速生长。移栽前要揭开覆盖物炼苗，以适应环境。

3. 直播

可在 5 月份至 6 月上旬播种，每 $1hm^2$ 用种约 3kg，按育苗移栽方法处理过的穿心莲种子直接进行条播或穴播。条播按宽 20cm、深 4～7cm 播种；穴播按株行距各 30cm 开浅穴播种。大田直播因种子出苗不整齐，生产上很少采用。

4. 定植

一般在 5～6 月份移栽。幼苗高 10cm，有 4～5 对真叶时就可移栽到种植地。移植前 1 天，先把苗圃地灌水浇透，从苗床中选择健壮的秧苗带土移栽，定植行株距约为 30×20cm，肥地宜稀，薄地宜密，留种宜稀，商用宜密。定植后及时浇水定苗，以保证成活，1 周后可浇 1 次稀粪水，促进定根。在缓苗期间，要经常浇水，保持土壤湿润疏松，以利幼苗扎新根。但也不要浇水过多，造成幼苗倒伏。缓苗后，浅中耕松土 1 次。直播地苗高 7cm 左右进行间苗、补苗，每穴留壮苗 1～2 株。

（二）田间管理

1. 水肥管理

施肥要求按时、按量，平衡施肥。最好使用腐熟的土杂肥或有机复合肥，还可使用一些生物菌肥、叶面肥，尽量少用或限量使用化学肥料，特别是化学氮肥。也可在整个生长期完全用有机肥，具体为缓苗后每隔 15 天结合浇水冲 1 次人畜粪，每亩用量为 2000kg 左右；也可用有机肥配合化肥法，即整地时基肥施腐熟厩肥、堆肥，封垅追肥以尿素为主，结合浇水分 2～3 次冲施，每亩施尿素 30～40kg；也可氮、磷、钾化肥配合施肥法，即基肥每亩施复合肥 20～25kg，追肥以尿素为主，每亩追尿素 30～40kg，切忌用量过大，不然会降低有效成分穿心莲内酯含量。中后期结合喷药，喷 2%磷酸二氢钾以及硼肥和锌肥，5～7 天喷 1 次，连喷 2 次。6～8 月份幼苗需水量较大，天气干旱，要经常灌水，保持土壤湿润，以利幼苗生长，雨季和每次灌大水之后应及时排除余水。

2. 摘芽、培土

为提高产量，苗高 30cm 时及时摘除顶芽，促进侧芽萌发。如果要留种，在盛花期不用打顶，同时将不能结果成熟的花序摘除。苗高 30～40cm 时要结合中耕除草适当培土，防止风害。

四、病虫害及防治

（一）病害

1. 猝倒病

（1）危害　猝倒病（Rhizoctonia solani Kuehn）又称立枯病，俗称“烂秧”。本病由真菌引起，幼苗期发生普遍，当长出 2 片真叶时，为害严重，使幼苗茎基部发生收缩，得病的幼苗出现灰白色菌丝，发病初期在苗床内零星发生，传播很快，一个晚上就会出现成片死亡。发病原因是土壤湿度大，苗床不通风，阴雨天和夜间发病比晴天和白天严重。

（2）防治方法　出苗后减少浇水，浇早水，苗床四周通风，特别注意晚上和阴雨天的通风，降低土壤温度，加强光照。发病初期用 1∶1∶120 波尔多液喷，或用 50%硫菌灵可湿性粉剂 1000 倍液喷雾。

2. 枯萎病

（1）危害　该病是真菌中的镰刀菌引起的病害，主要危害根及整基部，发生时间 6～10 月间，幼苗和成株都能发生。幼苗期发生，环境潮湿，在茎的基部和周围地表出现白色滑丝状菌丝体。一般局部发生，发病初期，植株顶端嫩叶发黄，下边叶仍然青绿，植株矮小，根及整基部变黑，全株死亡。

（2）防治方法　育苗地禁选低洼地，灌溉时不浇大水，不积水，不重茬，不伤害植物，有伤口易感染镰刀菌，禁止和易得枯萎病植物轮作。

3. 黑茎病

（1）危害　真菌中半知菌，易侵害成株，在茎基部和地面部位发生长条状黑斑，向上下扩展，造成茎秆抽缩细瘦，叶变黄绿下垂，边缘向内卷，严重植株枯死。黑茎病多发生在 7～8 月份高温多雨季节。

（2）防治方法　加强田间管理，疏通排水沟，防止地内积水，增施磷钾肥。

4. 疫病

（1）危害　真菌中一种藻状菌，高温多雨季节发生。表现在叶片上水渍状病斑呈暗绿色，萎缩下垂，像开水烫一样。

（2）防治方法　用 1∶1∶120 波尔多液或敌克松 500 倍液喷雾防治（应在晚上或阴天用），免去强光照射。

（二）虫害

1. 蝼蛄

（1）危害　多在春天发生，咬断幼苗，造成死亡。

（2）防治方法　人工捕捉，诱饵毒杀。用 90%晶体敌百虫 100g 加少量水溶解后，与 50kg 炒香的棉籽或菜籽饼拌匀，做成小团，在床四周每隔 1 天放 1 个诱杀。

2. 棉铃虫

（1）危害　主要危害种子，吃掉嫩种粒。

（2）防治方法　冬季深翻地，消灭越冬蛹，或者幼虫期用 50%磷胺 1500 倍液喷杀，也可用 25%杀虫脒水剂 500～1000 倍液喷杀。用黑光灯诱杀成虫，用 90%晶体敌百虫 1000 倍液和 25%西维因可湿性粉剂 250 倍液混合后喷雾。

五、收获与加工

（一）采收

我国广东、广西、海南等地每年可收 2 次。第 1 次在 8 月份左右初现花蕾时收割，这次收割应保留分枝2～3个节。收割后继续除草、松土、施肥、浇水，使其重新萌芽，在11月份左右齐地面收割第2次。北方每年收1次。全草以身干、色绿、叶多，无杂质、霉变为优。穿心莲生长后期，会自然出现干叶脱落，应每隔几天下田捡拾1次，晒干保存。

（二）加工、分级

全草晒干，留种的植株打出种子后，扎成捆，即为穿心莲药材。每亩产量为200～400kg。

益母草

益母草 *Leonurus. japonicus* Houtt. 属唇形科益母草属，以全草和种子入药。种子中药名茺蔚子。根据叶片分裂的大小及形状分为细叶益母草和益母草；根据对低温的不同反应分为春性益母草和冬性益母草。

一、形态特征

1年生或2年生草本，株高60～120cm。益母草植株形态见图7-3。茎四棱形，有节，有倒向糙伏毛，多分枝。基生叶有长柄，叶片近圆形，边缘5～9浅裂，裂片长圆状菱形或卵圆形，裂片再分裂，上面有糙伏毛，下面生疏毛及腺点。中部叶掌状3深裂，裂片长圆状线形，柄短；上部叶条形或条状披针形，较小，几无柄。轮伞花序腋生，有8～15朵花，多数远离组成长穗状花序；小苞片刺状，短于萼筒；花萼筒状钟形，外贴生疏毛，内上部有柔毛，萼5齿，先端刺尖；花冠粉红色或淡紫红色，花冠筒外有柔毛，二唇形，上下唇近等长；雄蕊4，2强；子房4裂。花期5～8月份。小坚果长圆状三棱形，灰褐色，光滑有斑点，种子褐色，细小。果期7～10月份。

图7-3 益母草植株形态

二、生物学特性

（一）生长特性

多生于旷野向阳处，全国各地均有分布，部分地区有栽培。光照条件下生长的益母草总生物碱含量高。

（二）对环境条件的要求

喜温暖湿润气候，喜阳光，耐严寒、怕积水，对土壤要求不严，一般土壤和荒山坡地均可种植，板结红黄壤和沙性强的土壤不利于益母草的生长。

三、栽培技术

（一）播种

可进行1年2次播种，每次生长周期约75天，收获2次。

1. 整地

播种前整地，每亩施堆肥或腐熟厩肥1500～2000kg作底肥，施后翻耕约30cm，耙细整平。条播者做成1.2m宽的高畦，穴播者可不整畦，但均要根据地势开好排水沟，以防积水。

2. 播种

一般均采用种子繁殖，以直播方法种植，育苗移栽者亦有，但产量较低，多不采用。选当年新鲜的、发芽率一般在80%以上的籽种。穴播者每亩400～450g，条播者每亩500～600g。冬性益母草，于秋季10月份播种。秋播播种期的选择直接关系到产品的产量和质量，过早，易受蚜虫侵害；过迟，则受气温低和土壤干燥等影响，当年不能发芽，翌年春分至清明才能发芽，且发芽不整齐，多不能抽薹开花。春性益母草，秋播同冬性益母草，春播于3月上旬至4月初，夏播于6月中旬至7月份进行，夏播产量不高。平原地区多采用条播，坡地多采用穴播。条播时，在事先整好的畦面上按行距30cm，开深0.5～1cm、宽10cm的浅沟，沟底要平，播前在沟中每亩施人畜粪尿2500～3000kg。播种前先用益母草种子与草木灰充分混拌均匀，种子1.2～1.6kg拌草木灰每亩30kg，稍润湿，湿度以能够散开为度，按窝距20cm点播于沟内。播种后覆盖一层1cm厚的细土，稍加镇压后浇水，经常保持土壤湿润。种子在10℃以上即可发芽，10～15天即可出苗。穴播时，按穴行距各约25cm开穴，穴直径10cm左右，深3～7cm，穴底要平，先在穴内每亩施1000～1200kg人畜粪尿后，再均匀撒入种子灰，其他同条播。春播夏播不需灌溉，秋季播种，气候长期干旱时，可适量灌溉。

（二）田间管理

1. 间苗补苗

结合浅耕除草进行间苗，苗高5cm左右开始疏去过密、弱小和有病虫的幼苗，以后陆续进行2～3次，当苗高15～20cm时定苗。条播者采取错株留苗，株距在10cm左右；穴播者每穴留苗2～3株。间苗时发现缺苗，要及时移栽补栽，补苗宜在阴天或傍晚进行。

2. 中耕除草

春播夏播者，结合间苗中耕除草3次，分别在苗高5cm、15cm、30cm左右时进行；秋播者，在当年幼苗长出3～4片真叶时进行第1次中耕除草，翌年再中耕除草3次，方法与春播相同。第1次、第2次中耕除草要求中耕浅，为3～4cm，第3次结合中耕除草进行培土。要保护好幼苗，防止被土块压迫，更不可碰伤苗茎。

3. 水肥管理

在第1次和第2次间苗后施苗肥，每亩施尿素10～12kg，配水稀释后浇施，促进幼苗生长。结合第3次间苗和中耕除草施长叶肥，每亩施尿素4kg，过磷酸钙30kg，氯化钾5kg，配水稀释后浇施，可分2～3次施用。叶片覆盖整个田块时，施含量肥，以提高益母草内总生物碱含量，每亩用尿素3kg配水稀释后喷施。

益母草根系发达，须根较多，入土较深，因此不需灌溉。

四、病虫害及防治

（一）病害

1. 白粉病

（1）危害　白粉病发生在谷雨至立夏期间，春末夏初时易出现，危害叶及茎部，叶片变黄退绿，生有白色粉状物，重者可致叶片枯萎。

（2）防治方法　可用50%甲基硫菌灵可湿性粉剂1000～1200倍液或80U庆丰霉素连续喷洒2～4次。除治白粉病应早期动手，发生初期要防治1次，病发旺期连续防治2～3次。

2. 锈病

（1）危害　锈病多发生在清明至芒种期间（4～6月份），危害叶片。发病后，叶背出现赤褐色突起，叶面生有黄色斑点，导致全叶卷缩枯萎脱落。

（2）防治方法　发病初期喷洒敌锈钠 300～400 倍液或 0.2～0.3°Bé 石硫合剂，以后每隔7～10 天，连续再喷 2～3 次。

3. 菌核病

（1）危害　菌核病是危害益母草较严重的病害。整个生长期内均会发生，春播者在谷雨至立夏期间、秋播者在霜降至立冬期间病害发生严重，多因多雨、气候潮湿而致。染病后，其基部出现白色斑点，继而皮层腐烂，病部有白色绢丝状菌丝，幼苗染病时，患部腐烂死亡，若在抽茎期染病，表皮脱落，内部呈纤维状直至植株死亡。

（2）防治方法

① 在选地时就多加重视，坚持水旱地轮作，以跟禾本作物轮作为宜。

② 发现病害侵蚀时，及时铲除病土，并撒生石灰粉，同时喷洒 65%代森锌可湿性粉剂 600 倍液或 1∶1∶300 波尔多液。

（二）虫害

1. 蚜虫

（1）危害　危害植株较为严重，常致其萎缩死亡。

（2）防治方法

① 适时播种，避开害虫生长期，减轻蚜虫危害。

② 发生后，用烟草、石灰、水比例为 1∶1∶10 溶液或 40%乐果乳油 2000 倍液喷杀。

2. 地老虎

（1）危害　危害幼苗，易造成缺株短苗。

（2）防治方法　可采取堆草透杀、早晨捕杀的办法，同时还可用毒饵毒杀。

此外，益母草园地还会发生红蜘蛛、蛴螬等害虫，但不严重，以常规办法除治即可。再就是兽害，即在幼苗期间，常有野兔吃食，可在田间抹石灰或做草人布障惊骇或猎捕，防止幼苗被毁。

五、收获与加工

（一）采收

1. 收获全草

应在枝叶生长旺盛、每株开花达 2/3 时采收。秋播者约在芒种前后（5 月下旬至 6 月中旬）；春播者约在小暑至大暑期间（7 月中旬）；夏播者以不同播种期，在花开 2/3 时适时收获。收获时，在晴天露水干后时，齐地割取地上部分。

2. 收获籽种茺蔚子

采种应选生长健壮、无病虫害的植株种子作种，待全株花谢、果实完全成熟后收获。果实成熟易脱落，收割后可在田间置打籽桶或用细布裱过的大簸箩，将割下的全草放入，进行拍打，株粒分开后，分别运回，经日晒打下剩余种子，簸去杂质，贮藏备用。

（二）加工、分级

益母草收割后，及时摊放晒干，在干燥过程中避免堆积和雨淋受潮，以防其发酵变黄，影响质量。干后打捆。益母草应贮藏于干燥处，以免受潮发霉变黑，且贮存期不宜过长，过长易变色。茺蔚子应贮藏在干燥阴凉处，防止受潮、虫蛀和鼠害。每亩可产干益母草 250～350kg，干茺蔚子 40～60kg。

颠　茄

茄科颠茄属颠茄 *Atropa belladonna* L. 的全草入药，在山东、浙江、北京、上海等地均有栽培。

一、形态特征

图 7-4 颠茄植株形态

多年生草本植物，高 1～1.5m。颠茄植株形态见图 7-4。直根系，根呈圆柱形，直径5～15mm，表面浅灰棕色，具纵皱纹。老根木质。幼茎有毛，茎扁圆柱形、直立，直径 3～13mm，下部淡紫色，平滑，表面黄绿色，有细纵皱纹及稀疏的细点状皮孔，中空。上部多叉状分枝，微有毛；茎下部叶互生，上部叶常大小两片贴生于同一节上，有短柄，叶长 5～22cm，宽 3.5～11cm，先端渐尖，基部渐狭，全缘，沿脉有白色柔毛。完整叶片卵圆形或椭圆状卵形，黄绿色至深绿色；花单生于叶腋，花梗长 2～3cm，密生白色腺毛，花冠筒状钟形，淡紫色，长 2.5～3cm。花萼钟状，5 深裂，裂片三角形，长 1～1.5cm，雄蕊 5，较花冠略短。雌蕊子房 2 室，花柱常伸出于花冠外，柱头扩大，2 浅裂，胚珠多数：浆果球形，成熟时黑紫色，有光泽，直径约 1.2cm。种子多数，每浆果 80～180 粒，种子细小，千粒重0.6～0.8g，扁肾形，有网纹，黑褐色。花期 6～8 月份，果期 7～9 月份。

二、生物学特性

（一）生长特性

从开花到种子成熟是其干物质积累的高峰期。生长期约 140 天。叶和根在花期生物碱含量最高，茎干在生长前期生物碱含量高，开花后逐渐下降。

（二）对环境条件的要求

1. 温度

怕寒冷，忌高温，最适宜生长温度为 20～25℃，超过 30℃生长缓慢，能经受短期 0℃低温。

2. 光照

喜温暖湿润、阳光充足。

3. 水分

排水良好的环境，较抗干旱、怕涝，雨水过多时易发根腐病而死亡。

4. 土壤

以排灌方便的肥沃沙质壤土为宜，易积水的低洼地和盐碱地不宜种植。忌连作，也不能以茄科植物为前作。我国北方地区冬季不能露地越冬，只作 1 年生栽培。长江以南产区可作多年生栽培。

三、栽培技术

（一）播种

1. 整地

颠茄是喜肥植物，耕地前每亩施优质腐熟有机肥 3000～4000kg、尿素 10kg、氮磷钾复合肥 50kg，耕后耙细整平。栽前按 60～70cm 的行距做成高垄。

2. 播前催芽处理

颠茄种子发芽力可保持 1～2 年。播种前须经催芽处理，用 50℃的温水浸种，每天用清水淋 1 次，保持湿度，待个别种子发芽时，即可播种育苗；或浸泡后用湿布把种子包上，放 20℃恒温箱或温暖处催芽，以后每天用清水冲洗 1 次保持湿润，待个别种子发芽时，即可播种；亦可将温水浸泡的种子加 2 倍细湿沙拌匀放室内，沙藏 1 个月后播种，也能提前出苗。

3. 种植方法

分直播和育苗。

(1) 直播　多在 4 月上旬，于垄上开 1～1.5cm 的浅沟，将种子均匀撒入沟内，覆土压紧，浇水。秋播种子不用催芽处理，在 10 月下旬或 11 月初播种。在苗高 2cm 时，按株距 7cm 间苗，去弱留强，当苗高 10cm 左右时定苗。

(2) 育苗　育苗分 2 次，第 1 次是 2 月下旬，先提前扣拱棚提温，然后根据需要做成宽 1.0～1.2m、长 10m～15m 的苗床。将 70%没种过茄科作物的熟土和 30%发酵腐熟过的有机肥过筛配制营养土，每 $1m^3$ 营养土再用氮磷钾复合肥 1kg 和 50%多菌灵 80g 混拌均匀，防苗期猝倒病和立枯病。将配制好的营养土充分混合后摊平到畦面上，畦内浇一次透水，水渗下后，再撒一薄层土，将处理好的种子均匀地撒在畦面上，覆土 0.5～1cm 厚，然后盖严地膜和拱棚膜提温，晚上覆盖草帘，约 15 天出苗。第 2 次是在头年封冻前即 11 月下旬播种，播种时墒情适宜即可，无需浇透水。翌年解冻后即 3 月上旬扣一层拱棚膜、盖一层地膜，4 月份可出苗。这次播种不宜过早，否则因种子萌发，入冬后易发生冻害。每亩播种量约 250g。

4. 苗期管理

大部分苗出齐后撤离地膜。苗期结合浇水追施适量尿素，可兑叶面肥喷施，培育壮苗，提高抗病能力。进入 4 月份，随着气温的提高，应逐渐加大拱棚通风口，至 4 月末完全撤离棚膜，达到炼苗的目的，准备移栽。

5. 定植

一般于 4 月中、下旬移栽，移苗前 1 天，先将苗床浇水，选株高 20cm 左右的壮苗带土起苗，在做好的高垄上，按 30～35cm 的株距定植，放窝浇水，等水渗下后埋窝。封窝后，墒情差的还要立即在垄沟浇水，以保证成活率。每亩栽 2700～3200 株。肥力好的地块宜稀、肥力差的地块宜密。定植后发现死苗，及时补栽。

（二）田间管理

1. 肥料管理

苗高 25cm 时，每亩追施硫酸铵 15kg，也可灌稀人粪尿。在第 1 次采收后，再每亩施硫酸铵 20kg，并中耕培土，防止二茬倒伏。

2. 水分管理

7～8 月份遇到高温多雨的季节，要注意排涝，否则会造成大面积死亡。遇到干旱时应注意及时浇水，但不能大水漫灌。

3. 中耕除草

需要进行 3～4 次，封垄前人工锄草，封垄后人工拔大草。

4. 摘除花蕾

在不收取种子的情况下，应及早摘除前期花蕾，保证营养供给根茎生长，提高药材产量和有效成分含量。

四、病虫害及防治

1. 立枯病

(1) 危害　幼苗受害后茎基部出现凹陷褐斑，倒伏死亡。

(2) 防治方法　与禾本科作物轮作；发病期及时拔除病株，用石灰撒施病穴；用50%多菌灵1000倍液浇灌病区；注意排水和通风透光。

2. 猝倒病

(1) 危害　病原是真菌中一种藻状菌。只在幼苗期、低温高湿的苗床内为害严重。染病植株呈暗绿色，最后软腐。

(2) 防治方法　发病前喷1∶1∶(200～300) 波尔多液保护。其他基本同立枯病防治。

3. 枸杞负泥虫

(1) 危害　4月份开始至收获前均有发生。成虫、幼虫均取食叶片，造成孔洞。

(2) 防治方法　清园，消灭残株；用90%敌百虫800倍液喷雾防治。

五、收获

(一) 采收

一般在7月中旬和8月中下旬分2次及时收落地叶和果、植株下部老叶和枝上已成熟的果实，晒干即可。整株一般在9月底至10月初收获。在遇到多雨季节，田间积水排不出时，要立即收获整株，以免大面积涝死。

(二) 加工、分级

收获后晒干打包。每亩产500～600kg干品。

薄　荷

原植物为唇形科薄荷 *Mentha haplocalyx* Briq. 和家薄荷 *Mentha haplocalyx* Briq. var. *piperascens* (Malinvaud) C. Y. Wueth. W. Li，以地上部分入药，中药名薄荷。

一、品种

薄荷栽培品种很多，有紫茎紫脉薄荷、青茎圆叶薄荷、小叶黄种、红叶臭头、白叶臭头，大叶青种、六八七薄荷、一一九薄荷、四零九薄荷、七三八薄荷等。

二、形态特征

多年生草本，株高30～100cm，全株有清凉浓郁香气。薄荷植株形态见图7-5。具水平匍匐白色根状茎，茎下部数节具纤细的根。地上茎稍倾斜向上直立，四棱形，具四沟槽，多分枝，有时单一，中空，上部被倒向的微柔毛，下部仅沿棱上具微柔毛，并散生腺鳞。叶交互对生，长圆状披针形至长圆形，长3～7cm，宽1～3cm，先端急尖或锐尖，基部楔形至近圆形，边缘疏生粗大的牙齿状锯齿，两面常沿脉密生微柔毛，下面有腺鳞，其余部分近无毛；叶柄长0.2～1.2cm，被微柔毛。轮伞花序腋生，苞片较花梗及萼片稍长，条状披针形；花萼筒状钟形，长约0.25cm，外被白色微柔毛及腺点，

图7-5　薄荷植株形态

1—茎基及根；2—茎上部；3—花；4—花萼展开；5—花冠，展开示雄蕊；6—果实及种子

10脉，萼齿5，三角状钻形，明显长渐尖；花冠淡紫色或白色，长4～5mm，二唇形，外被微柔毛，上唇2裂较大，下唇3裂近等大；雄蕊4枚，前对2枚稍长，常伸出花冠筒外；花柱较花冠筒稍长，柱头近相等，2裂。子房4裂。小坚果4，长1mm，卵球形，黄褐色，藏于宿萼内。花期8～10月份，果期9～11月份。

三、生物学特性

（一）生长特性

浅根性植物，根入地深30cm，多数集中在15cm左右土层中，地下根茎分布较浅，集中在土层10cm左右。根茎和地上茎均有很强的萌芽能力，无休眠期，生产上用以作为无性繁殖材料。7月下旬至8月上旬开花，现蕾至开花10～15天，开花至种子成熟20天。割完第1刀后在10月份以后还能开花。薄荷中的薄荷油和薄荷脑含量在日照充足时含量高（连续晴天，叶片肥厚，边反卷下垂，叶面发蓝色，发出特有的强烈香气，此时，薄荷油、薄荷脑含量最高），连续阴雨天含量低。

（二）对环境条件的要求

1. 温度

根茎在5～6℃萌发出苗，植株生长的适宜温度为20～30℃，温度超过30℃则生长缓慢，当气温降至－2℃左右，植株开始枯萎。地下根茎在－30～－20℃的情况下仍可安全越冬。

2. 光照

薄荷属长日照植物。现蕾期、花期需要阳光充足，日照时间长有利于薄荷油、薄荷脑的形成和积累。

3. 水分

喜湿润环境，生长初期和中期需要雨量充沛。但后期雨水过多则易徒长，叶片薄，植株下部易落叶，病害亦多。

4. 土壤

对土壤的要求也不十分严格，除过沙、过黏、酸碱度过重以及低洼排水不良的土壤外，一般土壤均能栽培，但以pH值5.5～6.5的沙质壤土、冲积土为好。忌连作，种过薄荷的土地要休闲3年左右，才能再种。

四、栽培技术

1. 整地

前茬收获后每亩施优质土杂肥4000～5000kg、尿素20～25kg、过磷酸钙70～75kg、硫酸钾15～20kg或氮、磷、钾复合肥50～60kg及硼、镁、锌等复配微肥4～5kg作基肥。耕耙整平后做成1～1.2m宽的畦。重茬田冬季播种时，必须进行耕翻，田里的种根需尽量拾净，然后按一般田块开沟播种。开好排水沟，以防干旱和雨涝。

2. 繁殖方法

主要是根茎繁殖和分株繁殖。种芽不足时可用扦插繁殖和种子繁殖，后二者育种时采用，生产上不采用。

（1）根茎繁殖　在二、三刀薄荷收割后，即可将种根挖出来播种。我国南方长江流域以秋冬栽即10月下旬至11月上旬（立冬至小雪），北方以春栽即3～4月份栽种为宜。根茎随挖随栽，选色白粗壮、节间短、无病害的新根茎作种根，然后在整好的畦面上按行距25cm开小沟，沟深6～10cm，一人开沟，一人放根，可整条放入沟内或者截成6～10cm小段放入，株距15～20cm，施稀薄人粪尿，一人覆土，三人同时操作，避免根茎风干、晒干。耕地时没有施基肥的，栽种时可先把基肥施于种植沟内，后再下种覆土。肥料可用人畜粪尿每亩1000kg，或尿素8kg加过磷酸钙50kg和硫酸钾10kg，或饼肥100kg加磷酸二铵20kg。稍加镇压后浇水。每亩需根茎60～100kg。种根细的品种可适当减少，种根粗的品种可适当增加。盐碱土、稻板茬及土质差的田块要适当增加播种量。

(2) 分株繁殖 也称秧苗繁殖或移苗繁殖。选择植株生长旺盛、品种纯正、无病虫害的田地留作种用。秋季地上茎收后立刻中耕除草追肥，翌年4～5月份（清明至谷雨）苗高6～15cm时，将老薄荷地里的地上幼苗和匍匐茎苗连土挖出根茎，移栽，按行距20cm、株距15cm，挖穴5～10cm深，每穴栽2株，覆土压实，施稀薄人粪尿定根，水渗下后再浅覆土。此法无根茎繁殖产量高，但此法可延至春后，土地冬天还可以种其他作物。

五、田间管理

薄荷一般收2次（7月上旬、9月下旬），个别地方可收3次（6月上旬、7月下旬和10月中下旬）。

（一）头刀期管理（出苗到第1次收割）

1. 查苗补栽

在4月上旬移栽后，苗高10cm时，要及时查苗补苗，保持株距15cm左右，即每亩留苗2万～3万株。

2. 中耕除草

栽植秧苗成活后，行间中耕浅除2次，株间人工除草，以保墒、增（地）温、消灭杂草、促苗生长。收割前拔净田间杂草，以防其他杂草的气味影响薄荷油的质量。

3. 摘心

密度大的地块一般不摘心，密度小的地块需要摘心。在5月份中午晴天摘去顶心。将顶上2对幼叶摘去，此时伤口易愈合。摘心可促进侧枝茎叶生长，有利增产。

4. 适时追肥

植株生长瘦弱，分枝少；生长过旺，田间荫蔽，造成倒伏或叶片脱落，均影响产量和原油质量，所以合理施肥是取得高产的关键措施之一。头刀薄荷生长期长，出苗后长达140天左右才能收割。在第1次收割前要适当追肥2次。一般采用“前控后促”的施肥方法，前期轻施苗肥与分枝肥，施肥量只占总施肥量的20%～30%，即在2月份出苗时每亩施粪水1000～1500kg，促进幼苗生长；6月中旬（收割前20～35天内）重施“刹车肥”（保叶肥），施肥量占总施肥量的70%～80%，即每亩施入氮、磷、钾复合肥40～50kg，或施尿素15kg和适量饼肥，使后期不早衰，多长分枝与叶片，提高出油率。行间开沟深施，施后覆土浇大水。施肥时间要把握好，太早，收获时因薄荷生长过旺而郁闭倒伏或落叶；过迟，现蕾开花期延迟，则收获也相应延迟，影响二刀薄荷的生长和产量。不能单施氮肥，易使植株徒长，叶片变薄。此外，根据薄荷的生长情况，还可进行根外喷施氮、磷、钾肥。喷施氮肥可用尿素，浓度在0.1%左右；喷磷肥可用过磷酸钙，先将过磷酸钙用清水浸泡30～40h，然后取出澄清液配制成0.2%的溶液；喷钾肥可用氯化钾或硫酸钾先配制成1∶10的母液，使用时再稀释为0.1%的溶液，每亩各喷施100kg左右，亦可混合喷施。喷施时间应在薄荷生长最旺盛的时期，即在6月上旬，喷施时应选阴天或晴天的傍晚，叶的正反面都要喷到。

5. 化控

头刀薄荷的中后期，如有旺长趋势，可用生长调节剂进行化控。一般每亩用助长素10～

25ml或矮壮素5～10ml，兑水40kg叶面喷雾。

6. 浇水

薄荷前中期需水较多，特别是生长初期，根系尚未形成，需水较多，一般每15天左右浇1次水，结合施肥从出苗到收割要浇4～5次水。当7～8月份出现高温干燥以及伏旱天气时，要及时灌溉抗旱。多雨季节，及时排水。收割前20～25天停水，以免茎叶疯长，发生倒伏，造成下部叶片脱落，降低产量。收割时以地面“发白”为宜。

（二）二刀期管理（第1次收割后到第2次收割前）

1. 施肥

二刀薄荷施肥方法是前重后轻，重施早施苗肥，补施“刹车肥”。二刀薄荷生长期较短，要尽快锄去地面的残茬、杂草和匍匐茎（一般锄深2～3cm），每亩施氮磷钾复合肥70～75kg，最好浇施浓粪水1500～2000kg，促使幼芽从根茎上出苗。9月上旬，苗高25～30cm时，每亩施氮、磷、钾复合肥20～25kg，以满足植株需求。

2. 化控

二刀薄荷由于收获期偏迟或天气干旱造成出苗迟。可在施苗肥后，每亩用0.5g“九二0”粉剂对水40kg进行叶面喷雾，促进二刀薄荷晚苗的生长。

3. 浇水

锄残茬后要立即浇水，促使二刀苗早发、快长。二刀期浇水3～4次。

4. 田间除草

收割前拔大草1～2次，做到收割前田间无杂草。7月份收割第1次后，立刻略深锄。

（三）长年管理（栽种1年连续收获3～4年）

1. 查苗补苗

冬季往往会缺苗断垅，在春季要及时查苗。一般早春气温稳定在10℃以上补苗，12～20℃移苗成活率比较高。移苗太早或太晚，成活率都较低。还要注意松土和除草。

2. 除杂去劣

薄荷种植几年后，均会出现退化混杂，主要表现为与种植品种的形态特征不一致，抗逆性减弱，原油产量和质量下降。如果遇到在形态上难以区别的，可摘一片中部叶片，用手指揉一揉再闻其香味，若是优良品种则放出芳香浓郁的气味，若带有异味者说明植株已退化或混杂，应连根拔除。一般在苗高10cm左右，地下茎尚未萌生时及时去杂去劣，以防止新生出的地下茎断留在土中，影响去杂效果。最迟在地上茎长至8对叶之前去除。去杂工作要反复进行，一般头刀薄荷要反复去杂2～3次，二刀薄荷也要去杂2～3次。对于混杂退化严重的田块，于4月下旬，在大田中选择健壮而不退化的植株，按株行距15cm×20cm，移栽到留种田里，加强管理，以供种用。

3. 水肥管理

如果下一年还作采药材用，收割后，增施厩肥、圈肥。薄荷地清明前地上茎割完后立刻浇水。

六、病虫害及防治

（一）病害

1. 薄荷锈病

（1）危害　病原属担子菌亚门冬孢菌纲锈菌目柄锈菌科柄锈菌属真菌。夏孢子堆叶背面生，散生或聚生，近圆形，橙黄色，粉状，突破表皮。冬孢子堆生于叶背面、叶柄及茎上，散生或聚生，黑褐色，粉状，裸生。单元寄生，锈菌能形成性孢子、锈孢子、夏孢子和冬孢子。在叶和茎上发病，最初先在表面形成圆形或纺锤形黄色肿块，其后肥大，内有锈色粉末

（锈孢子）散出。以后在表面又生有白色小斑，后呈圆形淡褐色粉末（夏孢子）。后期，在背面生有黑色粉状（冬孢子）病斑。严重时病处肥厚，变成畸形。

（2）防治方法　清除病残体，减少越冬菌源；发病期喷洒波尔多液（1∶1∶160），每隔7～10天1次，连续喷2～3次；发现病株及时拔除烧毁；在播种前用45℃热水浸泡种根10min，效果较好。

2. 薄荷斑枯病

（1）危害　病原属半知菌亚门、腔孢纲、球壳孢目、球壳孢科、壳针孢属真菌。分生孢子器叶两面生，散生或聚生突破表皮，扁球形，分生孢子针形，无色透明，正直或微弯，基部钝圆形，顶端较尖，2～3个隔膜。叶面生有暗绿色的病斑，后逐渐扩大，呈近圆形或不规则形，直径2～4mm，褐色，中部退色，故又称白星病。病斑上生有黑色小点，即病原菌的分生孢子器。危害严重时，病斑周围的叶组织变黄，早期落叶。

（2）防治方法　实行轮作；秋后收集残茎枯叶并烧毁，减少越冬菌源；发病期可喷洒波尔多液（1∶1∶160）或70％甲基硫菌灵可湿性粉剂1500～2000倍液，每隔7～10天1次，连续喷2～3次。

（二）虫害

1. 薄荷根蚜

（1）危害　为棉虫科棉蚜属的一种（*Eriosomat* SP.），为危害薄荷根部，造成植株退绿变黄，很像缺肥或病害症状。薄荷受害后地上部出现黄苗，严重时连成片，地表可见白色棉毛状物和根蚜，有虫株明显矮缩，顶部叶深黄，由上而下逐渐由淡黄色到黄绿色，叶脉绿色，最后黄叶干枯脱落，茎秆也同样由上而下退绿变黄，叶片比健苗窄。受害后地下部薄荷须根及其周围土壤中密布棉毛状物，根蚜附着于须根上刺吸汁液，并分泌白色绵状物包裹须根，阻碍根对水分、养分的吸收。

（2）防治方法　2.5％敌杀死5000倍液和40％氧化乐果2000倍液有较好的防治效果。

2. 尺蠖

（1）危害　尺蠖爬行时身体中部向上弯曲如桥状，故又叫造桥虫。幼虫以薄荷叶片为食料，以6月中下旬和9月中旬为害最烈。为害轻者造成减产，重者3～5天内可将田间薄荷的叶片全部吃光。

（2）防治方法　经常进行检查，一经发现危害，尽快用敌百虫500～600倍液喷洒。

七、收获与加工

（一）采收

薄荷最佳收获时间是在现蕾到初花期，此时叶片多且厚，含油率也高。头刀收割时间在小暑至大暑间，绝不能晚于大暑，否则影响二刀薄荷产量。头刀薄荷主要用来提薄荷油，二刀薄荷主要入药。为保证薄荷的质量，药农有“五不割”的经验，即：油量不足不割；大风下雨不割；露水不干不割；阳光不足不割；地面潮湿不割。头刀在7月初，二刀在9月底至10月初，当花序20％开花时，选晴天上午10时至下午3时采收。用镰刀齐地割下茎叶，立刻集中摊放开阴干。每隔2～3h翻动1次，晒2天后扎成小束，扎时束内各株枝叶部位对齐。扎好后用铡刀在叶下3cm处切断，切去下端无叶的梗子，摆成扇形，继续晒干。忌雨淋和夜露，晚上和夜间移到室内摊开，防止变质。收割完毕后，还可于早晨露水未干和傍晚或阴天时回收地面落叶（扫落叶），以增加产量。薄荷收割过早会降低出油率，收割过晚，油中呋喃含量增加，影响品质。

（二）加工、分级

薄荷以色深绿、叶多、气味浓、不带根者为佳。晒干或阴干后薄荷捆外加篾席包装储运，放阴凉干燥处，防受潮发霉。亦可将薄荷茎叶晒至半干，放入蒸馏锅内蒸馏薄荷油，再精制成薄荷液。

肉苁蓉

原植物为列当科肉苁蓉 *Cistanche deserticola* Y. C. Ma 及管花肉苁蓉 *Cistanche tubulosa* Wight，以带鳞叶肉质茎入药，中药名肉苁蓉。

一、形态特征

多年生寄生草本，块茎基生。肉苁蓉植株形态见图7-6。茎肉质，圆柱形，埋于沙地中，高40～160cm，不分枝，下部较粗。叶肉质，鳞片状，螺旋状排列，淡黄白色，下部叶紧密，宽卵形或三角状卵形，长5～15mm，宽10～20mm，上部叶稀疏，披针形或窄披针形，长10～40mm，宽5～10mm。穗状花序顶生，伸出地面，长15～50cm，有多数花；苞片线状披针形或卵状披针形，长2～4cm，宽5～8mm，与花冠近等长；小苞片卵状披针形或披针形，与花萼近等长；花萼钟状，长10～15mm，5浅裂，裂片近圆形；花冠管状钟形，长3～4mm，淡黄白色，管内弯，里面离轴方向有2条鲜黄色的纵向突起，裂片5，淡黄白色、淡紫色或边缘淡紫色；雄蕊4，2强，近内藏；子房椭圆形，白色，基部有黄色蜜腺，花柱细长，与花冠近等长，柱头近球形。蒴果卵圆形，2瓣纵裂，褐色；种子多数，微小，椭圆状卵圆形或椭圆形，长0.6～1mm，表面网状，具光泽。花期5～6月份，果期7月份。

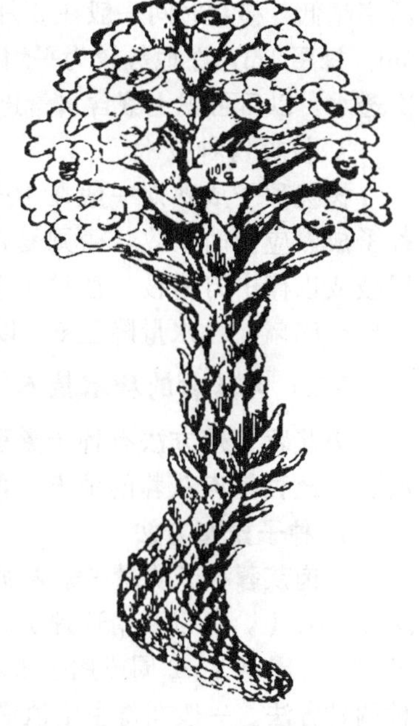

图7-6　肉苁蓉植株形态

二、生物学特性

(一) 生长特性

专性寄生。寄生于梭梭等的根部。当肉苁蓉的种子萌发，其寄生根侵入寄主根部的维管束以后，形成块茎，从块茎上生出一至数条肉质茎。开花结实后旧茎腐烂死亡，新茎又从块茎上发出。

(二) 对环境条件的要求

沙漠地区旱生、盐生木本植物均能作为寄主，以选用大灌木梭梭、红柳、碱蓬为宜。梭梭宜选用白梭梭，红柳宜选用多枝红柳、多花红柳、刚毛红柳，碱蓬宜选用囊果碱蓬。本书主要介绍梭梭为寄主的栽培方法。

肉苁蓉分布区的环境条件与梭梭的分布区相同。喜旱、怕涝。肉苁蓉生长所需水分来自于梭梭，土壤缺水有利于肉苁蓉生长。逆境下分枝能力强。肉苁蓉耐热抗寒，能忍耐－42～42℃的极端温度，但生长的适宜温度为25～30℃；耐盐碱，土壤类型为灰棕荒漠土、棕漠土，黏重、板结、干硬的土壤不适宜肉苁蓉生长。可利用弃耕退耕地、沙荒地、盐碱地种植。

三、栽培技术

(一) 梭梭栽培技术

1. 选地整地

育苗地一般应选择背风向阳、水源方便、地势较高、平坦的地块，土壤含盐量不超过

1%、地下水位1～3m的沙土和轻壤土最为适宜，不要在通气不良的黏质土壤、盐渍化过重的盐碱地和排水不良的低洼地上育苗。全面整地，作畦整平，做好隔水埂。梭梭育苗对整地和土壤肥力要求不高。播种前浅翻细耙，除去杂草，灌足底水即可。移栽地要求同育苗地，平整土地、挖移栽沟。

2. 梭梭育苗和移栽

育苗以秋播为宜。为了防止根腐病和白粉病的发生，播种前可用0.1%～0.3%的高锰酸钾或硫酸铜水溶液浸种20～30min后捞出晾干拌沙播种。以开沟条播，覆土1cm为好。一般每亩下种量为2kg左右为宜，每亩产苗量可达6万～7万株。播种后，苗床一般不需要覆草。在早春多风和干旱地区，要及时覆草，避免风蚀和地表干燥。

移栽通常用1年生无病虫害、无损伤、根系完整的梭梭苗，成活率较高，苗龄越大反而成活率越低。移栽时间一般在3月中旬和10月上中旬。分穴栽和沟栽两种方式。穴栽可按行距3m，株距1m；在地势较为平坦的地块，可开沟栽植，其他同穴栽。裸根植苗造林后马上灌1次透水，以后可视土壤含水量进行灌溉。梭梭一般每年灌水2～3次，9月后禁止灌水。

3. 梭梭留种技术

梭梭种子成熟期一般在10～11月份，果实自绿色变成淡黄色或褐色时即为成熟。梭梭种子成熟应及时采收，否则易被大风吹走。采种时用采种布单或麻袋，置于母树树下，摇动树枝或以棒击打树枝，使种子落下。新采集的种子要及时摊开晾干，去杂，使种子纯度达到70%～80%，含水量降至5%以下。梭梭种子不耐贮藏。育苗宜选用当年新采收的种子。

（二）肉苁蓉的栽培技术

肉苁蓉繁殖方法有种子繁殖和无性繁殖两种。新种植肉苁蓉的地方，必须采用种子繁殖法。已经种植肉苁蓉的地方，两种方法均可。

1. 种子繁殖方法

对肉苁蓉种子质量考察表明，大田收获的肉苁蓉种子中，秕种、无胚种和不完全成熟种可达36%以上，所以要精选种子。一般在4月中下旬播种。播种前对种子进行处理，将肉苁蓉种子在室外曝晒1～2周或用生根粉处理后，可促进萌发和提高接种率。播种一般采用坑种和沟种两种方法。一般在寄主定植成活后接种肉苁蓉。接种工作在4～5月份或10～11月份进行。

（1）坑种法

① 破皮法：在接种穴内选择0.4cm以上毛根，划破韧皮部，将处理过的种子10～20粒黏附在韧皮划破处，然后喷洒50mg/L的APT生根粉溶液或1000mg/L乙酰水杨酸溶液处理毛根及周围沙土，然后将1kg腐熟肥与沙土混合均匀后回填至穴口10cm左右，每穴灌水10～15kg，待完全渗入后做好标记，覆土踩实。

② 断根法：在接种穴内找到1cm左右毛根，将根切断，用100mg/L的APT生根剂水溶液处理断根及周围毛根、沙土，将处理过的种子40～60粒均匀撒在断根处，然后将1kg腐熟肥与沙土混合均匀后回填至距坑口10cm左右，每穴灌水10～15kg，待完全渗入后做好标记，覆土踩实。

③ 营养诱导法：用1000mg/L乙酰水杨酸水溶液等营养诱导物质拌和黏土制作成直径10cm、厚2～3cm的接种盘，将处理过的种子40～60粒均匀撒在接种盘上，上覆沙土后置于接种坑内梭梭根系分布密集处，用50mg/L的APT生根粉溶液喷洒毛根及周围沙土，然后将1kg腐熟肥与沙土混后均匀后回填至距坑口10cm左右，每穴灌水10～15kg，待完全渗入后做好标记，覆土踩实。

（2）沟种法

① 点播接种：播种时要测定种子发芽率，当发芽率符合播种要求时进行播种，播种前

用0.1%～0.3%高锰酸钾溶液浸种20～30min，捞出后与沙土混合拌匀。先在距寄主植株30～50cm处沿种植行两侧开沟，沟深60cm，沟宽30～40cm，每隔10～15cm下种10粒，每亩约下种100g，覆沙回填至距沟沿5～10cm，以便浇灌和保存雨水。

② 接种纸膜接种：首先要制作接种纸膜。裁剪长27～29cm、宽8～10cm的报纸和卫生纸，在报纸上均匀地涂上肉苁蓉种子诱导剂，再在诱导剂上刷上180～200粒肉苁蓉种子，上覆绵软易腐解的卫生纸即可。待接种纸膜阴干后，每100张一捆，存放在通风、干燥、清洁的库房，库房温度不超过25℃。隔年贮藏，温度不超过20℃，相对湿度45%～70%。开沟同点播接种，按每株1～2张将接种纸膜放入沟底（放置接种纸膜时，要将覆卫生纸一面朝上），然后覆土，覆土不宜填满，应留有5～10cm沟，以便浇灌和存储雨水。

2. 无性繁殖法

又称分枝诱导法。收获肉苁蓉时，在肉苁蓉与梭梭根连接处留下5～10cm长的肉质茎，其上部鳞叶内能发生不定芽，不定芽继续生长，即成肉苁蓉。

（三）田间管理

1. 培土

沙漠地区风沙大，寄主植物根部常被风沙吹刮裸露，要及时培土或用树枝围在寄主根附近防风。

2. 水肥管理

根据寄主植物和肉苁蓉生长情况浇水施肥，以提高寄主的生长能力和肉苁蓉生长所需的水分和养分。在肉苁蓉生长期，一般5月下旬灌水1次，7月中旬再灌水1次即可，9月底禁止灌水，以防肉苁蓉受冻。施肥以农家肥为主，以保证肉苁蓉品质。

3. 中耕除草

每灌1次水，即行松土除草。

4. 人工授粉

肉苁蓉5月份开花，如生产肉苁蓉种子，要进行人工授粉。

（四）肉苁蓉留种技术

选择寄主梭梭生长旺盛的多年生健壮肉苁蓉植株留作种株，用于生产种子。肉苁蓉是异花授粉植物。因此，增加肉苁蓉密度，进行人工辅助授粉是提高种子产量的主要技术环节。

肉苁蓉种子在6月中旬至7月初成熟，要注意观察，待80%以上的种子变褐变硬时开始采收。当种子变黑，花穗下部有少量种子开始散落时，将肉苁蓉的地上部分剪回，摊放在室内，每天翻动1～2次。待阴干后取出种子，清除杂质，用布袋包装，保存在低温（2～8℃）干燥处。

四、病虫害及防治

1. 梭梭白粉病

多发生在7～8月份，危害嫩枝，可用生物制剂300倍液或25%粉锈宁4000倍液喷雾。

2. 梭梭根腐病

多发生在苗期，危害根部，发生期可用50%多菌灵1000倍液灌根。

3. 种蝇

发生在肉苁蓉出土开花期，幼虫危害嫩茎，并能蛀入地下茎基部，可用90%敌百虫800倍液或40%乐果乳油800～1000倍液地上部喷雾或灌根。

4. 大沙鼠

啃食寄主枝条或根部，使寄主死亡。可用毒饵诱杀或捕杀。

5. 黄褐丽金龟

用40%辛硫磷乳油1000倍液防治效果较好。

五、收获与加工

(一) 采收

肉苁蓉接种后，第3年开始采收。春秋两季均可，以春季4～5月份肉苁蓉出土前采收为佳。选择肉苁蓉与寄主相连的外围挖坑，尽量不松动肉苁蓉侧面上的土，以保证肉苁蓉完整。采收时可将挖出来的肉苁蓉从距地表处去头，摘除茎顶，然后覆土埋藏，以增加产量。

(二) 加工、分级

1. 晾晒法

整枝晒干前先将顶头已变色的肉苁蓉用开水烫头，或切除变色头，白天将肉苁蓉放在清洁的水泥地面上或其他非金属器具上或沙地上，在阳光下晾晒，每天翻动2～3次，防止霉变，晚上收集成堆遮盖起来，防止昼夜温差大冻坏肉苁蓉，晾至完全干（含水量在10%以下）后，分级包装，收集存放。也可半藏半露沙地中，较全部曝晒干得快。晒干后即为甜苁蓉，颜色好，质量高。或将挖出的肉苁蓉清除泥土，洗干净后用不锈钢刀或者切片机切成4～8mm厚的切片，自然晒干或阴干或烘干后（含水量在10%以下），筛出土和杂物，收集存放。

2. 盐渍法

秋季采收的肉苁蓉含水量高，难以干燥，一般都加工成盐苁蓉或咸苁蓉。将个大者投入盐湖中淹1～3年；或在地上挖50cm×50cm×120cm的坑，放入等大不漏水的塑料袋，在气温降到0℃时，把肉苁蓉放入袋内，用未加工的土盐，配制成40%的盐水腌制，第2年3月份取出晾干，为咸大芸。

3. 窖藏法

在冻土层的临界线以下挖坑，将新鲜肉苁蓉在天气冷凉之时埋入土中，第2年取出晒干。

【本章小结】

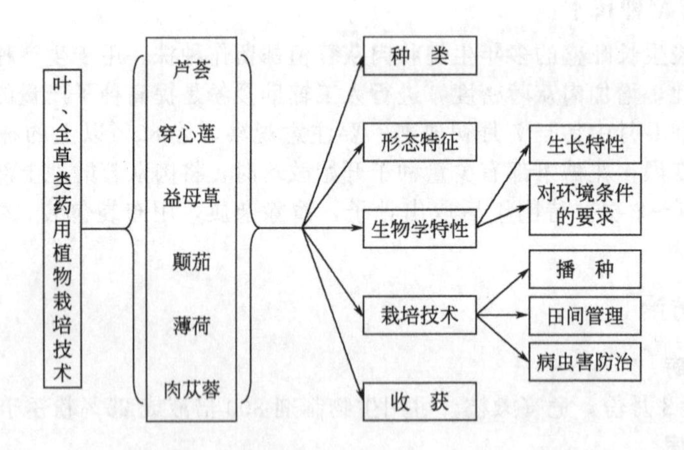

【复习思考题】

1. 芦荟不开花的主要原因有哪些？
2. 穿心莲育苗移栽的注意事项有哪些？
3. 简答提高益母草栽植成活率的措施。
4. 简述提高颠茄生物碱含量的栽培措施。
5. 肉苁蓉的接种方法主要有哪些？

模块八　真菌类药用植物栽培技术

【学习目标】

了解主要真菌类药用植物的生物学特性和栽培特点，掌握灵芝、茯苓、猴头菌、竹荪等药用植物的高产、优质栽培技术。

灵　芝

根据我国第一部药物专著《神农本草经》记载灵芝有紫、赤、青、黄、白、黑六种，但现代文献及所见标本多为多孔菌科紫芝 *Ganoderma sinense* Zhao. Xu et Zhang 或赤芝 *Ganoderma lucidum*（Leyss. ex Fr.）Karst。

紫芝为多孔菌科真菌紫芝的子实体。多生于阔叶树木桩旁地上或松木上，或生于针叶树朽木上。产于河北、山东、江苏、浙江、江西、福建、中国台湾、广东、广西。

赤芝是灵芝的红色品种，又名丹芝，生长在安徽霍山的多为人工或半野生状态，是灵芝中药效较好的种类之一。一般所说的灵芝为此类的代表种，分为有菌柄和无菌柄两种，有菌柄与菌伞同色或较深。在赤芝中，信州、惠州、南韩、泰山1号、大别山灵芝、801、日本二号、植保六号、台湾一号、云南四号均为良种。各地要根据当地的生产条件和生产目的来确定品种。

一、形态特征

灵芝由菌丝体和子实体两大部分构成。紫芝形态见图8-1。菌丝无色透明、有分隔、分支，白色或褐色，直径1～3μm。菌丝体呈白色绒毛状。子实体由菌盖、菌柄和子实层组成。菌盖半圆形或肾形，(4～12)cm×(3～20)cm，厚0.5～2cm，木栓质，黄色，渐变为红褐色，皮壳有光泽，有环状棱纹和辐射状皱纹。菌柄侧生，罕偏生，深红棕色或紫褐色。菌肉近白色至淡褐色，菌管长达0.2～1cm，近白色，后变浅褐色。管口初期白色，后期呈褐色。孢子红褐色，卵形，一端平截，外孢壁光滑，内孢壁粗糙，中央含1个大油滴。

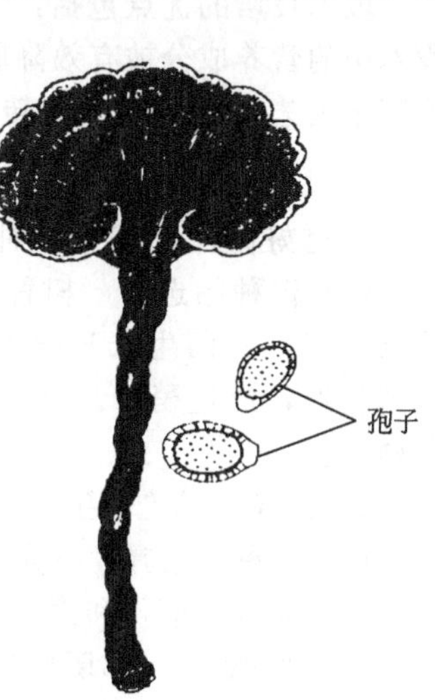

图8-1　紫芝形态

二、生物学特性

（一）生长特性

灵芝在我国大部分省份均有分布，一般适宜海拔300～600m的山地生长，多生于夏末秋初雨后热带、亚热带栎、槠、栲树等阔叶林的枯木树兜或倒木上，亦能在活树上生长，属中高温型腐生真菌和兼性寄生真菌。

（二）对环境条件的要求

1. 营养

主要是碳素、氮素和无机盐。灵芝在含有葡萄糖、蔗糖、淀粉、纤维素、半纤维素、木质素等基质上生长良好。

它同时也需钾、镁、钙、磷等矿质元素。

2. 温度

其温度适应范围较为广泛。

(1) 菌丝体　生长温度范围 3～40℃，正常生长范围 18～35℃，较适宜温度为 24～30℃，最适宜温度为 26～28℃。

(2) 子实体　子实体形成的温度范围在 18～32℃。最适温度 26～28℃，30℃发育快，质地、色泽较差；25℃质地致密，光泽好。温度持续在 35℃以上、18℃以下难分化，甚至不分化。

(3) 孢子　萌发最适温度在 24～26℃。

3. 水分

灵芝菌丝体在基质中要求最适含水量为 60%～65%，菌丝在段木中要求段木含水量在 33%～48%之间。短段木埋土时，要求土壤含水量在 16%～18%，而在子实体发育期间要求土壤含水量为 19%～22%。

菌丝生长阶段，空气相对湿度为 70%～80%，在形成子实体阶段，空气相对湿度要求在 85%～95%，不可超过 95%，否则对子实体发育形成与分化不利。

4. 气体

灵芝为好气真菌。对氧气的需求量大，当空气中的二氧化碳含量超过 0.1%，灵芝只长菌柄或菌柄分支不开盖而形成鹿角芝。

5. 光线

灵芝菌丝在菌丝生长阶段不需要光线，光照对菌丝生长有明显的抑制作用。灵芝子实体在形成阶段，若在全黑暗环境下不分化，而过强的光线也将抑制子实体正常分化。

6. 酸碱度

灵芝菌丝生长最适 pH 值为 5～6，灵芝子实体生长最适 pH 值为 4～5。

三、栽培技术

(一) 短段木熟料栽培

人工培植时一般采用段木栽培、锯木栽培或其他代料栽培，栽培方法有瓶栽、盆栽、塑料袋栽、菌砖栽、段木栽等各种方式，室内室外都能栽培。

段木栽培的优点包括：子实体菌盖厚实，宽大、色泽鲜亮；由于通过高温、高压灭菌使段木中的营养成分被有效降解并且污染机会少，易被灵芝菌丝分解与吸收；每 $1m^3$ 木材 2 年可产干灵芝约 40kg，生物转化率较高。

(二) 接种

1. 选好树种，育好菌种

(1) 树种的选择　树种应选用壳斗科树种为主。如栲、栎、槠、榉等。栲、栎、榉类栽培灵芝，其菌生长速度快、产量高、色泽高、子实体厚实；槠类树种菌丝生长较慢、出芝较迟，产量稍低。其他如枫、杜仲、苦栎、乌桕等亦可，但产量与品质均不如壳斗科树种。

砍伐的杂木应选择生长在土质肥沃、向阳的山坡。其营养比较丰富，产量也高，品质亦佳。

(2) 菌种的选择　一是菌种的遗传性状要好，二是菌种繁育的质量要好。目前生产上普遍使用的品种有信州和南韩。

2. 适时栽培，无菌接种

99℃保持 12～14h。在加热时，要避免加冷水以致降温，影响灭菌效季节安排；可根据不同的栽培方法选择接种时间，一般5月上旬要进行栽培接种。

(1) 适时砍伐　树木休眠期10月份至翌年1月份，砍树季节适宜在冬至至惊蛰内砍伐，一般较栽培时间早1个月进行，去枝运回生产场地。砍伐运输过程中，尽可能保持树皮完整，脱皮影响产量。尤以质硬的树木为好，直径不小于6cm，不大于22cm，以8～18cm为宜。

(2) 切段装袋　在熟化消毒的当天或前一天进行切段，长度一般30cm，切面要平，周围棱角要削平，以免刺破塑料袋。袋的规格有15cm、20cm、26cm、32cm，厚0.05cm聚乙烯筒料，每袋装1段，大段装大袋，小段装小袋，两端撮合、弯折，折头系上小绳，扎紧。若段木过干，则浸水过夜再装袋。

(3) 熟化灭菌　用常压灭菌，保持100℃下灭菌10h。

(4) 消毒接种　按每$1m^3$段木需100包接种量接种。接种时，要进行2次空间灭菌。接种室要选门窗紧密、干燥、清洁的房间，墙壁用石灰水粉刷，地面是水泥地。第1次消毒在段木出灶前进行，按每$1m^3$空间用烟雾消毒剂4g，消毒过夜；第2次消毒在段木冷却至30℃以下时，在各项接种工作准备完毕后进行。具体操作方法是先将灭菌后冷却的料袋和经75%酒精表面消毒的原种瓶（袋）以及清洗干净的接种工具放入接种室或接种箱内，然后按每$1m^3$用36%～40%的甲醛溶液10ml倒入瓷杯或玻璃杯内，后加高锰酸钾5g，关闭门窗，人员离开，熏蒸0.5h。由于甲醛气体对人的眼、鼻黏膜具有刺激作用，接种人员难以进入操作，可于灭菌后，用25%～30%氨水溶液喷雾以消除甲醛气味。若装有紫外灯，可同时灭菌，效果更好。简陋的接种室，应用石灰水将墙涂白，接种前用2%来苏水溶液喷洒墙面、地面和空间，保持室内清洁、无灰尘，即可使用。

(5) 接种方法　在已消毒的接种箱或室内点燃酒精灯，用灭菌镊子剔除菌种表面的老化菌层，并将菌种搅散，便于以后镊取（谷粒菌种可用接种勺取）。打开料袋两端的扎口，分别接入原种，接种主要在两袋口段木表面，中间可不接。要求菌种块与切面木质部紧密地结合在一起，这样发菌快，减少污染，一般接种成活率可达98%，接种后再绑紧袋口。整个过程中动作要迅速，一人解袋，一人放种，一人系袋，再一人运袋，多人密切配合，形成一条流水线，尽可能缩短开袋时间，加大接种量，封住截断面，减少污染。

(三) 管理

1. 菌袋培训

培养室在使用前两天应预先做好消毒灭菌处理。方法是：每$1m^3$用20g硫黄放在瓷碗上用纸点燃，密闭门窗一昼夜。熏蒸室内喷一遍水，杀菌效果更好。放室外要有遮雨、保湿、遮阴措施，避免强光照射。

将接种后的菌袋移到通风干燥的培养室较暗处进行发菌培养，搬运过程要轻拿轻放，防止损坏塑料袋。菌袋分层放在培养架上，袋口朝外，一般每层放6～8袋，袋与上层架之间应留有适当空隙，以利于气体交换。也可将菌袋堆集成“井”字形，立体墙式排列，高度1.5m为宜，长宽不限，两菌墙之间留通道，以便检查。

接种5天后开始检查袋口两端及菌袋四周是否有杂菌污染。凡出现红色、绿色、黑色菌丝的即是杂菌，应及进防治。防治方法是：取70%酒精，或用70%酒精与36%甲醛溶液1∶1混合液，装入注射器中，注到有杂菌的位置，然后贴胶布封住针口。也可用其他杀菌剂或10%新鲜石灰水注射，石灰膏封口。

接种后一周内要加温到22～25℃培养，有利菌丝恢复生长。每隔10天或半个月必须翻1次棒，翻棒时注意上下内外互相调剂。菌丝生长中后期若发现袋内大量水珠产生，这时，可结合刺孔放气开门窗通风换气1～2h或稍微解松绳索，以增加氧气，促进菌丝向木质部深层生长。一般培养20～30天左右菌丝便可长满整个段木表面。

2. 搭棚作畦，排场埋土

栽培场地的选择：应选择在海拔300～700m，夏秋最高气温在36℃以下，6～9月份平均气温在24℃左右，排水良好，水源方便，土质疏松，偏酸性沙质土，朝东南，坐西北的疏林地或田地里。

(1) 作畦开沟　栽培场应在晴天翻土20cm，畦高10～15cm，畦宽1.5～1.8m，畦长按地形决定，去除杂草、碎石。畦面四周开好排水沟，沟深30cm。有山洪之处应开好排洪沟。

(2) 搭架建棚　栽培场需搭盖高2～2.2m、宽4m的荫棚，荫棚遮阴程度达到"四分阳，六分阴"便可，棚内分左右两畦。若条件允许，可用黑色遮阳网覆盖棚顶，四周只需西面遮围，其他三面视情况稍加遮阴，遮光率为65%，使棚内形成较强的散射光，使用年限长达3年以上。

(3) 排场埋土　菌丝已长进木质5～10cm时，部分接种口上就有小菌蕾出现，此时立即拆堆排场。排场时间应选择4～5月份天气晴好时进行。场地应事先清理干净，消毒灭菌，注意白蚁的防治。排场应根据段木菌种不同、生长好坏不同进行分类。去袋横放埋入畦面，间距5cm，行距10cm。这种横埋方法比竖放出芝效果更好。排好菌木后进行覆土，以菌木半露或不露为标准。覆土最好用火烧土，可增加含钾量，有利出芝。用竹片竖起矮弯拱，离地15cm，盖上薄膜，两端稍打开。埋土的土壤湿度为20%～22%，空气相对湿度约90%。

3. 加强管理

(1) 光照　要有一定散射光。光线控制总的原则是前阴后阳，前期光照度低有利于菌丝的恢复和子实体的形成，后期应提高光照度，有利于灵芝菌盖的增厚和干物质的积累。

(2) 温度　灵芝子实体形成为恒温结实型。菌材埋土后，如气温在24～32℃，通常20天左右即可形成菌芽。当菌柄生长到一定程度后，温度、空间湿度、光照度适宜时，即可分化菌盖。变温不利于子实体分化和发育，容易产生厚薄不均的分化圈。气温较高时，可在荫棚上覆盖草帘，遮去更多的阳光；温度低于22℃时，有阳光时，将荫棚上的遮阴物拨开。

(3) 湿度　灵芝生产需要较高的湿度，灵芝的子实体分化要经过菌芽→菌柄→菌盖分化→菌盖成熟→孢子飞散的过程。从菌芽发生到菌盖分化未成熟前的过程中，要经常保持空气相对湿度85%～95%，以促进菌芽表面细胞分化，土壤也要保持湿润状态，达到用手一捏即扁，不裂开，不黏手，含水量为18%～20%。晴天多喷，每天需喷水3～4次，阴天少喷，下雨天不喷。灵芝未开片时（开片时菌柄长5cm左右），喷雾的雾点要非常细小，且喷水量不可过多，一次喷水量不超过0.5L/m²。子实体稍大时，喷水量可逐渐增加。夜间要关闭小棚两端薄膜以便增湿，白天打开，以防二氧化碳浓度过高。子实体散发孢子时不喷水，以防止菌盖表面孢子流失。要注意观察要展开的芝盖外缘白边（生长圈）的色泽变化，防止因空气湿度过低（<75%）造成灵芝菌盖边缘变成灰色。雨季防止雨淋造成土壤和段木湿度过高。

(4) 空气　在高温高湿时要加强通气管理，在上午8～10时以前、下午4时以后通风换气，气温低时中午11时至下午2时通风换气，揭膜高度应与柄高持平。这样有利于菌盖分化，中午高温时，要揭去整个薄膜，但要注意防雨淋。

4. 做好三防

一防联体子实体的发生。排场埋土菌材要有一定间隔。一般灵芝生长进入菌盖分化阶段后就不能随便移动，以免因方向改变而形成畸形子实体，甚至停止生长。但当发现子实体有相连可能性时，应及时旋转段木方向，不让子实体互相连结。并且要控制短段木上灵芝的朵数，一般直径15cm以上的灵芝以3朵为宜，15cm以下的以1～2朵为宜，过多灵芝朵数将使一级品数量减少；二防雨淋或喷水时泥沙溅到菌盖造成伤痕，品质下降；三防冻害。海拔高的地区当年出芝后应于霜降前用稻草覆盖菌木畦面，其厚度5～10cm，清明过后再清除覆盖稻草。

四、病虫害及防治

（一）病害

1. 主要病害种类

（1）青霉菌　灵芝生产过程中，以绿色、青色为主。一般在28～32℃高温条件下发生严重，常星点散布在菌袋表面，防治及时，一般能被灵芝菌丝包围后停止生长。

（2）灰霉菌　菌落疏松，呈灰色。

（3）白毛菌　菌落呈银白色，菌丝生长十分旺盛，生长极为迅速，几天占领整个菌袋，发生在破损的菌袋上，并争夺养分，发生后，灵芝菌丝可在其后继续生长。

（4）黑根霉　菌落初为白色，菌丝排列疏松。

2. 防治方法

对于杂菌的防治，可选用克霉灵注射，子实体可用克霉灵加石灰擦洗或覆盖，严重时可以清除、火烧或深埋。

（二）虫害

灵芝的主要害虫为菌蝇。菌蝇产卵于培养料的表面。几天后便孵化成蛆，蛆钻入培养料内破坏菌丝体，后期危害子实体，取食组织。

菌蝇及其他害虫都要做到以防为主，在培养袋进棚前要做内外喷洒0.2%乐果或0.2%敌杀死处理，以彻底杀死虫体。

五、收获

（一）采收

菌盖变化为白色→浅黄色→黄色→红褐色。当菌盖呈现出漆样光泽，成熟孢子不断散发出（即菌盖表面隐约可见到咖啡色孢子粉）时，用湿布将菌袋抹干净，上架或放入纸箱内，可叠多层，菌盖不能相互接触或碰到别的东西，用白纸将菌袋封严。孢子粉弹射房要求干净、阴凉。30天后揭开白纸，收集孢子粉，采子实体。此时菌盖不再增大、白边消失、盖缘有多层增厚、柄盖色泽一致，采收时，要用果树剪，从柄基部剪下，留柄蒂0.5～1cm。

（二）加工、分级

孢子粉用100目的筛子过筛后包装好。灵芝收后，要在2～3天内烘干或晒干。否则，腹面菌孔会变成黑褐色，降低品质。晒干时，剪去过长菌柄，放在芦帘上，腹面向下，一个个摊开。若遇阴天不能晒干，则应用烘房（箱）烘干，烘温不超过60℃。如灵芝含水量高，开始2～4h内烘温不可超过45℃，并要把箱门稍稍打开，使水分尽快散发。最好先晒后烘，达到菌盖碰撞有响声，再烘干至不再减重为止。分别放在干燥、阴凉处待售。

（三）采收后的管理

让剪口愈合后，再形成菌盖原基，发育成二潮灵芝。但在收二潮灵芝后准备过冬时，则将柄蒂全部摘下，以便覆土保湿。

茯　苓

茯苓 *Poria cocos*（Sch w.）Wolf为多孔菌科卧孔属植物，以干燥菌核入药，中药名茯苓。

一、形态特征

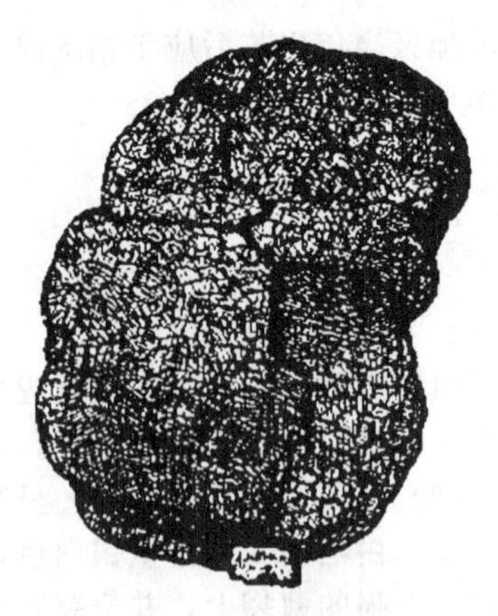

图 8-2　茯苓形态

茯苓是一种兼性腐生真菌，由菌丝体、菌核和子实体三部分组成。茯苓形态见图 8-2。菌丝体是茯苓的营养器官，由担孢子在适宜的条件下萌发而形成，幼时为白色棉绒状，老熟时变为淡褐色。菌核是茯苓的贮藏器官和休眠器官，具有特殊的气味。菌核形态不一，呈球圆形、卵圆形、椭圆形、扁圆形、长圆形、不规则形，重量不等，表面稍皱或多皱，黄褐色、棕褐色至黑褐色，松皮状，内部白色或淡粉红色。子实体为茯苓的有性繁殖器官，无柄，平铺于菌核表面，往往较薄，厚度 3～8μm，初为白色或淡黄色，老熟后变干呈浅褐色，管孔不规则形或多角形。孢子小，约为(6～8)μm×(3～4)μm。

二、生物学特性

（一）生长特性

茯苓多寄生于松树的根部，目前一般选用马尾松、黄山松、云南松、赤松、黑松等松属树种进行栽培。树龄要求在 20 年左右，径粗以 10～20cm 为宜。其生长发育可分为两个阶段：菌丝阶段和菌核阶段。结苓大小与菌种的优劣、营养条件和温度、湿度等环境因子有密切关系。不同品种的菌种，结苓的时间长短也不同，早熟种栽后 9～10 个月即可收获，晚熟的品种则需 12～14 个月。

（二）对环境条件的要求

茯苓菌丝生长温度为 10～35℃，以 25～30℃生长最快且健壮，35℃以上菌丝容易老化，10℃以下生长十分缓慢，0℃以下处于休眠状态。子实体则在 24～26℃时发育最迅速，并能产生大量孢子，当空气相对湿度为 70%～85%时，孢子大量散发。20℃以下，子实体生长受限制，孢子不能散发。对水分的要求是：以寄主（树根或木段）的含水量在 50%～60%、土壤含水量以 25%～30%时为最好。

茯苓喜温暖、干燥、向阳，忌北风吹刮，适应能力强，野生茯苓分布较广，在海拔50～2800m 的地区均可生长，但以海拔 600～900m 分布较多。多生长在干燥、向阳、坡度 10°～35°、有松林分布、上松下实、pH5～6 的微酸性土壤中，土壤以排水良好、疏松通气、沙多泥少的夹沙土（含沙 60%～70%）为好，一般埋土深度为 50～80cm。茯苓为好气性真菌，只有在通气良好的情况下，才能很好生长。

三、栽培技术

栽培方法有段木栽培、树蔸栽培、树桩原地栽培、活树栽培法、松枝松叶栽培法等，这里主要介绍段木栽培技术。

（一）菌种制备

1. 备料时间和制种时间

因一般春季栽培在 3～4 月份进行，其备料时间应在上一年 12 月份前后，此时树木生长缓慢、营养积累丰富，气候干燥可使木料内的水分和油脂易挥发，干燥快且不易脱皮，接种后易于成活，最迟（下窖）不得超过农历正月。制备菌种时间应在 1 月底至 2 月初进行；秋季栽培时间（即段木下窖时间）为8～9月份，其备料时间应在6～7月份，制种时间应在6月份进行。

2 菌种分离与培养

商品茯苓菌种的培养一般采取无性繁殖。目前使用的菌种有肉引、木引、菌引三种。肉引是在栽培接种时，选用新鲜菌核，用菌核直接进行接种。肉引的优点是取种方便，接种方法简单，但消耗的茯苓量大（约占总产量的1/8），成本过高，且菌种容易老化退化，菌种质量难以保证，而且容易发生病害（瘟窖）。木引一般是在栽培接种前2个月，选择干燥、质地松泡、直径4cm左右的粗松枝或幼松树干为培养材料，先用“肉引”接种（接种量为培养材料即段木重量的1/15），然后埋入窖内，待菌丝蔓延透之后取出，即成木引菌种。优质的木引表面呈灰黄色，质稍松泡（但未软腐），茯苓气味浓，无杂菌污染。有的健壮木引尚伴有小的菌核。此法产量较低，一般只用于扩大种源，复壮肉引用。菌引是在优质菌核里培养出纯菌丝菌种，再经过一级种、二级种、三级种制作，应用于生产。该法可取得稳产、高产，又可提高菌核质量，节约大量茯苓，降低生产成本，是目前生产上比较理想的繁殖方法。这里重点介绍菌引法的制种过程。

（1）一级菌种（母种）的培养

① 培养基的配方：培养基多采用马铃薯葡萄糖琼脂（PDA）培养基。其配方有两种，一是马铃薯250g，葡萄糖20～25g（或蔗糖50g），磷酸二氢钾1g，碳酸钙2g，琼脂20g，水1000ml；二是马铃薯（去皮、切碎）250g，蔗糖50g，琼脂20g，尿素3g，水1000ml。

② 配制方法：将上述任一配方原料称取后，将马铃薯去皮，切成1cm的小块，立即放入水中（否则易氧化变黑），加入水煮沸30min，用纱布过滤，滤液定容，加入其他原料，最后加琼脂，并边加热边搅拌慢慢溶解琼脂，切不可一下快速倒入，否则易结成小块，在溶液中分散不均，影响培养基的成形。调整pH值6～7，分装于试管内，包扎、灭菌30min，稍冷却后摆成斜面培养基。

③ 母种分离：茯苓母种一般采用鲜茯苓菌核，用组织分离法获得。因此，必须选择优质的茯苓菌核作为种基，才能分离出优质的母种。用来作种用的菌核，要求新鲜完整、无损伤，生长旺盛，外皮浅棕色，裂纹明显，内部苓肉白色、浆汁充足，个体中等、近球状。从苓场挖出的种苓应及时分离，不宜久放，若需短暂存放或送往他地分离，应埋在湿沙中，以防干燥。母种分离的具体操作为：首先将选好的种基用清水冲洗干净，再经表面消毒，然后移入接种箱或接种室内，用0.1%升汞溶液或75%酒精浸泡1～2min，再用无菌水冲洗数次，洗去表面药液，稍干后，用灭过菌的刀片将其切开，再用无菌接种铲或镊子挑起白色苓肉一小块（如黄豆大小即可），接入试管斜面培养基。注意，为了确保分离成功，应多接数支试管。置入恒温箱中在25～30℃条件下培养5～7天。当斜面上长满白色绒毛时，检查有无杂菌，如有可用灼热接种铲将杂菌烫死或挖出，挖出后及时销毁掉，即可制得母种。母种生活力较差，需转接1次进行复壮，方可用于接种原种。为避免菌种衰老或退化，母种转接次数不宜过多，以1～2次为宜。

（2）二级菌种（原种）的培养　母种接种成功后，必须再进行扩大繁殖，才能用于生产。扩大培养所得的菌种，称原种或二级菌种。

① 原种培养基的配方：松木块（30mm×15mm×5mm）55%，松木屑20%，米糠或麦麸20%，蔗糖4%，石膏粉1%，加适量水，调节pH值为5～6。

② 配制方法：先将木屑、米糠、石膏粉拌匀，另将蔗糖加水1～1.5倍溶化，放入松木块煮沸30min，待充分吸收蔗糖液后捞出，再将前面已经混匀的木屑、米糠、石膏等配料加入糖液充分拌匀，使之含水量在60%～65%，然后拌入松木块。分装于250ml、500ml的广口瓶中，装入量以瓶容积的80%即可，压实，中央打1个至瓶底的小孔（食指粗细），洗净

瓶口，用布擦干，塞上棉塞，进行高压蒸汽灭菌 1h，冷却后即可接种。

③ 接种与培养：在无菌条件下，从一级母种中挑选黄豆大小的母种一小块，放入原种培养基的中央，置 25～30℃的恒温箱或温室中保温培养 20～30 天，待菌丝长满全瓶即得二级菌种。在培养过程中，应经常进行观察，尤其是前 3～5 天，一旦发现杂菌感染，立即将其淘汰并销毁。培养好的优良菌种，茯苓菌丝生长旺盛致密，洁白均匀，特异气味浓郁，菌丝爬瓶现象明显，即可供进一步扩大培养三级栽培种用。如短时间不用，必须妥善保管，可移到 5～10℃的冰箱内保存，保存时间以不超过 10 天为限。若菌不老化可延长至 20 天左右。

(3) 三级菌种（栽培种）的培养

① 培养基的配方：松木块（120mm×20mm×10mm）66%、松木屑 10%，麦麸细糠 16.6%，葡萄糖 2%或蔗糖 3%、石膏粉 1%、尿素 0.4%，过磷酸钙 1%，加水适量，调节 pH 值 5～6。

② 配制方法：先将葡萄糖或蔗糖、尿素溶解于水中，倒入锅内，放入松木块，煮沸 30min，煮时要不断搅动，使松木块吸足糖液，捞出。另将松木屑、细糠、过磷酸钙、石膏粉等加在一起拌匀。然后，再将吸足糖液的松木块放入培养料中，充分拌匀后，加水使配料含水量在 60%～65%，即可分装入 250ml、500ml 的广口瓶内，装量约占瓶容积的 80%左右，即达瓶肩即可。装后擦净瓶体表面及瓶口，塞上棉塞，用牛皮纸包扎，放入高压蒸气灭菌锅内灭菌 3h。待料瓶温度降至 60℃左右，便可取出接种。

③ 接种与培养：在无菌条件下接种，用镊子将原种瓶中长满菌丝的松木块夹取 1～2 片和少量松木屑、米糠等混合料接入瓶内培养料的中央即可。接种后，将培养瓶移至培养室内保温培养 30 天。前 15 天，温度调节至 25～28℃；后 15 天，温度调至 22～24℃。待乳白色菌丝长满全瓶，闻之有特殊香气时，即可接到段木或树桩上培养。在培养过程中，如发现有杂菌感染，应立即淘汰。

一般 1 支斜面纯菌种可接 5～8 瓶原种，1 瓶原种可接 60～80 瓶栽培种，1 瓶栽培种可接种 2～3 窖茯苓。

（二）苓场的选择及整理

1. 苓场的选择

苓场直接关系到茯苓菌丝的生长及菌核的质量与产量，务必慎重选择，切不可“以料就场”，即不可在伐树备料处随意就近选场。选择苓场应着重考虑以下 4 点。

① 海拔：一般以海拔 600～900m 的山地较为理想。高海拔苓场应选择向阳、含沙量为 70%左右的坡地，以利提高地温。低海拔苓场应选择日照较短、含沙量为 50%左右的坡地，以利降温。

② 土质：一般选择有酸性指示植物（松、映山红等）的红沙壤土生地较适宜，其他疏松、排水良好、透气的黄沙壤土等也可以栽培茯苓。菜园土、黏土、沙砾土等均不适宜于栽培。土壤的 pH 值以 4～6 为宜。茯苓切忌连作，种过茯苓的老苓场应荒芜两年后再用于栽培茯苓。

③ 坡度：一般以 10°～25°为宜。地势过于平缓易积水，太陡则易泄水，不易保湿。

④ 坡向：坡向朝南、西南或东南，以南坡为最佳，昼夜温差大，有利于结苓；切忌北向，因朝北向的场地阳光不足，气温和土温均较低，也易藏白蚁，不适宜茯苓生长。

总之，苓场应选择避风、阳坡、酸性土壤、通风、易排水、沙多的生地。绝不要选在从不长松木或黏性较重的山地以及头年种过茯苓的地点（间隔 3 年）。

2. 苓场整理

苓场选定后应及时挖场处理。一般在伐树后即应进行，最好安排在冬季。挖场时应尽量深挖，一般不能浅于50cm。也可将表层土挖去，只用底土。在挖场的同时，应打碎场内的泥沙块，捡净灌木杂草、石块、树根等杂物，以免找苓困难。挖后的坡度应尽量保持原来自然坡度，以利排水。苓场经深挖处理后，任其曝晒，备用。

（三）段木处理

（1）取枝留梢　松树伐倒后，立即去掉较大的树枝，树顶部分小枝及树叶要保留，以加快树内水分蒸发。运回放在空场，便于树木干燥。

（2）削皮留筋　松木取枝后经过几天略微干燥，用斧头纵向从蔸至梢削去宽约3cm、深0.5～0.8cm的树皮，以见白（木质部）为准。然后每隔3cm（即保留3cm的树皮）再削去一道树皮（不削不铲的一条称为筋）。留皮部分总数与削皮部分相等，两者相间排列，宽度也大体相等。需要注意的是，削皮留筋数不应为4条，否则段木易成方形，入窖后与底土接触面过大，常使段木吸水过多，不利于茯苓的传引，也易生板苓。一般以削皮留筋数3条、5条、7条为宜。削皮留筋应在去枝后不久进行，若时间拖得过长，树干靠近地面部位容易脱皮或腐烂，影响段木质量。

（3）截断码晒　削皮留筋后的松木干至适时（横断面出现裂纹），应立即锯成60cm长的段木。若段木过长，则茯苓菌丝传引慢，结苓迟。截断后，在苓场附近选择通风向阳处，用无皮的段木或石块垫底，将段木一层层地堆垛起来呈“井”字形，堆高1.5m，堆顶覆盖树皮或茅草以防雨淋，然后任其日晒干燥。堆垛处的四周应修挖排水沟，并除掉周围杂草、腐物，以防病虫侵染。100天左右，段木周身可见很多细小裂纹，手击发出“叩叩”的清脆响声，两端无松脂分泌时即可供用。此时含水量25%～28%（这是段木下窖湿度标准）。截断码晒不宜过晚，否则会影响段木干燥，溢出的油脂易糊在截面上，影响茯苓菌丝传引。

（四）接种操作

段木栽培茯苓时，挖窖和接种同时进行。

（1）挖窖　选择连续晴天的天气，数人配合操作。在预先准备好的苓场上顺坡挖窖。窖长80cm、宽30～45cm、深30cm，并注意窖底与坡度平行。为充分利用栽培场地，窖间只保留10～15cm的距离即可。同时场内每间隔一定距离，保留30～40cm的场地，用于挖排水沟。

茯苓窖挖好后，应立即进行接种。在操作时，挖窖与接种基本上是同时进行的。即边挖窖边接种，或在挖窖的同时，由其他人进行下料接种。挖出的沙土，用于覆盖前面已接种的窖。在挖窖接种的同时，应根据苓场地势，在窖间挖排水沟，将苓场分割成数个厢场。一般厢场分两种，即横厢场和直厢场。

① 横厢场　在直向2～3排茯苓窖间横向挖排水沟，形成横厢场。

② 直厢场　在横向每间隔2～3窖直向挖排水沟，形成直厢场。

（2）接种　将备好的段木入窖，一窖3木、5木或7木。入窖时，应按段木粗细，分别放置入窖，以免茯苓成熟期不一，采收不方便。为防止空窖，可在两窖之间排一段木呈“工”字形。

① 菌引接种：在挖好的茯苓窖内，先挖松底部土壤，然后将2根段木摆放在窖底，使留筋部位紧靠，周围用沙土填紧固定，并使段木间削皮处相向形成夹缝即呈“V”字形，以利传引和提供菌丝生长发育的养料。将菌引按顺排法、聚排法或垫枕法接种在夹缝内，并注意使菌引与段木紧密吻合。接种后再用另一根段木压在菌引上面，最后用沙土填实封窖。

a. 顺排法：将菌引（即菌种木片）从段木上端一片接一片地铺放在夹缝中间。该方法传引快，适宜在多雨或湿度较大的地区使用。干旱或湿度较小的地区，段木夹缝间湿度过小，使用效果不佳。

b. 聚排法：将菌种木片集中叠放在段木夹缝的顶端。这种方法可使菌种木片接触部分土壤，吸收一些水分，利于菌丝成活。适合在较干旱的地区使用，同时也可使成熟不一致的菌种木片互相搭配，提高效果。

c. 垫枕法：将菌种木片集中垫放在段木顶端的下面，使菌种一部分与土壤接触。该法适用于较干旱的地区或较干燥的苓场。

② 肉引接种：按菌引接种方法挖窖、放段木。随后按要求选择鲜苓，并将其切开，分成每块重150～250g的肉引块，每块均应保留苓皮。然后在段木上采用头引法、贴引法或垫引法接种肉引。最后用沙土将肉引填牢，再盖5～7cm的沙土，进行封窖。

a. 头引法：将肉引的白色苓肉部分紧贴在段木截面，大料上多放一些，小料上少放一些，苓皮朝外，保护肉引。一般贴于段木上端截面。陡坡用此法，肉引易与段木脱离。

b. 贴引法：将肉引紧贴在段木上端侧面（两筋之间），若窖内3根，贴下面2根；若窖内5根，贴下面3根，苓皮朝外，要边切苓肉边贴引，不能先切后贴，同时要保持段木锯口清洁。

c. 垫引法：将肉引垫放在段木顶端的下面，苓皮朝下接触土壤，周围用沙土填紧固定以防脱引，并要注意垫放肉引处应有凹档或操作时用手扒松，以防引种被压破。

菌引的特点是传引快，来势猛；肉引的特点是传引慢，但较持久。按上述方法同时使用菌引和肉引接种，则称为混合引，该法接种成活率较高。但要注意菌引木片控制在每窖4～5片，肉引控制在每窖50～100g。

③ 木引接种：在挖好的窖内，摆放段木1～2层。然后将木引锯成短块，按头引法或夹引法进行接种，其他操作与菌引接种相同。

a. 头引法：将木引锯成5～6cm长的短块，接种在段木顶端截面处。

b. 夹引法：将木引从中间横向锯开成两段，将其中一段夹放在两段木中间。

无论是菌引、肉引，还是木引，接种量必须合理。如果接种量过多，则导致茯苓菌丝生长过程中营养不足，待菌核形成（即结苓）时，营养将近耗尽，不能结苓或结了苓也不能长大。如果接种量过少，则茯苓菌丝难以充分利用并蔓延生长到整个段木中，待结苓季节到来时，仍有部分菌丝处于营养生长阶段，来不及结苓就进入休眠状态，造成生长停止或死亡。另外，接种时在段木接种部位用利刀削去一层，露出新鲜木质，并尽可能使菌引等和削面相吻合，有利于传引。

（3）接种成活率的判断　段木入窖接种后7～10天，需要检查苓窖1次，其方法有以下3种。

① 趁清早露水未干前到苓场查看，若窖上无露水，说明窖内发菌良好，这是因为菌丝生长时不断呼吸放出热量，使露水蒸发，导致窖上表土较干燥。若窖面潮湿、有露水，则茯苓菌种没有成活。

② 从窖内把土挖开，若看到段木下面已有白色绒毛状菌丝，并闻到茯苓气味，则生长良好。无气味，则没有成活。

③ 用广泛pH试纸贴于菌丝上变红色，pH值为2～3时，可确定为茯苓菌丝。若pH值为5以上，则不可靠。

四、田间管理

（一）接种后的管理

接种后7～10天，要进行接种成活情况检查。在正常情况下，此时菌种菌丝应向外蔓延到段木上生长，显示已“上引”。如果菌种菌丝没有向外延伸，或污染了杂菌，出现发黄、变黑、软腐等现象，说明引种失败，应选择晴天及时换上新的菌种。补种新菌种时，需将未发菌的苓木全部挖出，晒干，将削口重削，重新接种。也可从其他发好菌的窖内取一段木，调换到未发菌的窖内。

如果窖内湿度过大，可扒开窖面表土，摊晒半天再覆土；反之，则可适当喷些清水，再覆土。

另外，接种窖表面最好盖上塑料薄膜3～5天，以防天气突变，雨水渗入窖内，引起烂苓。

（二）结苓前管理

接种后20～30天，茯苓菌丝可蔓延生长到30cm左右，要注意的是，此时大部分菌丝已入木生长，木面是见不到菌丝的。若误认为不上菌而把段木撬开，会造成不应有的损失。接种后40～50天，茯苓菌丝已长至段木下端，并开始封蔸折回，段木间布满菌丝，段木材质也因被分解而颜色渐深。如果此时菌丝还没有长到段木下端，而是东一块、西一块，俗称"跳花"，即使结苓，产量也不高。接种70天后，窖面表土出现龟裂，预示菌核开始形成。此时苓场管理的重点是防止窖面溜沙，段木外露。如果外露，应及时培土。雨后要及时清沟排水。苓窖怕淹不怕干，水分过多，窖地过于板结，通透性差，将会影响菌丝生长发育，降低产量。坡度较小或含沙量较少的苓场，长时间降雨易使窖内积水，这时可将窖下端沙土扒开，露出段木，晾晒半天再覆土，以防烂窖。

（三）结苓后管理

进入结苓期后，应继续防溜沙，及时培土、防积水，同时更要注意覆土掩裂，以防菌核露出土面（俗称"冒风"），日晒后裂开或遭雨淋而腐烂。覆土厚度应根据不同季节灵活增减。一般春秋覆土较薄，以提高窖温；夏季适当增厚，以利降温或保湿。雨后还应耙松表土，以利换气。覆土应少而多次。冬季覆土也应适当增厚，以利保温。此外，从段木接种到菌核成熟期间，应严禁人、畜践踏苓场，以免造成菌种脱离段木（即脱引）或菌核中断生长。栽培管理人员日常操作，也应在排水沟内走动。

（四）采收时管理

采收时，段木大的或段木水分过多、结苓少的，可翻出地面，晒2～3天，或者阴干5～6天，然后将下调上，将上调下，重新入窖，增加氧气以及使之干湿均匀。

五、病虫害及防治

1. 软腐病

（1）危害　主要危害茯苓子实体（长成的大茯苓）。

（2）防治方法　备料时将料筒先在地下垫枕木后码起，下雨前，最好在料筒上盖地膜或稻草，以防被雨淋湿。在栽培前一天，用0.1%高锰酸钾溶液或1∶800的多菌灵悬浊液（水液）将所有料筒喷雾1次，以杀死真菌孢子或菌丝体。如果发现长成的大茯苓表皮软腐，应及时采收加工。

2. 黑翅大白蚁

（1）危害　蛀食松木段，使之不长茯苓而严重减产。

（2）防治方法　选冬场时避开蚁源；清除腐烂树根；场地周围挖一道深50cm、宽40cm的封闭环形防蚁沟，沟内撒石灰粉或以臭椿树埋于窖旁；引进白蚁天敌——蚀蚁菌；在苓场四周设诱蚁坑，埋入松木或蔗渣，诱白蚁入坑，每月查1次，见蚁就杀死。

六、收获

（一）采收

茯苓接种后，经过6～8个月生长，菌核便已成熟。一般于10月下旬至12月初陆续进行采收。通常是小段木先成熟，大段木后成熟。宜成熟一批收获一批，不宜拖延。成熟的标志是：段木颜色由淡黄色变为黄褐色，材质变疏松呈腐朽状，一捏就碎，表示养料已尽。茯苓菌核外皮由淡棕色变为褐色，裂纹渐趋弥合（俗称“封顶”），应立即采收。采收时，先用窄小锄头轻轻地将窖面泥土挖去，轻轻取出菌核，放入箩筐内。切勿翻动窖中的段木或树蔸，以防损坏菌管，万一不慎将小而有白色裂缝的茯苓刨离开段木或树蔸，要即时用小刀去掉1～2cm茯苓的表皮，把去过皮的部位紧紧贴在段木或树根上，然后盖上细土，几天后菌核又开始生长。有的菌核一部分长在段木上（俗称“扒料”），若用手掰，菌核易破碎，可将长有菌核的段木放在窖边，用锄头背轻轻敲打段木，将菌核完整地震下来，然后拣入箩筐内。采收时还要注意茯苓会沿草根、树根跑到另一个穴或邻近土层里结苓，所以当发现穴内不见茯苓时，要注意菌丝走向，争取个个归仓。采收后的茯苓，应及时运回加工。

一般每窖15～20kg段木约收鲜茯苓2.5～15kg，高产可达25～40kg。

（二）加工、分级

将采收茯苓堆放室内避风处，铺上竹垫，堆在垫上，用稻草或麻袋盖严使之发汗，析出水分，隔2天翻动1次，经5～6天外表稍干皱缩呈褐色时，即可加工。堆放过程中有的茯苓产生鸡皮状的斑点，变黄白色应随即剥去，以免引起腐烂。茯苓可加工成方茯苓和个茯苓两种。目前国内外市场通用方茯苓。加工时用刀切去外表黑皮（即茯苓皮），然后切成长4cm、宽4cm、厚0.5cm的方形苓块，晒足干或置热风干燥机55℃干燥，烘至八成干时，调至35℃让其慢慢风干，以免造成面苓块紧缩而龟裂。也可直接剥净鲜茯苓外皮后置蒸笼隔水蒸干透心，或用水煮熟至透心（煮时要换水3～4次，其标志是当水转黑时便换水），取出用利刀按上述规格切成方块，然后将白块、赤块分别摆放在竹席或竹筛里，上覆一张白纸，置阳光下晒至全干，要注意常翻动。如遇阴雨天可用炭火烘干，但不可用明火烘烤，避免烟熏使茯苓片变黄，影响产品质量。有时茯苓菌核中有穿心树枝根，可带枝或根切片晒干，即是传统中药“茯神”，可另行出售，价格更好。每50kg鲜苓一般可加工成干方茯苓22.5kg，还有茯苓碎和皮各2.5kg左右。加工后的茯苓，要按白茯苓块、赤茯苓块、茯苓碎（赤白混合）、苓神、茯苓皮5个品种分级。加工茯苓块时切下的4角或6角苓片，可混入苓块出售，但比例不宜过高，赤、白苓块要分开，茯苓皮要去净泥沙。不管哪个品级，都要求干透、无霉、无泥、无杂质、无虫蛀。

猴头菌

猴头菌 *hericium erinaceus*（Bull. ex Fr.）Pers. 为猴头菌科猴头菌属植物。

一、形态特征

由菌丝体和子实体两大部分组成。猴头菌形态见图8-3。菌丝体是由孢子萌发而来。孢子萌发时，先在一端伸出芽管，芽管不断延长、分支即形成菌丝体。在试管斜面培养基上，初时稀疏，呈散射状，后逐渐浓密，呈线毛状，白色。放置时间长，温度适宜时斜面上会生出小菌蕾。在显微镜下观察，可见菌丝有横隔、多分支，直径10～20μm。

子实体是繁殖器官，也是人们食用的部分。单生、肉质、头状或倒卵形，形似猴头。新鲜时呈白色，干后呈淡黄色、块状，直径一般3～10cm，大的可达20cm。猴头菌子实体由许多粗短分枝组成，互相融合，呈花椰菜状，中有一小空隙，圆筒形，基部狭窄、上部膨大，布满针头样菌刺。菌刺上着生子实层。菌刺较发达，有的长达3cm，下垂、初白色，后黄褐色。猴头菌的孢子着生在子实层中的担子上。为叶担孢子。猴头菌子实体成熟后，从针状菌刺的子实层上散发出大量的孢子，猴头菌孢子为椭圆形至圆形，无色、透明、光滑，直径 5～6μm，内含油滴大而明亮。

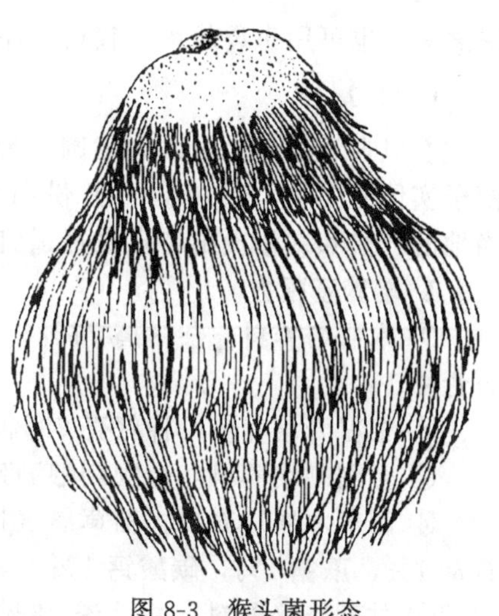

图 8-3 猴头菌形态

二、生物学特性

（一）生长特性

猴头菌完成一个正常的生活史必须经过担孢子→菌丝体→子实体→担孢子几个连续的发育阶段。猴头在天然培养基上，在 20～25℃下有散射光培养很容易出菇，故常采用一场制栽培，即就地发菌就地出菇。当菌丝长至料深 1/3～1/2 时即可有子实体原基形成。在适宜环境条件下，从接种到采收第一茬仅 30～35 天。一般可采收第二茬和第三茬，整个周期 60～70 天。

（二）对环境条件的要求

1. 营养

猴头菌是一种木腐菌，在生长发育过程中需要碳素营养和氮素营养。同时还需要一定量的矿质营养。目前棉籽壳、甘蔗渣、锯木屑、稻麦秆、酒糟等均可作为培养料。锯木屑、稻麦秆、甘蔗渣等蛋白质含量较低，必须添加含氮量较高的麸皮、米糠等物质。在猴头菌营养生长阶段碳氮比 25∶1，在生殖生长阶段碳氮比（35～45）∶1 为宜。

2. 温度

这是影响猴头菌菌丝体和子实体生长最重要的条件之一。猴头菌属低温型真菌。菌丝体生长的温度范围较宽，12～34℃都能生长，但以 21～26℃为宜。高于 35℃时停止生长。子实体生长温度范围是 12～24℃，以 15～22℃为宜。

3. 湿度

猴头菌的孢子要在水分充足的培养基中才能萌发。菌丝体生长阶段培养料含水量以 65%为好。子实体生成阶段，空气相对湿度以 85%～95%为好。当空气相对湿度低于 70%时颜色变黄、子实体生长受阻易畸形。

4. 空气

猴头菌是一种好气性真菌，在通气良好氧气充足的情况下，菌丝体和子实体才能正常生长，猴头菌对二氧化碳的反应敏感，当二氧化碳浓度超过 0.1%时，就会刺激菌柄不断分支，故在栽培中特别是在原基形成时，要加强培养室的通风换气。

5. 光线

猴头菌菌丝体生长不需任何光线，能在完全黑暗的条件下生长。但在子实体发育阶段则需一定的漫射光。在栽培上必须注意控制光照条件，避免阳光直射。

6. 酸碱度

猴头菌属喜酸性菌类。菌丝体在 pH 值 2.4～5.4 范围内均能生长，最适 pH 值为 4.0～5.0。当 pH 值大于 7.5 时菌丝体难以生长。配制培养基时，可加入适量的柠檬酸调节培养基 pH 值 5.0～6.0 为好。

三、栽培技术

以木屑为主要培养料、用菌种瓶作栽培容器的栽培方法管理容易，是目前常用的栽培方法之一。也可用小袋栽培，栽培工序为配料分装→灭菌→冷却接种→发菌出菇。

（一）接种

在以自然条件为主、人工调节为辅的生产中，北方4～5月份和9～11月份较适于猴头菌子实体的生长，南方3～5月份和10～12月份中旬较适于猴头菌子实体生长，各地可根据当地的气候和栽培设施特点选择适宜季节栽培。

1. 培养基配方

① 木屑培养料：杂木屑77%，米糠或麸皮20%，糖1%，黄豆粉0.5%，尿素0.5%，石膏粉1%。

② 棉籽壳培养料：棉籽壳78%，米糠或麸皮20%，糖1%，石膏粉1%。

③ 金刚刺培养料：金刚刺酿酒残渣80%，麦麸10%，米糠8%，过磷酸钙2%。

④ 稻草木屑培养料：稻草屑（长3cm）65%，杂木屑8%，麦麸22%，花生壳粉2%，石膏1%，蔗糖1%，碳酸钙1%。

⑤ 甘蔗渣培养料：甘蔗渣78%，米糠或麸皮20%，过磷酸钙0.5%，尿素0.5%，石膏1%。

⑥ 玉米芯培养料：粉碎玉米芯78%，麦麸20%，蔗糖1%，石膏1%。

含水量依原料的种类而定，酒渣以50%为宜，木屑以60%～65%为宜，棉籽壳、甘蔗渣以70%为宜。这是因为不同原料，粗细度不一样，透气保湿性不一样。pH值调至5.0～6.0。

注意：选用的材料要新鲜、无霉变、无虫蛀；配料时要严格按照配方称取相应的培养料的量。拌料可用拌料机机拌和手拌两种，拌料要均匀；装料要迅速，尽量在最短时间内进入灭菌处理阶段。培养料中不能含有松、柏树种的芳香族有机化合物。配料和喷雾用水要清洁，碱性水（石灰质水）不能用。

2. 栽培容器

常用瓶栽猴头菌的容器是口径3～3.5cm、容积750ml的菌种瓶，其次是口径5cm左右、容积为750～1000ml的化工瓶，罐头瓶较小装料量不足，影响产量而不宜选用。也可用自制的瓶口直径3cm、容积为800ml聚丙烯塑料瓶。采用塑料袋栽培多用宽12cm、长25～30cm、厚0.05～0.06cm的聚丙烯塑料小袋。

3. 菌瓶制备和排放

（1）装瓶　将配好的培养料装入培养瓶（菌种瓶或用广口瓶代替），边装边用木棒捣实，使料上下松紧一致，料装至瓶肩再将斜面压平。料要装紧，瓶不能装得太浅，否则会在瓶颈以下形成长柄猴头菇。猴头菇只有裸露在空气中才能得到形态正常的子实体，并获得高产，所以培养料要装至瓶颈以上距瓶口2～2.5cm处。

（2）打接种孔　培养料压平后，在中部用直径1cm的圆锥形小棒打接种孔，孔直达瓶底部。

（3）封口　用常规的棉塞封口，也可用10cm×10cm或15cm×15cm的双层牛皮纸或双层聚丙烯塑料薄膜封口。

（4）灭菌　装瓶后，用高压锅灭菌的在147kPa（1.5kgf/cm^2）压力下保持1h；用常压灶灭菌的在温度达100℃时保持10h。

（5）接种　宜用接种箱接种，1瓶麦粒栽培种可种60～70瓶。接种前要刮除菌种表层老化的菌丝和已形成瘤状或珊瑚状的子实体，选择晴天晚上或清晨接种，严格按照无菌操作进行。为使菌丝发菌快，最好采用两点接种法，第一步把小颗粒的菌种接进培养料中部的接种孔，使菌种达菌瓶底部；第二步再将较大颗粒的菌种块接在接种孔上，这样菌种可多点同时发菌，不仅可以缩短菌丝生长期，提高栽培所的利用率，而且可以比较充分利用培养料。

(6) 菌瓶排放　接种后将菌瓶竖放在培养室菌种架上培养，如没有菌种架的竖排放在干净的地上。春栽时，自然气温较低，竖着排放培养1周。当料面出现黄豆大菌蕾时，可将瓶子拔去瓶塞，卧放堆积在床架上，架层间瓶口反方向放置，喷水要防止流入瓶内。堆高0.7～1m，5～6天翻堆一次，并在堆上覆盖纤维袋或旧麻袋。秋季栽培时温度较高，虽然发菌时间可缩短，但菌丝不致密，不利于高产，所以遇气温偏高时菌瓶排放应注意菌瓶之间保留一定空隙，不宜堆放在一起。

4. 塑料袋制备和排放

(1) 装袋　塑料袋装料时边装边用手压紧，使料上下一致，装好料后用棉线扎紧袋口。

(2) 打接种孔　塑料袋各个部位都可生长子实体，因此最好采取双面打穴接种，即在塑料袋上下两面各打4个接种穴，孔径1.2～1.5cm，深1.5～2cm，用胶布贴在接种孔上。这样接种后菌丝体能迅速生长蔓延，子实体发生集中，且数量多，有利于缩短栽培周期。若为节省菌种和简便接种操作，也可在塑料袋一面打4个接种穴，甚至也可在两头或一头接种，但接种后发菌慢，年产周期相应延长。

(3) 灭菌　塑料袋体积大，装料多，灭菌时间要适当延长，一般高压灭菌在147kPa（1.5kgf/cm²）压力下保持2h，常压消毒要求蒸气上升后100℃下保持8～10h，闷一夜后取出。塑料袋加热后很易粘接在一起，故堆叠时不能太挤，否则蒸气不能透入内部，受热不均匀，造成灭菌不彻底。高压锅灭菌对最好用旧报纸包裹塑料袋，然后装入锅内，以防塑料袋粘贴锅壁而破裂。

(4) 接种　灭菌后待料温降到28～30℃以下就可搬到接种箱，经消毒，以无菌操作先揭去接种穴上的胶布，然后用接种铲取菌种迅速通过酒精灯火焰接入接种穴，轻轻压平，再贴上胶布。

(5) 塑料袋排放　接种后把塑料袋搬入培养室，排放于栽培架上，如在初春气温低，可将塑料袋“井”字形排放在地上或培养架上，用塑料薄膜包紧保温培养。

(二) 管理

1. 菌丝体培养

(1) 消毒灭菌　接种后移到培养室培养。培养室必须是干燥、干净的。接种前3天培养室就要清洗干净并经过消毒处理。

(2) 温度管理　如有调温设备的，接种后头4天，室内温度以26～28℃为好。第5天起至第15天内，室温应调至25℃左右为好，16天之后，菌丝逐步进入新陈代谢旺盛期，应控制在20～23℃为适。如无调温设备的，春季栽培，菌丝体培养时气温低、可用炭炉、电炉加温；秋季栽培，菌丝体培养的温度过高时采用夜间打开门窗通气。菌丝体生长期间培养室的空气相对湿度以70%为好。湿度过高，易引起封口材料污染杂菌。

(3) 通气管理　由于猴头菌对二氧化碳反应敏感，菌丝体培养过程中应注意通风换气。

(4) 光照　发菌期间最好遮光，以免过早形成原基。

2. 出菇管理

出菇期的管理分为原基分化和子实体生长两个阶段。

(1) 原基分化　主要是光线、去塞、湿度和温度四方面的管理。

① 瓶栽：为促进原基的形成，在菌丝长满培养料近瓶口处菌丝纽结形成原基后，立即取去遮光的材料，加大培养室的光线。瓶内培养料表面接种块上有白色幼蕾时，不要急于拔去封口材料，只有当瓶内菌丝全部长满（或单点接种的菌丝深入到2/3处），原基已有蚕豆

或核桃大小，才除去封口材料。如遇空气湿度较低，用干净的纸或地膜覆盖瓶口，每天用喷雾器向室内喷水3～4次，使培养室的空气相对湿度保持在80%～85%。在原基分化阶段，培养室的温度保持在15～20℃。

② 塑料袋栽培：接种后一般经15～18天，接种穴的菌丝就互相衔接，虽然菌丝体尚未布满全袋，但已有部分原基出现，或在塑料袋壁上形成瘤状疙瘩，即可揭去接种穴口的胶布或用消毒小刀刮破出现原基处的薄膜，并用细铁丝扎住料袋一头，悬挂于栽培架或林间，每袋间隔20cm左右，以利通风透气和子实体的生长。

(2) 子实体生长　当幼菇从瓶口长出1～2cm时，则进入出菇期管理阶段。温度应控制在16～20℃范围以内，最高不能超过22℃，温度高，子实体生长快，但球块小，色泽带黄，而且易形成花菜状畸形菇，或不长刺毛的光头菇，超过25℃还会出现菇体萎缩。切忌温度过低，低于14℃时，常出现粉红色子实体，商品价值大大降低。猴头菌子实体生长要求环境湿度较高，幼菇对空间湿度反应敏感，相对湿度低于70%生长缓慢，子实体会干缩、变黄，即使以后增湿恢复生长，但菇体表面仍留永久斑痕；相对湿度高于95%，加上通风不良，容易产生杂菌污染或子实体霉烂。检测湿度是否适当，可从刺毛观察，若刺毛鲜白，弹性强，表明湿度适合；若菇体萎黄，刺毛不明显，长速缓慢，则为湿度不足，就要喷水增湿。菇房内喷水时切忌让水珠落到菇体上，可通过喷头朝天、空间喷雾或在表面加盖湿纱布或报纸等措施增加湿度，调节空气相对湿度在85%～95%。保持栽培室的良好通气条件是子实体健壮生长的保证，出菇期间要逐渐加大通风量和通风时间与次数，高温时，多在早晚通风，每次30min左右；低温时，可在中午通风。但在通风时，应避免室外风直接吹于菇体上，否则，菇体畸形，甚至发黄死亡。

塑料袋悬挂2～3天后，子实体就很快长出，随着子实体的不断发育长大，应用小刀环切子实体基部的塑料薄膜，或沿穴边切两条对角线，子实体长大后能将薄膜自动卷起。

3. 发生畸形的原因与防治

常见的畸形类型有珊瑚丛集型、光秃型和色泽异常型等。

(1) 珊瑚丛集型　子实体从基部起分支，在每个分支上又不规则地多次分支，呈珊瑚状丛集，基部有一条似根样的菌丝索与培养基相连，以吸收营养。

成因与防治：CO_2浓度过高。菌丝体培养阶段要注意通风换气。如果已形成珊瑚状子实体，可在其幼小时，连同培养料一起铲除，以重新获得正常子实体。

(2) 光秃型　子实体呈块状分支，表面皱褶，粗糙无刺，菌肉松软，个体肥大，鲜时略带褐色，香味同正常猴头菌。

成因与防治：水分湿度管理不善。猴头菌在生长过程中，温度越高，蒸发量越大。当气温高于25℃时要特别加强水分管理。要保持90%以上的空气相对湿度。此外，通风换气时要避免让风直接吹子实体，以减少其水分蒸发。

(3) 色泽异常型　菇体发黄，菌刺粗短，有时整个猴头菌带苦味，有的子实体从幼小到成熟一直呈粉红色，但香味不变。

成因与防治：温、湿度过低是主要原因。根据栽培实践，培养温度低于10℃、子实体开始发红，随着温度下降猴头菌子实体颜色加深。因此，出菇期间要保证适宜的温、湿度，有效地防止子实体变红。另外，出菇期避免强光，光照度在1000 lx以上子实体变红。子实体发黄是病菌污染，子实体发苦，其菌刺粗短。一旦发现，应迅速同培养基一起铲除，并重新调适培养条件和抑制病菌，促进新的子实体发生。

此外，菌种转代次数太多，菌种退化，也有可能导致猴头菌子实体畸形。因此，引种要注意选购优良菌种。

四、病虫害及防治

（一）病害

1. 病害种类

其杂菌主要有青霉、木霉、曲霉、毛霉、根霉等。大多数是由于操作管理粗放、环境卫生差和高温高湿的气候条件引起的。

2. 防治方法

除严格做好培养料的灭菌、环境的清洁卫生和栽培室消毒处理外，栽培管理过程中应注意调节栽培室的温、湿度和通气条件。当出现杂菌感染应及时进行处理。瓶栽的瓶面污染杂菌时，应及时把杂菌部位连同培养料挖去，填上新的培养料，重新灭菌接种；若在瓶面出现少量的点状杂菌，用酒精棉或灼烧的铁片烧烫杀灭，然后喷 0.2%的多菌灵药液控制。塑料袋局部出现杂菌，可用 2%的甲醛和 5%的石炭酸混合液注射感染部位以控制蔓延，其未感染部位仍能正常长出子实体。对于严重污染杂菌的料袋则要及时搬出烧毁，以防孢子扩散蔓延。

（二）虫害

1. 虫害种类

虫害有螨类、菌蝇和跳虫等。

2. 防治方法

主要采用敌敌畏药液拌蜂蜜或糖醋麦皮进行诱杀，或用 0.4%敌百虫、0.1%鱼藤精在每批子实体采收后喷洒防治，也可用 1%敌敌畏和 0.2%乐果喷洒地面和墙脚驱杀害虫。

五、收获

（一）采收

一般菌刺长达 0.5cm，并开始散发出白色孢子时即应采收，此时在菌袋表面堆积一层稀薄的白色粉状物，采收过晚会有苦味。采收时一手按住菌瓶或培养料、另一手捏住子实体基部轻轻摘出或用弯形利刀从柄基割下即可，采割时，菌脚不宜留得过长，一般 1cm 左右，太长易于感染杂菌，而且也影响第二茬猴头菌的生长，但也不能损伤菌料。用铁丝制的有小耙搔动表面菌丝，整平，使之继续出菇。

在适宜条件下，过 15～20 天就会陆续出现二潮菇。一般每瓶可采收 2～3 次，每次 1 朵，每朵鲜重 50～60g，最大可达 90～100g。以头 1～2 批产量高，品位高，一般占总产量的 80%。

（二）加工、分级

猴头菌采收后保鲜不可超过 12h，量少可鲜销，量大可晒干，也可用烘干机烘干。晒干时可将采收的鲜猴头菌切去菌蒂部分，排于竹帘或竹筛上，置烈日下曝晒，先将切面朝上晒 1 天后，再翻转过来晾晒至干。烘干时先将采收的鲜猴头菌风干 1～2 天，然后按大小分别烘烤。温度应控制在 40℃左右，待水分逐渐减少，子实体变软时，温度升到 60℃，直到烘干。干燥后颜色变成黄色或黄褐色，要及时装入无毒的塑料袋内，扎紧袋口，存放于干燥处。

干品含水量为 10%～13%，并要求保持菌刺完整。

盐渍：将采收的新鲜猴头菌，切去有苦味的菌柄，用清水漂洗后，放入 0.1%柠檬酸水中煮沸 10min，捞出再放入清水中冷却。淋水后，加入 25%（按猴头质量计）的精盐，层层加盐，储于瓷缸中。以后搅拌倒缸 3～4 次，上压竹木，使猴头全部浸入盐水中。食用时，再用清水浸泡，脱去盐分。

竹　荪

竹荪 *dictyophora indusiata*（Vent. ex Pers.）Fisch 属鬼笔科竹荪属植物。目前人工栽培形成商品化生产常选用长裙竹荪、短裙竹荪。

一、形态特征

竹荪由孢子、菌丝体、子实体 3 个部分组成。短裙竹荪形态见图 8-4。

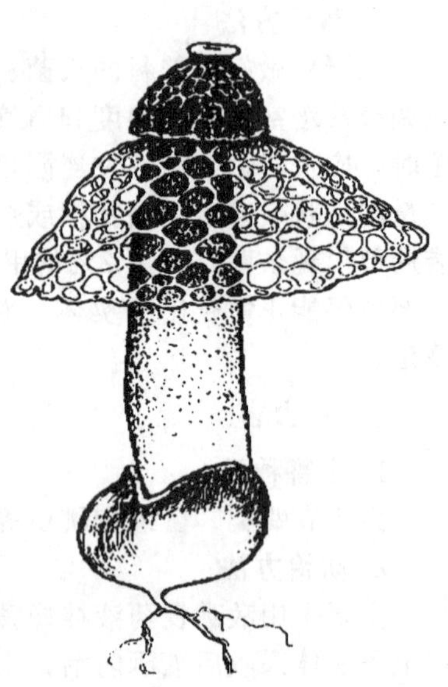

图 8-4　短裙竹荪形态

孢子在显微镜下呈椭圆形或短柱形，大小为 3μm×1.5μm，无色透明，表面光滑。菌丝体初期呈白色、绒毛状，逐渐发育成线状，最后膨大成索状，成为不同程度的粉红色、淡紫色或黄褐色。子实体分开伞前和开伞后两个阶段。开伞前为菌蕾，由菌索纽结而成，菌蕾（球）直径 4～12cm，分为外膜和内膜两部分。外膜柔而富有弹性，灰褐色；内膜白色，中间是半透明的胶质体。开伞后分化为盖、柄、裙、托四部分。

① 菌盖：位于子实体顶端，高 2～5cm，白色或土黄色，表面布满多角形网格，上有圆形或椭圆形小孔。子实层附着在菌盖表面，呈暗绿色，初为肉质，因吸湿能力强，裸露在空气中后迅速吸湿液化为黏稠状物质。同时孢子在子实层大量形成，含有孢子的黏稠状物散发出浓烈的气味，白色长裙和黄色长裙品种其味臭，而短裙品种味香。

② 菌柄：从基部一直到菌盖顶端，呈圆柱海绵状、嫩脆、白色、中空，长一般 10～30cm，是人们食用的主要部分。

③ 菌裙：是竹荪特有的特征，是分类的依据。成熟后菌裙从菌盖下面撒下，状如裙，由柔软的海绵质组成，从菌盖下垂达 10cm 以上称长裙竹荪，下垂 3～6cm 称短裙竹荪。网状，网眼有圆形、椭圆形及多角形，网眼直径 0.2～1cm。菌裙因颜色、长短的不同而分为不同品种。

④ 菌托：当菌柄撑着菌盖和菌裙从竹荪球中挺起后便留下外菌膜、胶体、内菌膜和托盘，统称菌托。菌托膜质状，直径约 1.5cm。菌托有白色、红色、淡紫色或粉灰色。在菌托底部生长着 1 根或数根菌索。

二、生物学特性

（一）生长特性

竹荪由营养生长转入生殖生长，出现原基，再进入球形、卵形、破口、抽柄，直至子实体形成，分为 6 个阶段。一般竹荪播种 60～70 天就可采收。

（二）对环境条件的要求

1. 温度

中温型菌类，菌丝在 8～28℃之间均能生长，最适宜 18～22℃，若低于 8℃或高于 28℃

菌丝生长极为缓慢或停止生长，30℃以上死亡，菌蛋形成适宜在22～24℃，最适宜20～22℃，若在20℃条件下，子实体肥大，菌裙能充分张开，24℃条件下菌蛋破壳快，子实体成熟早，瘦弱，菌裙不易张开。

2. 湿度

竹荪菌丝体生长阶段需要在培养基含水量为60%～70%，最适宜65%，过高培养基透气性差，菌丝生长受到抑制，甚至死亡；过低影响菌丝生长或干枯死亡。子实体形成的培养料的含水量宜略高些，以70%～75%为宜。竹荪菌蕾（球）的分化和子实体的形成都要求有较高的空气相对湿度。菌蕾分化时需有80%以上的空气相对湿度。子实体最后形成、破球、出柄和撒裙的空气相对湿度宜在85%～95%。

3. 光照

菌丝体在黑暗条件下能正常生长，见光后生长缓慢并变成淡红色，强光会延缓菌丝生长速度。菌蛋形成及子实体生长需要一定的散射光。荫棚、林间的荫蔽以三分阳七分阴为好。

4. 空气

竹荪属好气性真菌，必须有充足的氧气，特别是在菌蛋形成及子实体生长阶段需要新鲜空气。

5. 酸碱度

竹荪适宜在微酸性的培养基上生长，pH值为4～6.5，最适宜pH值为5.0～5.5。培养料、覆盖土的pH值以5.5左右为宜。

6. 营养

竹荪是腐生菌类。需要的营养主要是碳源，其次是氮源、无机盐类和维生素类。由于菌丝生长缓慢，分解能力较弱，在原料配制方面特别注意营养结构，不可粗心大意。

7. 土壤

竹荪与其他食用菌生活条件不同的是土壤。竹荪菌丝生长不需土壤，但到生殖生长阶段，没有土壤竹荪球（菌蛋）就不能形成。因此菌丝生长阶段也可不覆土，以便有良好的通气条件，待菌丝满料时再覆土。

稻田、果园、林地、菜园、山坡地均可作为竹荪栽培的场地。但选择场地时要注意以下几个方面：近水源，排灌方便；土壤要求弱酸性沙质轻壤土，疏松肥沃，腐殖质含量高，不易板结，没有白蚂蚁，易于保温、保湿；近3年不曾栽培过竹荪。旱地栽培竹荪，事先应在地面及四周施用农药、以防止白蚁危害；水田则应先将水排干，无论水田、旱地，场地四周都需开好排水沟。

三、栽培技术

（一）菌种制备

1. 母种生产

通常把分离得到的纯菌种经扩大繁殖称母种生产。

（1）斜面培养基配方一　去皮马铃薯200g，葡萄糖20g，蛋白胨10g，琼脂20g，水1000ml，pH值5.0～6.0。

（2）斜面培养基配方二　去皮马铃薯200g，葡萄糖20g，琼脂20g，硫酸镁1.5g，水1000ml，pH值5.0～6.0。

（3）斜面培养基配制　斜面培养基的配制方法与常规操作相同。

（4）菌种分离　在无菌条件下，将八九分成熟的菌蕾切开，取中心组织部分约黄豆大一块放入斜面培养基上恒温培养，待菌丝长满斜面即为母种。母种转接后置于20～25℃温度下培养，30 天左右菌丝可长满整个斜面。如不使用，需及时保藏冰箱中。

2. 原种生产

用木片、竹片等作培养料栽培竹荪的原种培养基配方有麦粒培养基、木屑培养基、菌草培养基、木条培养基等。以麦粒培养基为例，介绍原种培养基配方及制法。

(1) 配方　麦粒（大麦、小麦）76.5%，杂木屑 20%，石膏粉 2%，糖 1.5%，pH 值 5.0～6.0。

(2) 制法　竹荪麦粒原种制备时，各种培养料要按比例称取，注意培养料之间的均匀度。为使培养料间能均匀混合，应按以下程序进行：a. 将小麦、大麦洗净，放清水中浸泡，待吸足水分后蒸熟或煮透、晾干；b. 把蔗糖溶于水中，水约占总需水量的 2/3；c. 石膏粉和杂木屑或菌草粉干拌均匀；d. 石膏粉、杂木屑等与麦粒的混合物中加入糖水翻拌均匀，把余下的水慢慢加入并翻动。然后按常规方法装瓶、灭菌、冷却、接种、培养。装瓶时注意把培养料装至瓶肩，上实下松、洗净内外瓶壁，瓶口放棉塞后外包牛皮纸进行灭菌。高压灭菌 1.5h，常压灭菌在 100℃条件下保持 10h，冷却后接入母种，在无菌条件下，每支母种可接原种 3～5 瓶，置无光 20～25℃温度下培养，经 50～60 天菌丝可长满瓶。

3. 栽培种制作

竹荪栽培种的原料与原种配方基本相同，菌丝一般 50～60 天才能长满瓶，若在自然常温条件下，大约需半年时间才能长满瓶。

(二) 栽培原料制备

竹荪栽培原料十分广泛，可分为农作物秸秆、竹木两大类。

① 农作物秸秆：如玉米秆、玉米芯、高粱秆、小麦秆、黄豆秆、豆壳、花生藤、花生壳、油菜秆、油菜壳、稻草、谷壳、甘蔗叶、蔗渣、蔗头、棉秆、棉籽壳等。

② 竹木：多数阔叶树的木屑、木片、灌木枝、树叶、树枝、树根、竹片、竹根、竹叶、竹粉等也可作竹荪的栽培原料。

但从实践上看，混合料的产量好于单一原料。可用杂木片 50%，竹类 40%，豆秆或芦苇 10%；或竹类 50%，杂木片 30%，芦苇 20%；或芦苇 50%，杂木片 30%，竹类 20%；或葵花籽壳 45%，玉米芯 25%，棉花秆或葵花秆 30%；或玉米芯 40%，棉籽壳 35%，豆秆 15%，花生壳 8%，过磷酸钙 2%。培养料要求新鲜、干燥。木材最好加工为长 10～12cm 规格。杂竹、毛竹片可砍为长 50cm 压裂后使用。培养料中的竹料比例应在 30%以上，但竹丝、竹屑因保水性差不宜使用。

生料栽培竹荪的原料处理：一是晒干，二是切碎；三是浸泡。即将原料放入水池，按每 100g 料加入 0.3%～0.5%的石灰，浸泡 24～48h。滤出后用清水冲洗，直至 pH 值在 7 以下，含水量 60%～70%，这时就可用于生产。

(三) 播种

1. 栽培季节

竹荪栽培一般分春秋两季。春季，南方各省常在惊蛰开始，3～5 月份均可，当年夏秋长菇。秋季，以立秋之后，9～11 月间播种，翌年夏初长菇。

2. 荫棚与畦床准备

易积水地区宜采用阳畦法，畦床宽 1～1.3m，沟宽 0.4m，长度不限，畦面呈龟背形，中间高、两旁低。荫棚竹木架搭盖，高 2m，上方与四周茅草遮阴。也可采用覆盖芒萁草或套种大豆的方法进行遮阴。

3. 堆料播种

畦床式栽培的，堆料播种为三层料夹两层种。从地面畦床起堆料，第 1 层料厚 7～8cm，第2层和第3层料厚15cm，铺一层料播一次种。菌种点播与撒播均可。点播具体方法是选择无雨天将竹荪菌种掰成鸽子蛋大小的块状，按梅花形分布，每隔5～8cm播一穴，第2层培养料和菌种量要比第1层增加1倍。压实，过紧或过松都会影响菌蛋的形成速度和子实体的大小。全部用料和菌种量为每$1m^2$培养料25kg，菌种5瓶，播完第3次种后畦床表层和四边覆盖2～3cm厚消毒过的腐殖土，然后用弓形竹片条拱插，盖上塑料薄膜或盖上草帘保湿。

四、田间管理

1. 发菌期管理

播种后要经常检查菌种的萌发和吃料情况，发现死种要查明原因并及时补种。注意畦床内通风换气，坚持每天上午揭开罩膜通风30min；发菌期一般不必喷水，罩膜内相对湿度以85%即可。温度按品种而定，中低温型菌株如红托短裙竹荪，宜掌握在20～24℃；高温型菌株如棘托长裙竹荪，应掌握在25～32℃为宜。若在低温季节播种，应在畦面覆盖一层稻草和薄膜保温，使培养料的温度在15℃以上；在高温天气要及时遮阴，避免菌种或菌丝被晒死，当畦面可见竹荪菌丝时要及时掀去畦面的稻草。遇到雨天或较寒冷的天气要在畦面覆膜防雨。

2. 菌蕾生长期管理

培养料内的含水量60%～65%为宜，实际操作中用手使劲捏之无水挤出即可。覆土含水率不低于20%，有利于菌丝由营养生长转入生殖生长。菌蕾由小到大长成球形时，喷水量逐日增加，气温在25℃以下时喷水次数要少，但量要足；30℃以上时喷水宜少量多次。保持空间相对湿度不低于90%。湿度不够，菌蕾会萎缩，但过湿会烂蕾。若遇上高温天气，要加厚遮阳物，避免菌蕾高温萎缩死亡。

3. 抽柄撒裙期管理

菌蕾进入破口、抽柄、撒裙阶段，空间含水量要求做到“四看”：一看盖面物，盖面物变干时要多喷；二看覆土，土发白时多喷、勤喷；三看菌蕾，蕾体偏小时轻喷、雾喷，蕾大时多喷、重喷；四看天气，晴天干燥多喷，阴雨天不喷。注意揭膜通风，保持畦床内空气新鲜。

4. 采收后管理

一潮竹荪采收结束后，可停水5～7天后，在畦面浇一次重水，促进二潮竹荪的生长。每一批竹荪采收后，每亩用浓度为1%的复合肥液15kg或水中加入氨基酸10g、尿素25g、磷酸二氢钾25g喷雾进行根外追肥。

五、病虫害及防治

1. 绿色木霉

（1）危害　绿色木霉能分泌毒素，阻碍菌丝的生长和子实体的形成。绿色木霉在湿度高、通风不良环境下危害尤为严重，竹荪子实体采收后留下的菌索也常有绿色木霉出现。

（2）防治方法　菌床表面发生时，用0.1%多菌灵溶液或浓石灰水上清液涂抹或喷洒；深入菌床时，把感染部位挖掉，并喷0.2%多菌灵于料面。

2. 螨类

（1）危害　常集中在菌块周围咬食菌丝，使被害菌丝不能萌发。

（2）防治方法　诱杀，螨类对肉骨头香味很敏感，趋性强，把肉骨头烤香后，置于菌床各处，待螨闻到香味爬到骨头上时，将骨头投到开水中烫死螨虫。也可用20%双甲脒乳油500～700倍液喷床面效果特好，可杀死成虫；若螨卵，可用杀螨特500倍液喷床面或三氯杀螨砜100～800倍喷床面。

六、收获

（一）采收

竹荪子实体成熟都在每天上午8～12时，标志是菌裙完全开张，从菌蕾破顶到菌裙完全开张，一般只需8～10h，随即开始萎缩。当竹荪开伞待菌裙下沿伸长至菌托、孢子胶质将开始自溶时（子实体成熟）立即采收（即菌裙开张到七分时），否则子实体溶化斜倒地面，降低品质。采摘时用手指握住菌托，用利刀将子实体从基部削去，小心地放进篮子，切勿损坏菌裙，影响商品质量。

（二）加工、分级

竹荪采收后，先将菌帽和菌托去掉，不使黑褐色的孢子胶质液污染柄、裙。为了使竹荪商品外形美观、整洁，无论晒或烘，干燥时要将子实体伸展或插到晒架的竹签上，干燥后可呈扁状、淡黄色。量大时采用二次烘烤法，即竹荪经过烘干脱水至八成，取出分把捆扎，再回烘干房直至烘干为止。竹荪盛产期集中在第1批和第2批，每$1m^2$可收120～140个，长度在15cm左右，大约300个可得干品1kg。

商品要求完整、洁白、干燥。竹荪干品分级标准：一级品体长18cm以上，机械脱水，朵形完整不僵结，色白有光泽，含水率不超过12%，有香味，无烤焦、无虫蛀、无霉变、无异味；二级品体长15～17cm，柄裙完整，不僵结，色白或微黄，含水率不超过12%，肉质要求同一级品；三级品体长10～14cm，稍有残损，僵结，色略黄，含水率不超13%，晒干，肉质薄，其他同上。竹荪干品吸潮力较强，应采用塑料袋密封存放于阴凉干燥房间。

【本章小结】

药用菌栽培主要是时间和场所的安排；种类的选择，最好到养殖基地购买菌种，以确保养殖活动成功；所需的材料用具及其灭菌和环境的消毒。发菌阶段重点在于接种方法和温度与湿度的控制。真菌类药用植物的栽培方式较多，包括瓶栽（袋栽）、段木培养等。菌种质量的优劣、培养基的种类和组成与产量关系密切。

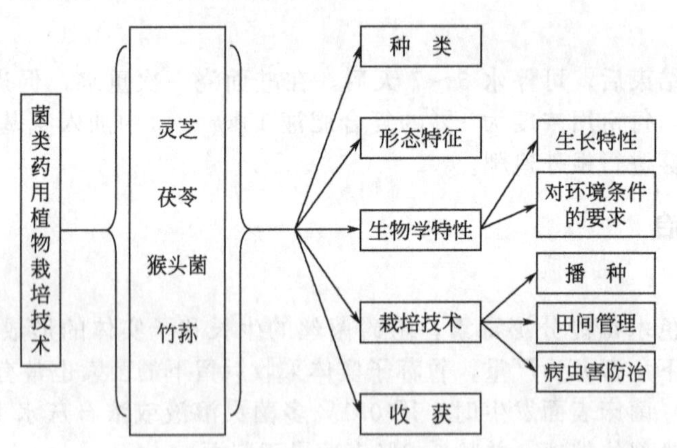

【复习思考题】

1. 灵芝栽培在什么季节？
2. 茯苓的接种方法有哪些？
3. 猴头菌发生畸形的原因与主要防治措施有哪些？
4. 竹荪的高产措施主要有哪些？

技能训练篇

技能一　药用植物种子的类型、构造与休眠特性观察

技能二　药用植物种子形态观察及种胚观察

技能三　药用植物种子处理

技能四　药用植物播前整地技术

技能五　药用植物育苗

技能六　药用植物种植及生育期观察记载

技能七　种子净度及千粒重检验

技能八　种子水分测定

技能九　药用植物种子的发芽试验

技能十　药用植物种子催芽处理

技能十一　药用植物植株干重、鲜重测定方法

技能十二　药用植物叶片参数的测定

技能一　药用植物种子的类型、构造与休眠特性观察

一、实验目的

掌握种子的形态特征和类型，了解种子的内部构造。

二、实验用品

放大镜、解剖镜、解剖用具、磁盘、单面刀片、电炉、培养皿、各类烧杯、赤霉素、乙醇。

三、实验材料

各类药用植物种子。

四、实验方法

1. 有胚乳种子

观察黄芪种子，呈扁平广卵形，一面较平，另一面较隆起。种皮坚硬，由 3 层结构组成：最外面一层为膜状，具黑褐色花纹；中层含黑褐色色素；内层为白色膜质。从种子表面观察，在种子较狭的一端有一浅色的突起，即种阜，能吸水，有利种子萌发。在种子腹面种阜内侧的小突起，即种脐。在放大镜下更加明显。种孔被种阜遮盖，一般看不见。小心剥去种皮，其内肥厚的部分为胚乳，用刀片平行于种子的宽面做纵切，把胚乳分为两半，用放大镜观察，能见到叶脉清晰的子叶，同时可看到胚根、极小的胚芽和很短的胚轴。

2. 无胚乳种子

(1) 观察经水泡胀的白扁豆种子　呈扁卵圆形，种皮革质，淡黄白色，平滑，有时可见黑色斑点。一端有隆起的白色眉条状种阜，剥去后可见凹陷的瘢痕即种脐，在种脐一端的种皮上有种孔。挤压种脐的两侧，可见有水自种孔溢出，种子萌发时，胚根即由此伸出突破种皮。种脐的另一端有短的隆起部分为种脊。剥去种皮，可见两片肥厚的子叶，蓬开两片子叶，可见这两片子叶着生在胚轴上，胚轴的上端为胚芽，有两片比较清晰的幼叶。在胚轴的下端有一呈尾状的胚根。

(2) 观察其他的种子　观察杏仁的外形，分辨出种脐、种脊及合点，去种皮能否分辨子叶、胚根。

取杏仁横切制片，观察以下内容。①种皮外表皮：为一列薄壁细胞组成，散生长圆形、卵圆形的橙黄色石细胞，上半部露出于表面，下半部埋在薄壁组织中。下方为多层薄壁细胞组成的营养层，细胞多皱缩，散生细小维管束。②种皮内表皮：为一列薄壁细胞，含黄色物质。③外胚乳：为数列颓废的薄壁组织。④内胚乳：为一列长方形细胞，内含糊粉粒及脂肪油滴。⑤子叶细胞：为多列多角形薄壁细胞，含糊粉粒，较大的糊粉粒中有一细小草酸钙簇晶并合脂肪油滴。

(3) 观察牵牛子　表面灰黑色或淡黄白色，背面有一条浅纵沟，腹面较浅的近端处有一凹点状种脐，左右面平坦。质坚硬，横切面可见极皱缩折叠呈大脑状的子叶。

取牵牛子横切制片，观察以下内容。①种皮：外面为一列表皮细胞，有时分化成单细胞非腺毛，其下有一列扁小、类方形的细胞，含暗褐色内容物，称色素细胞。②栅状细胞层：由2～3列径向延长的细胞排列而成，外侧有一明显的光辉带。③营养层：由数列切向延长的薄壁细胞及颓废细胞组成，有细小的维管束贯穿其中。④内胚乳：接近营养层，外侧1～2列细胞类方形，壁稍厚，内部细胞的壁黏液化。⑤子叶：多数薄壁细胞组成，细胞中充满糊粉粒和脂肪油滴，并含草酸钙簇晶，在薄壁细胞间有众多类圆形的分泌腔。

五、作业与思考

1. 分别绘制有胚乳种子和无胚乳种子的外形图和纵切面图，注明各部分名称。
2. 思考种皮结构与休眠有何关系？

技能二　药用植物种子形态观察及种胚观察

一、实验目的

通过对药用植物种子形态及种胚的观察与认识，可掌握常见药用植物种子的特征，正确识别药用植物种子，鉴别种子的真伪，避免在药用植物生产及药用植物引种中出现谬误；同时，还可避免在种子清选、分级、检验及贮藏中出现错误。

二、实验用品

解剖镜、放大镜、解剖针、镊子、解剖刀、千分尺、单面刀片、载玻片、培养皿、滤纸等。

三、实验材料

常见药用植物种子。

四、实验步骤

1. 实验材料的准备：将实验用种子在冷水或温水中（40℃以下）浸泡1～3h，使种子充分吸水软化，备用。
2. 熟悉解剖镜的使用方法。
3. 用放大镜或解剖镜观察药用植物种子的外部形态及表面特征，用千分尺测量大小。
4. 用解剖刀或单面刀片将种子纵切，观察种胚的形态及特征，并测量种胚的大小，计算胚率。

五、作业

1. 认识常见药用植物的种子。
2. 绘制所观察的药用植物种子的形态及种胚形态，表明各部位名称，并对其进行描述。

技能三　药用植物种子处理

一、实验目的

掌握药用植物种子处理技术。

二、实验用品

磁盘、纱布、单面刀片、电炉、培养皿、各类烧杯、赤霉素、乙醇、敌百虫、氢氧化钠、百菌清、靛红溶液、TTC 等，可根据实际情况选择相应材料。

三、实验材料

各类药用植物种子。

四、实验方法

1. 种子发芽能力测定

种子发芽能力可直接用发芽试验来鉴定，主要是鉴定种子的发芽率和发芽势。种子发芽率是指在适宜条件下，样本种子中发芽种子的百分数。

$$发芽率=(发芽种子粒数\div供试种子粒数)\times100\%$$

发芽势是指在适宜条件下，规定时间内发芽种子数占供试种子数的百分率。发芽势说明种子的发芽速度和发芽整齐度，表示种子生活力的强弱程度。

$$发芽势=(规定时间内发芽种子粒数\div供试种子粒数)\times100\%$$

取黄芪、当归、独一味、湿生扁蕾、秦艽等药用植物种子做发芽试验。

2. 种子生活力测定

（1）红四氮唑（TTC）染色法　2,3,5-氯化（或溴化）三苯基四氮唑简称四唑或 TTC，其染色原理是根据有生活力种子的胚细胞含有脱氢酶，具有脱氢还原作用，被种子吸收的氯化三苯基四氮唑参与了活细胞的还原作用，故不染色。

（2）靛红染色法（洋红染色法）　它是根据苯胺染料（靛蓝、酸性苯胺红等）不能渗入活细胞的原生质，因此不染色，死细胞原生质则无此能力，故细胞被染成蓝色。根据染色部位和染色面积的比例大小来判断种子生活力，一般染色所使用的靛红溶液浓度为 0.05%～0.1%，宜随配随用。染色时必须注意，种子染色后，要立即进行观察，以免退色，剥去种皮时，不要损伤胚组织。

3. 种子消毒

（1）药粉拌种　一般取种子质量 0.3%的杀虫剂和杀菌剂，在浸种后使药粉与种子充分拌匀便可。也可与干种子混合拌匀。常用的杀菌剂有 70%敌克松、50%福美锌等；杀虫剂有 90%敌百虫粉等。

（2）药水浸种　一般先把种子在清水中浸泡 5～6h，然后浸入药水中，按规定时间消毒。捞出后，立即用清水冲洗种子，随即可播种或催芽。常用药剂及方法有：①福尔马林（即 40%甲醛），先用其 100 倍水溶液浸种子 15～20min，然后捞出种子，密闭熏蒸 2～3h，最后用清水冲洗。②1%硫酸铜水溶液，浸种子 5 min 后捞出，用清水冲洗。③10%磷酸钠或 2%氢氧化钠的水溶液，浸种 15min 后捞出洗净，有钝化花叶病毒的效果。

4. 机械损伤

利用机械方法损伤种皮，使难吸水透气的种皮破裂，增强透性，促进萌发。如黄芪、甘草种子的种皮有蜡质，可先用细沙摩擦，使种皮略受损伤，再用 35～40℃温水浸种 24 h，发芽率显著提高。

5. 化学处理

有些种子的种皮具有蜡质，如穿心莲、黄芪等，影响种子吸水和透气，可用浓度为 60%的硫酸浸种 30 min，捞出后，用清水冲洗数次并浸泡 10 h 再播种。也可用 1%苏打或洗衣粉（0.5 kg 粉加 50 kg 水）溶液浸种，效果良好。具体方法：用热水（90℃左右）注入装种子的容器中，水量以高出种子 2～3 cm 为宜，2～3 min 后，水温达到 70℃时，按上述比例加入苏打或洗衣粉，并搅动数分钟，当苏打全部溶解时，即停止搅动。随后每隔 4 h 搅动 1 次，经 24 h 后，当种子表面的蜡质可以搓掉时，再去蜡，最后洗净播种。

6. 生长调节剂处理

用赤霉素等处理种子。能显著提高种子发芽势和发芽率，促进生长，提高产量。种子用不同浓度的赤霉素溶液浸泡 6 h，统计发芽势和发芽率均提高情况。

五、作业与思考

1. 计算供试种子的发芽率和发芽势。
2. 分别计算机械处理和生长调节剂处理后种子发芽率。

技能四　药用植物播前整地技术

一、实验目的

掌握药用植物播种前的整地技术。

二、实验用品

农具、肥料等。

三、实验方法

1. 清除杂草

通过整地清除杂草。清除杂草和病虫害的药用植物收获后，翻耕可以将残茬和杂草以及表土内的害虫、虫卵、病菌孢子翻入下层土内，使之窒息，也可以将躲藏在表土内的地下室虫翻到地表，经曝晒或冰冻而消灭之，同时，将地表的杂草种子翻入土中，将原来在土层中的杂草种子翻在疏松、水分适宜的表土层内，促进杂草种子发芽，再用耙地措施，使杂草跟土分离以消灭之。

2. 翻埋肥料

翻地前将基肥撒施在地上，通过整地翻埋。翻埋残茬和绿肥，混合土肥播种前在地表常存在前作的残茬、秸秆和绿肥、以及其他肥料，需要通过耕作，将它们翻入土中，通过土壤微生物的活动，促使其分解，并通过耕地、旋耕等土壤耕作，将肥料与土壤混合，使土肥相融，调节耕层养分分布。

3. 作畦

土壤翻耕之后，为了管理上的方便和植物生长的需要，整地后应随即作畦。畦的形式可分为高畦、平畦和低畦 3 种 。

(1) 高畦　畦面比畦间步道高 10～20cm，具有提高土温，加厚耕层，便于排水等作用。适于栽培根及根茎入药的药用植物。一般雨水较多、地下水位高，地势低洼地区多采用高畦。

(2) 平畦　畦面与畦间步道高相平，保水性好，一般在地下水位低、风势较强，土层深厚、排水良好的地区采用。

(3) 低畦　畦面比畦间步道低 10～15cm，保水力强。一般在降雨量少、易干旱地区或种植喜湿性的药用植物采用此方式。

畦的宽度一般以 1.3～1.5m 为宜，过宽则不便于操作管理；太窄则步道增多，土地利用率减少。作畦时，要求畦面平整。

四、作业与思考

1. 记录整地方法。
2. 说明整地的意义及播种对整地质量的要求。

技能五　药用植物育苗

一、实验目的

掌握药用植物育苗技术。

二、实验用品

农具、各类药用植物种子，农学院试验地。

三、实验方法

药用植物种子大多数可直播于大田，但有的种子极小，幼苗较柔弱，需要特殊管理，有的苗期很长，或者在生长期较短的地区引种需要延长其生育期的种类，应先在苗床育苗，培育成健壮苗株，然后按各自特性分别定植于适宜其生长的地方。

$$播种量=\frac{每亩需要苗株数\times 种子千粒重(g)}{种子净度(\%)\times 种子发芽率(\%)\times 1000}$$

（“亩”是非法定计量单位，1 亩＝666.67m²）

播种方法有：条播、穴播和撒播。

1. 露地育苗

露地苗床是在苗圃里不加任何保温措施，大量培育种苗的一种方法，木本药用植物如杜仲、厚朴、山茱萸等的育苗常采用。

2. 保护地育苗

（1）冷床　冷床是不加发热材料，仅用太阳热能进行育苗的一种方法。其构造由风障土框、玻璃窗或塑料薄膜、草帘等几部分组成。设备简单，操作方便，保温效果也很好，因而在生产上被广泛采用。冷床的位置以向阳背风、排水良好的地方为宜，床地选好后，一般按东西长 4m、南北宽 1.3m 的规格挖床坑，坑深 10～13cm，在床坑的四周用土筑成床框，北床框比地面高 30～35cm，南床框高出地面 10～15cm，东西两侧床框成一斜面，床底整平，即可装入床土。冷床内装入的床土应当肥沃、细碎、松软，一般为细沙、腐熟的马粪或堆厩肥和肥沃的农田土三者混合过筛成的，三者各为 1/3。

（2）温床　温床是在寒冷季节利用太阳热能，并在床面下垫入酿热物，利用其产热提高温床育苗的一种方法。温床一般宜东西走向，长度视需要而定，南北宽（床面宽）1.2m，再延长宽范围向下深挖 50～60cm，四周用土筑成土框，北面高 60cm，便于覆盖塑料薄膜。酿热物为新鲜骡、马、驴、牛粪、树叶、杂草以及破碎的秸秆。具体做法是：先将破碎的玉米秸秆浸透水，捞出后泼上人粪尿拌匀，然后再与 3 倍的新鲜骡马粪混合后，堆到苗床内盖膜发酵，待堆内温度上升到 50～60℃时，选晴天中午摊开铺放于床底并踏实、整平。在踏实整平后的酿热物上盖约 1cm 厚的黏土，再撒上一层 2.5％的敌百虫粉，上面铺上 15cm 厚的营养土，踏实耧平，床面要比地面低 10cm。

（3）塑料小拱棚　塑料小拱棚是利用塑料薄膜增温保湿提早播种育苗的一种方法。不少药用植物采用此法延长了生长期，提高了产量。床面宜东西向，一般宽 1.0～1.2m，长度视需要而定，高 15～20cm，用树枝、竹竿做成拱形棚架，上盖塑料薄膜。在风大较寒冷的地区，北面应加盖草帘等风障，南面白天承受阳光热能，傍晚应覆草帘保暖，床土要疏松肥沃，整平后即可播种。

四、作业与思考

1. 记录育苗方法。
2. 思考不同药材种子发芽特点与育苗方法间的关系。

技能六　药用植物种植及生育期观察记载

一、实验目的

初步了解药材的基本种植方法，基本掌握药材生育期的各种形态特征及变化和记载标准。

二、实验用品

农具、肥料、遮阳网等。中药材试验基地。

三、实验方法

（一）整地

1. 清除杂草

通过整地清杂草。清除杂草和病虫害的药用植物收获后，翻耕可以将残茬和杂草以及表土内的害虫、虫卵、病菌孢子翻入下层土内，使之窒息，也可以将躲藏在表土内的地下室虫翻到地表，经曝晒或冰冻而消灭之，同时，将地表的杂草种子翻入土中，将原来在土层中的杂草种子翻在疏松、水分适宜的表土层内，促进杂草种子发芽，再用耙地措施，使杂草跟土分离以消灭之。

2. 作畦

土壤翻耕之后，为了管理上的方便和植物生长的需要，整地后应随即作畦。畦的形式可分为高畦、平畦和低畦三种。

（1）高畦　畦面比畦间步道高10～20cm，具有提高土温、加厚耕层、便于排水等作用。适于栽培根及根茎入药的药用植物。一般雨水较多、地下水位高、地势低洼地区多采用高畦。

（2）平畦　畦面与畦间步道高相平，保水性好，一般在地下水位低、风势较强，土层深厚、排水良好的地区采用。

（3）低畦　畦面比畦间步道低10～15cm，保水力强。一般在降雨量少，易干旱地区或种植喜湿性的药用植物采用此方式。

畦的宽度一般以1.3～1.5m为宜，过宽则不便于操作管理；过窄则步道增多，土地利用率减少。作畦时，要求畦面平整。

（二）播种

根据历年生产总结和密度试验，首先确定每亩所要求的基本苗数，即计划播种量。然后根据测得的种子用价和田间出苗率，计算其实际播种量。

播种有两种方法：种子直播和育苗移栽。不同的药材种子其种植方法是不一样的，要根据药材种子的大小、形态以及休眠的特性确定药材种子的播种方法。一般播种的方法有：条播、穴播和撒播。育苗移栽一般是开沟。

（三）生育期观察记载

药用植物的生育期是指从出苗到成熟之间的总天数，即药用作物的一生所需的天数，也称全生育期。生育时期是指药用植物在一生中，外部形态上呈现显著变化的若干阶段。以子实为播种材料又以子实为收获产品的药用植物，其全生育期是指从子实出苗到新子实成熟所持续的总天数。以营养体或花、花蕾为收获对象的药用植物，其全生育期是指从播种材料出苗到主产品适期收获的总天数。实行育苗移栽制的药用植物的全生育期分苗（秧）田生育期和本田（田间）生育期。

一般药用植物都有 5 个阶段：出苗阶段、花铃阶段、开花阶段、结果阶段、子粒产生和成熟阶段。观察 5 个阶段期间药用植物的形态特征的变化。

四、作业

观察和记载不同药材在生育期的各种形态变化、记载标准及描述方法。

技能七　种子净度及千粒重检验

一、实验目的

在认识与掌握常见药用植物种子及其特征的基础上，对药用植物种子进行清选，以检查药用植物种子的净度。在净度检查基础上，测定种子千粒重。通过净度与千粒重检查，可以初步判定种子质量的优劣及使用价值。上述两项检验是药用植物生产及引种中经常使用的种子检测方法之一，是种子品质检验的内容之一。

二、实验用品

解剖镜、放大镜、镊子、载玻片、培养皿、天平、称量纸、格尺、烧杯等。

三、实验材料

常见药用植物种子。

四、实验方法

1. 检验样品的抽取

(1) 原始样品的抽取　从大批种子中分上、中、下三层随机抽取一定量的样品，该样品称为原始样品。

抽取原始样品的数量，应根据种子总体数量多少及种子的大小而定。一般是1～2kg，但不同情况应灵活处理。

(2) 平均样品的抽取　为了进行实验室检验，必须在抽取原始样品后，从中抽取平均样品。

平均样品的抽取，一般采用四分法进行。即将原始样品充分混合后，倒在平整的桌面上，然后铺成厚1cm的正方形，再用格尺画出两条对角线，把其中对角的两个三角形内的种子装在一起，供净度检验、千粒重测定用，也可用于其他的种子品质检验项目，如：发芽率、种子生活力测定；另两个对角三角形内的种子应装入瓶内、密封后贴上标签，供种子水分测定用。

2. 种子净度检验

种子净度是指供试验样品中，去除所有杂质后剩下的该检验植物的好种子质量占供试验样品总质量的百分率。种子净度是确定种子利用率的重要指标，净度越高，种子利用率越大。

检验方法：从平均样品中随机抽取一定量的种子，将种子平铺在桌面上，用镊子拣出其中的废种子（无胚种子、瘦秕粒种子、腐烂种子、已发芽或压碎的种子等）、有生命的杂质（杂草种子、病粒、活的虫体等）、无生命的杂质（沙砾、土块、破碎的植物枝叶、鼠类、鸟粪等），分别称重，用下列公式计算：

$$种子净度\% = \frac{验种子重量-(废种子+有生命杂质+无生命杂质)}{供验种子重量} \times 100\%$$

从平均样品中抽取种子的量，应根据种子大小和种子量多少来确定。进行种子净度检验，应重复1～2次，取其平均值。

3. 种子千粒重的测定

千粒重是利用种子重量衡量种子大小、种子饱满程度的检验项目，是种子品质检验的一项重要指标。相同种子，千粒重高的饱满充实、品质好，发芽率高；相反，则种子瘦秕，发芽率低。通过千粒重的检验，可以了解种子的大小、饱和程度及种子的均匀程度。是药用植物生产和调拨种子时经常进行的种子检验项目。

检测方法：从清选过的种子或经过净度检验的种子中随机数出两份样品，每份1000粒（大粒种子可数500或100粒），分别称重，然后计算其平均值，即得到该种子的平均千粒重，其误差不超过5%。

五、作业

1. 测定常用药用植物种子的千粒重，记住常见药用植物种子千粒重的大致范围。
2. 掌握种子净度的测定方法，计算所测定的药用植物种子的净度。

技能八 种子水分测定

一、实验目的

通过本实验，了解和掌握药用植物种子水分检验的原理和方法，并了解常见药用植物种子含水量的大致范围。

二、实验原理

水分是种子的重要组成成分，只有在一定的含水量以上，种子才能进行正常的生理代谢。种子中的水分为游离水和结合水。游离水中溶解了大量的营养物质，在种子中呈流动状态，容易蒸发出去。结合水是和大分子化合物如蛋白质、脂肪、糖类等结合成水膜的那部分水，在种子组织中不能自由流动，也不易蒸发，只有将种子加热到100～105℃时，才能将其排除掉。因此，将种子加热到100～110℃，可以将种子中的游离水和自由水完全蒸发掉。

种子含水量公式：

$$种子含水量=\frac{干燥前样品重量-干燥后样品重量}{干燥前样品重量}\times 100\%$$

种子含水量是种子品质检验的重要指标之一，在种子贮藏时具有特别重要的意义。种子在安全含水量内有利于种子贮藏运输。通常，药用植物种子安全含水量为14%～17%。种子含水量高，种子的呼吸作用及酶的活性增强，贮藏时温度升高，容易引起腐烂及伤热，结果使种子失去发芽能力。

三、实验用品

托盘天平、铝盒、烘箱、温度计等。

四、实验材料

常见药用植物种子。

五、实验步骤

测定药用植物种子水分的方法和仪器较多，可用多次烘干法，也可以用一次烘干法，还可以用水分测定仪测定种子水分。通常，比较常用的是多次烘干法或一次烘干法。多次烘干法方法如下。

① 先把烘箱温度调到105～110℃。

② 准确称得空铝盒的重量（带盖）并做好标记及记录。

③ 从平均样品中取出实验用样品20～30g，将种子磨碎或切片后立即装入铝盒中，盖好盖，防止种子水分蒸发或种子吸湿。称得重量并做好记录。

④ 把装有样品的铝盒放在温度保持在105℃的烘箱内（不带盖），烘3h，取出样品盒，盖好盖子放在干燥器内冷却，30min后称重，再按上述方式烘1h后再冷却称重，直到前后两次重量不变为止。

两份样品测定结果允许差距不超过0.5%，否则需要重做。

多次烘干法比较麻烦，亦可用105℃一次烘干法，具体方法如下：将样品在恒温105℃条件下连续烘干6h，然后称重计算含水量。将测定结果填入下表：

样品名称	干燥盒重量	干燥前样品净重	干燥后样品净重	种子含水量

六、作业

做出几种药用植物种子含水量的测定结果。

技能九　药用植物种子的发芽试验

一、实验目的

了解药用植物种子发芽试验的基本原理，掌握种子发芽试验的操作方法。

二、实验用品

恒温培养箱、培养皿或苗盘、滤纸、镊子、温度计、量筒、试管、解剖刀、放大镜等。

三、实验材料

药用植物种子。

四、实验步骤

1. 从经过净度检验的种子中随机数出试验用种子 2～4 份，大粒种子每份 50 粒，小粒种子每份 100 粒。

2. 根据种子的大小，选择适当的洁净培养皿。将滤纸按照培养皿底部的大小剪成圆形，平铺在培养皿中 2～3 层。加少量的清水润湿滤纸，使滤纸平伏在培养皿底部且滤纸间没有气泡。如果种子粒径较大，也可以用苗盘，即将洁净细河沙（相对湿度 15%～20%）或湿毛巾铺于苗盘中，河沙厚度为 2cm 左右，表面要抚平。

3. 将各份种子分别均匀排列在培养皿或苗盘中，种粒间保持相当于种子大小 2～3 倍的距离。然后盖好培养皿顶盖。如果用苗盘，即将种子轻轻按入河沙中，再覆上一层河沙。种子置床后，在培养皿或苗盘上贴上标签，注明种子名称、样品号、播种日期、种子处理情况等。

4. 将培养皿或苗盘置于温度适宜的室内或培养箱中，培养箱温度一般应控制在 20～23℃。实验过程中，每天应检查温度和培养基的湿度，及时补充水分。种子有发霉现象时，应及时取出冲洗。如有 5%以上的种子发霉时，则应更换培养皿或苗盘。种子开始发芽后，每天应观察发芽种子的数量并做好记录。

5. 按下列公式计算各组种子的发芽势、发芽率，并求出平均值，即为该种子的发芽势、发芽率。

发芽势(%)＝一定时间内发芽种子数量÷试验种子数量×%

发芽率(%)＝全部发芽的种子数量÷试验种子数量×%

种子使用价值＝种子净度×发芽率

五、作业

试评价你所测定的药用植物种子的使用价值。

技能十　药用植物种子催芽处理

一、实验目的

为了保证播种后种子正常发芽和提高发芽率，通常在播种前要进行种子催芽处理。本实验学习种子催芽处理的基本方法，使同学们掌握种子催芽处理的基本技术。

二、实验用品

细河沙、锯末子、纱布、培养皿、小磁盘、恒温培养箱、温度计、烧杯等。

三、实验材料

药用植物种子。

四、实验方法

1. 种子层积处理

凡是具有休眠特性或胚需要后熟的种子，如：人参、五味子、柴胡等，对种子进行层积处理有利于种子发芽。

层积方法：层积处理的时间和温度要根据药用植物种子休眠期长短及所要求的温度而定。如五味子需要层积处理4～5个月，温度在－10～0℃，层积处理后发芽率可达90%以上。

层积处理一般用湿沙（含水量20%～25%），将湿沙与种子以3∶1的比例混合均匀，如果种子粒径小于沙粒，可用纱布将种子包好，埋在湿沙中，然后将其放在冰箱或低温的环境中。应根据不同种子的特点确定处理温度。一般，应放在0～5℃的条件下进行处理。

种子层积处理前也可以先将种子用一定浓度的赤霉素浸泡，如采用0.005%、0.01%、0.02%的赤霉素浸泡24h、12h或6h等，可促进后熟，提高种子发芽率，大大缩短种子层积处理的时间。

2. 种子催芽处理

将层积处理过的种子或具有生命力的干种子在播种前，移到温度较高的环境中使其发芽（干种子需浸泡一定时间，使其充分吸水）。一般，种子量少时，可以将种子放在木箱、花盆或苗盘中。现在容器底部铺上2～3cm的湿沙或湿润的锯末子，上边铺一层纱布，将浸泡过的种子均匀放在湿纱布上，厚度根据种子多少及容器的大小而定。然后，在种子上边再盖一层湿纱布，其上边撒一层细沙或细锯末子，保持湿润，将其置于21～25℃环境中，经过1～3天，种子即可发芽，有些种子的时间略长一些。待种子胚根突破种皮，微微露白时，即可取出播种。

有些种子经层积处理后，在播种前5～10天移到室内，在室温下可自然催芽。

催芽时注意掌握温度和湿度，温度低，湿度小，催芽时间延长；但温度过高、湿度过大，又容易引起发霉腐烂。

3. 机械催芽处理

种子休眠多数是由于种子中含有发芽抑制物或种胚不成熟，这样的种子经过层积处理和催芽处理即可发芽，但有些种子，如黄芪、甘草、薏苡等，由于种皮厚，影响种子吸水透气，从而影响发芽。像这样的种子，可以用机械磨破种皮或将种皮打碎（或用浓硫酸腐蚀种皮，或用水充分浸泡4～5天），增加种皮的透水透气性，达到催芽的目的。

五、作业

1. 请独立设计一个种子催芽处理的方案，要求以温度、湿度、时间为处理因素，以3种药用植物的种子为材料进行实验，根据实验结果确定最佳的方案。

2. 根据实验室提供的种子品种，选择适当的催芽处理方法进行催芽试验。并报告最终实验结果。

技能十一 药用植物植株干重、鲜重测定方法

一、实验目的

掌握植株干重、鲜重的测定方法。通过对植物干重、鲜重的测定，可以了解植物的生长状况、生物产量及栽培管理状况。

二、实验用品

烘干箱、干燥器、天平、剪刀、纱布、塑料袋、牛皮纸袋等。

三、实验材料

药用植物地上及地下器官。

四、实验方法

1. 鲜重测定

在田间取药用植物5～10株，用塑料布包好、封严，以防水分蒸发。将其带回实验室后，用清水洗去植株上的泥土，按所需部位剪取。将剪下的各部分分类，即叶片、叶鞘、茎秆、地下器官等。再用蒸馏水清洗，用纱布擦去表面水分。在天平上迅速称量，得到植株各部分鲜重值。

2. 干重测定

先将称完鲜重的植株样品放在称量瓶中或用牛皮纸袋包好，并在瓶或纸袋上标明采样地点、日期及处理。然后，将样品放入105℃的烘箱中烘干15min，破坏酶的活性。注意，不要把烘箱内装得太满，以免样品干燥不均，在称量干重时发生误差。然后，把烘箱温度调至80℃，将样品烘烤24～48h，取出后放入干燥器中冷却至常温，再称量其重量，即为干重。然后，再放入烘箱中烘干至恒重。通常在称量前不要把样品放在空气中暴露时间太长，以免样品吸潮。在常规分析中，干重应保持3位有效数字。

3. 结果计算

根据以上测得的数据，计算植株的干重、鲜重及植株含水量。

分别以W_1和W_2代表植株的鲜重、干重，W_3代表植株水分重量，则植株干物质重量百分数为：$W_2\%=W_2/W_1\times100$。

植株含水量为：$W_3\%=(W_1-W_2)/W_1\times100$。

五、作业

药用植物植株形态各异，有木本的、草本的、有的植株粗壮、有的植株纤弱，你如何根据各种植株特点，更加准确地测得植株的干重、鲜重及植株含水量？

技能十二　药用植物叶片参数的测定

一、实验目的

药用植物的产量形成（生物产量、经济产量）是通过植物的光合作用合成有机物实现的。植物的叶片是进行光合作用的重要器官，叶片的大小及发育状况在很大程度上决定药用植物的产量高低。而药用植物的品种、栽培环境与措施、植株的生育期等均能影响叶片的生长发育状况。因此，掌握叶片的生长状况，对于药用植物的生产至关重要。本次实验的目的即学习有关叶片参数的测定方法。

二、实验用品

烘箱、干燥器、天平、尺、毛巾、牛皮纸、采样用工具等。

三、实验材料

药用植物叶片。

四、实验方法

1. 叶面积及叶面积系数的测定

（1）原理　测定叶面积方法很多，常用的是重量法，该方法简单易行，只需要一个台秤和一把格尺，就可以比较准确地测定植物的叶面积。其原理是全部叶片面积（A）与部分叶片面积（a）之比等于全部叶片重量（W）与部分叶片重量（w）之比，设法求得后三者的值就可以计算出全部叶片面积，即：

$$A=a\times\frac{W}{w}$$

（2）测定步骤　在田间取某种药用植物植株5～10株，用清水洗净植株和根部的泥土，剪掉根部。如在夏季气温较高的情况下，为避免蒸发失水而减重，最好用湿毛巾将植株包好。测定时，先将叶片全部剪下，按比例选取大中小老嫩叶片共30张，分成三等分。然后，将每10张叶片整齐地叠在一起，用剪刀精确剪取，取叶片中段3～5cm（在药用植物生育盛期可取5cm），立即在小台秤上称量其鲜重，该值即为部分叶片的重量w，然后将其挨个铺平，压在尺的下面，测量其总的宽度（即部分叶面积）a。将其余叶片同时称重，再加上部分叶片的重量，即为10张叶片的全部重量W。有了以上3个已知数，就可以求出10张叶片全部的叶面积（A），并可以按照下面的公式求出其叶面积系数（即单位土地面积上叶面积与单位土地面积的比值）。

$$叶面积系数=\frac{10张叶片重(W)\times部分叶面积(a)\times10^{-4}\times基本苗数\times10^{4}}{部分叶片重(w)\times666.7\times10}$$

式中，10^{-4}为部分叶面积由平方厘米（cm^2）换算成平方米（m^2）单位换算值；10^4为基本苗数（以万表示）的换算值；666.7为1亩地的平方米（m^2）数换算值；10为式中的分子部分的叶片重为10张叶片的重量。

2. 叶片厚度的测定

(1) 原理　直接测定叶片厚度要在显微镜下用测微尺测量。因此，在常规生长分析中，叶片厚度可以用单位面积上的干重（mg/cm^2）来表示。这样，测量一定数量叶片的面积及其重量即可求出叶片厚度。

(2) 测定步骤　采样方法与叶面积测定的方法相同，然后，精确地剪取10片叶片的中段3～4cm，并如上法测量这些叶片的宽度。将这些叶片放在已知重量的称量瓶中，置于60℃烘箱中烘4h后，再在100～105℃烘箱中继续烘烤4h。取出后，置于干燥器中冷却，然后称重，计算叶片厚度。

$$\text{叶片厚度}(mg/cm^2)=\frac{\text{叶片干重}}{\text{叶片长度}\times\text{叶片宽度}}$$

五、作业

选取不同种类的药用植物叶片，测定其各种叶片参数。你是否能设计出更好的方法，能更方便准确地测定叶片的各种参数？

参考文献

[1] 刘兴权. 药用植物良种引种指导：北方本. 北京：金盾出版社，2006.
[2] 刘春生. 短周期中药材栽培技术. 北京：中国农业出版社，2001.
[3] 张康健等. 药用植物开发利用学. 北京：中国林业出版社，1997.
[4] 邓来送等. 采种中草药技术. 第2版. 北京：中国农业出版社，2002.
[5] 宋晓平. 最新中药栽培与加工技术大全. 北京：中国农业出版社，2002.
[6] 周成明. 80种常用中草药栽培. 第2版. 北京：中国农业出版社，2002.
[7] 姚宗凡，黄英姿. 常用中草药种植技术. 北京：金盾出版社，2001.
[8] 谢凤勋. 中草药栽培实用技术. 北京：中国农业出版社，2001.
[9] 郭巧生. 药用植物栽培学. 北京：高等教育出版社，2004.
[10] 徐乃良. 名贵中草药高产技术. 北京：北京医科大学、中国协和医科大学联合出版社，1993.
[11] 徐昭玺. 中草药种植技术指南. 北京：中国农业出版社，2000.
[12] 杨继祥，田义新. 药用植物栽培学. 第2版. 北京：中国农业出版社，2004.
[13] 宋廷杰等. 药用植物实用种植技术. 北京：金盾出版社，2002.
[14] 林锦仪，李勇. 药用植物栽培技术. 北京：中国林业出版社，1999.
[15] 陈震等. 百种药用植物栽培答疑. 北京：中国农业出版社，2002.
[16] 胡本祥. 北方中草药种植指南. 西安：第四军医大学出版社，2003.
[17] 徐昭玺. 百种调味料香料类药用植物栽培. 北京：中国农业出版社，2003.
[18] 高新一，王玉英等. 植物无性繁殖实用技术. 北京：金盾出版社，2003.
[19] 张连学. 中草药育苗技术指南. 北京：中国农业出版社，2004.
[20] 谢凤勋等. 中药原色图谱及栽培技术. 北京：金盾出版社，1994.
[21] 郭贵林等. 黑龙江植物检索表. 哈尔滨：黑龙江人民出版社，1990.
[22] 赵渤，鲁新海. 药用花卉栽培和利用. 北京：中国农业出版社，2002.
[23] 张永清. 药用观赏植物栽培与利用. 北京：华夏出版社，2000.
[24] 刘合刚. 药用植物优质高效栽培技术. 北京：中国医药科技出版社，2001.
[25] 宋加录等. 肉苁蓉的栽培与采收. 中国野生植物资源，2001，21（2）：59-60.
[26] 蔡岳文. 药用植物识别技术. 北京：化学工业出版社，2008.
[27] 林强，葛喜珍. 中药材概论. 北京：化学工业出版社，2007.